温变效应下充填体力学特性与耦合行为研究

丁鹏初　吴　迪　著

黄 河 水 利 出 版 社

·郑　州·

内 容 提 要

本书重点解决了以下几方面问题:一是全尾砂充填体新型胶凝材料研究,得到了新型胶凝材料的配比。二是温度循环作用下全尾砂充填体破坏特征研究,对不同养护龄期的全尾砂充填体开展试验研究,明确了温度循环对全尾砂充填体力学破坏的影响、充填体宏观及微观的破坏形态、水化产物物相变化及温度循环损伤机制,建立了全尾砂充填体损伤变量与循环次数之间的函数关系,得到了损伤率与循环次数之间的关系式。三是温度循环作用对全尾砂充填体微观孔结构特性的影响研究,探明了循环温度和循环次数之间的关系。四是温度循环作用下全尾砂充填体无损检测试验研究。建立了超声波波速与循环次数之间的函数关系,以及电阻率与循环次数之间的函数关系,阐明了两种无损检测技术在工程应用中的适用性和条件。五是分析了全尾砂充填体温度循环过程中温度场、渗流场、应力场的耦合关系,建立了温度场-渗流场-应力场的多场耦合模型。

本书可为从事尾砂充填采矿和尾砂固结排放的管理人员及科研工作者等提供技术参考。

图书在版编目(CIP)数据

温变效应下充填体力学特性与耦合行为研究/丁鹏初, 吴迪著. -- 郑州:黄河水利出版社, 2024. 5.

ISBN 978-7-5509-3894-6

Ⅰ. TD853. 34

中国国家版本馆 CIP 数据核字第 2024U77C48 号

组稿编辑 王志宽 电话:0371-66024331 E-mail:278773941@qq.com

责任编辑 乔韵青 责任校对 王单飞
封面设计 黄瑞宁 责任监制 常红昕
出版发行 黄河水利出版社
地址:河南省郑州市顺河路 49 号 邮政编码:450003
网址:www.yrcp.com E-mail:hhslcbs@126.com
发行部电话:0371-66020550
承印单位 河南新华印刷集团有限公司
开 本 787 mm×1 092 mm 1/16
印 张 13.5
字 数 320 千字
版次印次 2024 年 5 月第 1 版 2024 年 5 月第 1 次印刷

定 价 95.00 元

前　言

尾砂是金属矿选矿之后剩余的暂时不能利用的固体废弃物,单纯地将尾砂排放到尾矿库已经不能满足人们日益提高的安全及环保意识,为解决这一问题,尾砂充填技术应运而生。本书以季节性寒区全尾砂充填技术应用为背景,开展了温度循环对全尾砂充填体物理力学特性的研究。围绕充填体温度循环的问题,本书进行了大量系统性的室内试验,包括新型胶凝材料的研究试验、单轴抗压强度试验、XRD 测试试验、热重分析试验、SEM 测试试验、压汞试验、不同冻结温度下的温度循环试验、超声波检测试验、电阻率检测试验等。全面了解了全尾砂充填体在温度循环过程中的物理力学特性,进而深入分析了全尾砂充填体温度循环损伤劣化机制及其影响因素,构建了全尾砂充填体循环过程中的 THM 多场耦合模型,并进行了数值模拟和现场试验。本书主要开展了以下几方面的研究:

(1)全尾砂充填体新型胶凝材料研究。对以粒化高炉矿渣为主要成分的新型胶凝材料进行正交试验,并对单轴抗压强度试验数据进行极差分析和方差分析,得到了新型胶凝材料的配比。研究了养护龄期为 3 d、7 d 和 28 d 时,全尾砂充填体添加新型胶凝材料与添加普通硅酸盐 42.5 水泥水化产物种类和量的变化以及水化产物形态的差异。分析了由此对抗压强度的影响,以及随养护龄期的增长,添加新型胶凝材料和普通硅酸盐水泥的充填体孔隙体积和最可几孔径的变化原因。

(2)温度循环作用下全尾砂充填体破坏特征研究。对养护龄期为 3 d、7 d 和 28 d 的全尾砂充填体分别开展了冻结温度为-5 ℃、-10 ℃和-15 ℃时的温度循环试验,以及温度循环后的单轴抗压强度试验、XRD 测试试验、热重分析试验和 SEM 测试试验,研究了温度循环对全尾砂充填体力学破坏的影响、充填体宏观及微观的破坏形态、水化产物物相变化及温度循环损伤机制,建立了全尾砂充填体损伤变量与循环次数之间的函数关系,并得到了损伤率与循环次数之间的关系式。

(3)温度循环作用对全尾砂充填体微观孔结构特性的影响研究。对养护 7 d 和 28 d 的全尾砂充填体进行了冻结温度为-5 ℃、-10 ℃和-15 ℃条件下循环 20 次的循环试验和冻结温度为-10 ℃条件下不同循环次数的试验,随后分别对其进行压汞试验。研究了不同养护龄期和冻结温度条件下充填体的孔径分布、冻结温度、循环次数对全尾砂充填体孔结构参数的影响,建立了孔隙体积和孔隙率对充填体损伤的函数关系。

(4)温度循环作用下全尾砂充填体无损检测试验研究。对养护 3 d、7 d 和 28 d 的全尾砂充填体进行了冻结温度为-5 ℃、-10 ℃和-15 ℃条件下的温度循环试验、超声波检测试验和电阻率检测试验。研究了温度循环过程中养护龄期、冻结温度、循环次数对充填体超声波波速和电阻率的影响,建立了超声波波速与温度循环次数之间的函数关系,以及电阻率与循环次数之间的函数关系。将超声波测试、电阻率测试与单轴抗压强度测试结果联系,结合超声波和电阻率的检测原理,阐明了两种无损检测技术在工程应用中的适用性和条件。

(5)分析了全尾砂充填体温度循环过程中温度场、渗流场、应力场的耦合关系,建立了温度场-渗流场-应力场的多场耦合模型,并将构建的数学模型嵌入到 COMSOL Multiphysics 软件中,对比实验室试验验证了构建模型的正确性,并对不同循环次数下充填体的耦合行为进行了模拟,发现:

①采场中的应力自充填体上表面至底板是逐渐增加的。这是由于料浆充入采场后,胶结剂与水发生水化反应,水化反应产生的热量在采场下部封闭区域积聚,反过来加速了胶结剂的水化反应,使采空区下部充填体强度更大。而水自下而上的渗出使充填体上部积聚了更多水分,降低了上部料浆的浓度,使上部充填体强度难以进一步提高。而且由于料浆的自重作用,加大了下部充填体的应力分布值。

②采场中的位移自充填体上表面至底板是逐渐减小的。这是由于在模拟软件中,采场模型的上表面为自由面,而其余面由于围岩的支撑作用,表现在模型中为辊支撑和固定约束,这使得充填体边界难以发生位移变化,且由于自重作用,充填体上部不断发生沉降现象,而下部沉降现象并不明显,因此位移自上而下逐渐减小。

③通过数值模拟对充填体水平方向和竖直方向上的应力及位移变化进行了研究,模拟结果表明,三维截线上的应力及位移变化前述结论一致,部分穿过了采场不规则结构的三维截线出现了应力集中现象,表明采场几何形状对充填体应力及位移有较大的影响。

(6)现场短期的监测结果表明,料浆的填充会明显加大传感器感应到的压力,随后随着料浆充入速率的减缓以及料浆稳定后,压力逐渐减弱并趋于平缓。而采场在未充填时,水势以及温度变化并不明显,水势主要受挡墙喷浆作用,采场内湿度出现先减小后增大的现象,而温度变化极小。

本书第1、2、4、6章由丁鹏初撰写(计15.7万字),第3、5、7、8、9章及附文部分由吴迪撰写(计16.3万字)。本书的出版还得到了国家自然科学基金项目(52374110)的支持,在此表示感谢!

限于作者水平,书中难免存在不足之处,敬请广大读者批评和指正。

作 者

2024年3月

目　录

第1章　概　述 …………………………………………………………………………… (1)
1.1　研究背景及意义 ……………………………………………………………… (3)
1.2　国内外研究现状 ……………………………………………………………… (8)
1.3　研究内容、方法及技术路线 ………………………………………………… (14)
第2章　全尾砂充填体新型胶凝材料研究 ………………………………………… (17)
2.1　试验材料 ……………………………………………………………………… (19)
2.2　试验材料化学成分分析 ……………………………………………………… (20)
2.3　试验方法 ……………………………………………………………………… (21)
2.4　试验结果与讨论 ……………………………………………………………… (27)
2.5　本章小结 ……………………………………………………………………… (39)
第3章　温度循环作用下全尾砂充填体破坏特征研究 …………………………… (41)
3.1　试验材料及仪器 ……………………………………………………………… (43)
3.2　试验方法 ……………………………………………………………………… (43)
3.3　温度循环对全尾砂充填体单轴抗压强度的影响研究 ……………………… (45)
3.4　温度循环作用下全尾砂充填体损伤变量与循环次数关系研究 …………… (47)
3.5　温度循环过程中水化产物物相分析研究 …………………………………… (50)
3.6　温度循环对全尾砂充填体形态破坏影响研究 ……………………………… (53)
3.7　本章小结 ……………………………………………………………………… (60)
第4章　温度循环作用下全尾砂充填体微观孔结构变化特性研究 ……………… (61)
4.1　试验材料及试验方法 ………………………………………………………… (63)
4.2　试验结果与分析 ……………………………………………………………… (64)
4.3　温度循环作用下全尾砂充填体微观损伤分析研究 ………………………… (71)
4.4　本章小结 ……………………………………………………………………… (72)
第5章　温度循环对全尾砂充填体波速与电阻率特性影响研究 ………………… (73)
5.1　试验材料及仪器 ……………………………………………………………… (75)
5.2　试验方法 ……………………………………………………………………… (75)
5.3　全尾砂充填体超声波波速测试结果与分析 ………………………………… (77)
5.4　全尾砂充填体电阻率测试结果及分析 ……………………………………… (81)
5.5　本章小结 ……………………………………………………………………… (86)
第6章　全尾砂充填体多场耦合过程数值模拟与分析 …………………………… (87)
6.1　多场耦合作用下全尾砂充填体THM耦合模型建立 ………………………… (89)
6.2　数值模拟过程的实现 ………………………………………………………… (92)
6.3　数值模拟结果及分析 ………………………………………………………… (95)

6.4 热-流-力耦合模型的现场应用 …… (117)
6.5 本章小结 …… (139)
第7章 原位充填体力学特性研究 …… (141)
7.1 结构面发育特征 …… (143)
7.2 工程地质岩体质量评价 …… (151)
7.3 岩体力学参数的研究 …… (154)
7.4 原位充填体取样 …… (157)
7.5 原位充填体力学性能试验 …… (161)
第8章 原位充填体力学特性现场监测 …… (179)
8.1 现场监测方案 …… (181)
8.2 传感器监测结果及分析 …… (191)
第9章 结论与展望 …… (197)
9.1 主要结论 …… (199)
9.2 展 望 …… (202)
参考文献 …… (203)

第 1 章　概　述

1.1　研究背景及意义

尾砂属于选矿后的废弃物，我国是一个矿业大国，但大多数矿山资源品位较低，在选矿流程中排出大量的尾砂。据统计，2016 年以来，我国矿山每年排放尾砂达到 6 亿 t，现有尾砂的总量约 200 亿 t。这些尾砂除极小部分被重复利用外，传统的尾砂处理方式是将选矿厂的砂浆直接排放到尾矿库中进行堆存。这种尾砂处理方式存在以下弊端：

(1) 尾矿库基建投资及运行费用巨大。尾矿库的基建投资一般占矿山建设投资的 10%以上。

(2) 尾砂存放需要占用大量的土地资源，国内现有的尾矿库数量多，总库容量大，破坏土地和堆存占地面积大，且每年以较快的速度增加，严重破坏了地形地貌及植被。

(3) 我国土地资源紧张，新建尾矿库面临征地困难的窘境。随着我国城市化进程的发展，土地资源的作用越来越突出。

(4) 尾矿库是一个具有高势能的人造泥石流危险源，存在溃坝隐患，有可能造成重大人员伤亡和财产损失。表 1-1 是 20 世纪 60 年代以来国内外重大尾矿库事故汇总。虽然各国都在积极预防尾矿库事故，但是危险依然不断发生，如 2019 年 1 月 25 日巴西发生了骇人听闻的尾矿库溃坝事故，造成了极其严重的人员伤亡。

(5) 尾砂中的硫、砷等重金属污染物及残存的选矿药剂会对地表水、地下水及周边环境造成污染（见图 1-1）。

表 1-1　国内外重大尾矿库事故汇总

序号	时间	国家/地区	企业/尾矿库名称	事故原因
1	2019 年 1 月	巴西	Paraopeba 铁矿	渗透破坏
2	2010 年 10 月	匈牙利	MAL Magyar Aluminium	浸润线过高
3	1995 年 9 月	菲律宾	马尼拉矿业公司	坝坡失稳
4	1995 年 8 月	圭亚那	Camnior Inc.	渗透破坏
5	1994 年 2 月	南非	和谐金矿	暴雨后洪水漫顶

续表 1-1

序号	时间	国家/地区	企业/尾矿库名称	事故原因
6	1985 年 7 月	意大利	Prealpi Mineraia	渗透破坏
7	1974 年 11 月	南非	某铂矿	渗透破坏
8	1972 年 2 月	美国	布法罗河矿尾矿	暴雨后洪水漫顶
9	1970 年	赞比亚	某铜矿	地震液化
10	1966 年 5 月	保加利亚	米尔矿	暴雨后洪水漫顶
11	1965 年 3 月	智利	El Cobre 新坝	地震液化
12	2010 年 9 月	广东信宜	信宜紫金矿业有限公司	暴雨后洪水漫顶
13	2008 年 9 月	山西临汾	山西新塔矿业有限公司	渗透破坏
14	2007 年 11 月	辽宁鞍山	海城西洋鼎洋矿业有限公司	坝坡过陡
15	2006 年 8 月	山西太原	银岩选矿厂	渗透破坏
16	2006 年 4 月	陕西商洛	镇安县黄金矿业有限责任公司	坝坡过陡
17	2006 年 4 月	河北迁安	庙岭沟铁矿	渗透破坏
18	2005 年 11 月	山西临汾	峰光、城南选矿厂	渗透破坏
19	2000 年 10 月	广西南丹	鸿图尾矿库	浸润线过高
20	1994 年 7 月	湖北大冶	龙角山铜矿	暴雨后洪水漫顶
21	1993 年 6 月	福建龙岩	潘洛铁矿	渗透破坏
22	1992 年 5 月	河南栾川	赤土店乡钼矿	渗透破坏
23	1986 年 4 月	安徽马鞍山	黄梅山铁矿	安全超高不足
24	1985 年 8 月	湖南郴州	郴州某尾矿库	暴雨后洪水漫顶
25	1962 年 9 月	云南个旧	火谷都尾矿库	坝坡过陡

注：数据来源于文献[8,9]及作者整理。

基于此,学者们提出了一种新的尾砂处置方法:尾砂干式堆存,它与全尾砂充填技术、尾砂加工建材制品并称为大中型矿山尾砂处理利用的三大主要途径。据中国矿业联合会统计,2015—2020年,我国尾矿堆存量分别为146亿t、168亿t、195亿t、207亿t、220亿t、231亿t。干式堆存是将尾砂脱水处理得到的高浓度尾砂堆存于地表,用推土机推平压实,形成致密稳固的尾砂堆体。尾砂干式堆存的概念于20世纪70年代初被提出,世界上第一个浓缩尾砂地表堆放设施在加拿大矿山建成并运行至今。

目前,国外应用尾砂干式堆存技术的矿山主要有美国格林克里克地区的矿山,澳大利亚的Elura锌矿、Osborne铜矿,加拿大的Ekati Diamond矿和Kidd Creek矿,坦桑尼亚的Bulyanhulu矿,俄罗斯的Kubaka金矿,印度的Hindustan铜矿。在我国,1994年山东平邑归来庄金矿首次应用尾砂干式堆存处理技术,开拓性地创造了“全泥氰化尾砂处理新技术”工艺,很好地解决了矿山废水问题,同时取得了良好的经济效益。随后,尾砂干式堆存技术在黄金矿山得到推广应用,如焦家金矿、新城、招远、尹各庄等矿山。目前,其他类型矿山也在逐渐推广采用尾砂干式堆存技术,如金岭铁矿、磷矿山等,取得了良好的经济效益和社会效益。

(a)

(b)

图1-1　尾砂排放危害

(c)

(d)

续图 1-1

然而,尾砂干式堆存的安全隐患和环境危害依然存在。例如,干式堆存的尾砂遇水极易产生泥化和崩溃,故对干式堆存区域和地点有严格限制;干式堆存尾砂经风力挟带会造成大面积沙尘污染。因此,实现尾砂安全与环境友好堆存是当前矿山安全生产迫切需要解决的重大技术难题。

为防止干排尾砂(遇水)泥化和(遇风)沙化等问题的出现,借鉴矿山胶结尾砂充填技术,部分学者提出了尾砂固结排放技术,即在选矿厂排出的低浓度尾砂中添加一定量的胶凝材料后将其浓缩脱水,形成具有一定强度的充填体,然后堆存在地表采矿塌陷坑等适当位置。中国矿业大学(北京)和五矿邯邢矿业有限公司合作,在西石门铁矿进行了尾砂固结排放技术研究和小型工业试验研究,建成了国际上第一套处理能力为 50 万 t/a 的尾砂固结排放生产工艺系统并成功生产运行,尾砂经胶结处理后直接排放到地表采矿塌陷坑里,取得了良好的技术经济效益。

在尾砂胶结充填和胶结排放过程中通常使用普通硅酸盐水泥作为胶结剂,其成本占胶结充填成本或胶结排放成本的 75%左右,因此研究如何降低胶凝材料的成本具有重大的经济意义。现阶段学者们致力于研究利用粉煤灰、硅灰、高炉矿渣等具有胶结性能的工业副产品配合一定量的碱激发剂制成能够替代普通硅酸盐水泥的胶凝材料。

虽然全尾砂胶结排放可以在不建设常规尾矿库的条件下实现相对安全、环保以及低成本的尾砂露天堆存,但是对于完全暴露于外部寒冷环境中的全尾砂胶结堆体,其稳定性与耐久性依然是一个不容忽视的问题。我国是寒区面积分布最多的国家之一,冻土面积(包括季节冻土和多年冻土)占全国陆地总面积的75%左右。在寒区实施尾砂胶结排放技术时必须要考虑温度对尾砂充填体的力学损伤。由于在这个过程中尾砂充填体受到温度、水系膨胀等因素的影响,所以还须考虑周围环境对充填体稳定性的影响,即多场耦合作用下全尾砂充填体的物理力学特性。

随着经济的不断发展,我国对矿产资源的需求日益增长。确保矿产资源的供给,对我国发展的稳定性具有重要意义。我国西部地区具有丰富的矿产资源,大量的矿产资源都集中在高海拔地区,且已发现的矿产资源具有规模大、品位高和质量好的特点。

这些矿物资源的开发既促进了经济发展和社会进步,同时不可避免地带来了一些问题,如矿物在被开采后,地下留存有大量的采空区,采空区的存在给邻近采场作业带来安全隐患的同时,又会造成地表塌陷,破坏当地的地表生态,甚至引发其他的次生灾害,如山体滑坡、坍塌、泥石流和地面建筑毁坏等。根据相关报道,湖南衡阳水口山铅锌矿鸭公塘2#采空区地表发生坍塌,形成面积约6 000 m^2、深15~20 m、体积约6万 m^3 的塌陷坑,导致距离塌陷坑近的村民住房出现不同程度的破坏,造成了较大的财产损失。

对于采空区,使用充填采矿法可以有效解决以上灾害。充填采矿法以其安全性和减少尾矿库风险的优越性,在国内使用范围逐渐扩大。采用充填采矿法,有提高矿物回采率、减少贫化率、充分利用资源、有效控制地压、防止内因火灾等优点。充填采矿法越来越受到人们的重视,充填工艺技术也在充填采矿法不断改造与发展的过程中得到创新与发展。同时,研究表明,充填体强度的稳定性是影响采场安全及矿山企业收益的关键性因素。充填质量的好坏决定了采场能否稳定生产,而充填配比是否合理又直接决定了矿山能否取得较好的经济效益。

充填体的稳定性主要由其力学性能反映出来,充填体的力学性能是研究充填体稳定性的关键,其主要受多个过程影响,这些过程相互影响,共同控制着充填体的力学行为。具体包括:①热过程。由于充填体内部胶结剂遇水发生化学反应,放出相应的热量,这会使充填体温度升高,充填体温度的升高会加快水化反应的进行,进而提高充填体热量的产生,并且温度升高导致的热膨胀效应也是充填体力学行为变化的组成部分。②渗流过程。充填体中的水一部分会与胶结剂发生水化反应进行消耗,另一部分会由于水的自重作用发生渗流现象,这也会对充填体强度产生影响,且水的流动会带动热量的流动,进而影响充填体中胶结剂水化反应的不均匀分布。③力学过程。水化反应产生的水化产物积聚,充填体固相增多,骨架形成,强度产生,且矿压、水压等也会对充填体的稳定性产生影响,充填体强度形成后,会导致充填体孔隙率的改变,进而影响料浆的渗流过程。在实际情况中,三个物理过程会互相影响,因此需要对其进行耦合,三者的耦合过程如图 1-2 所示。

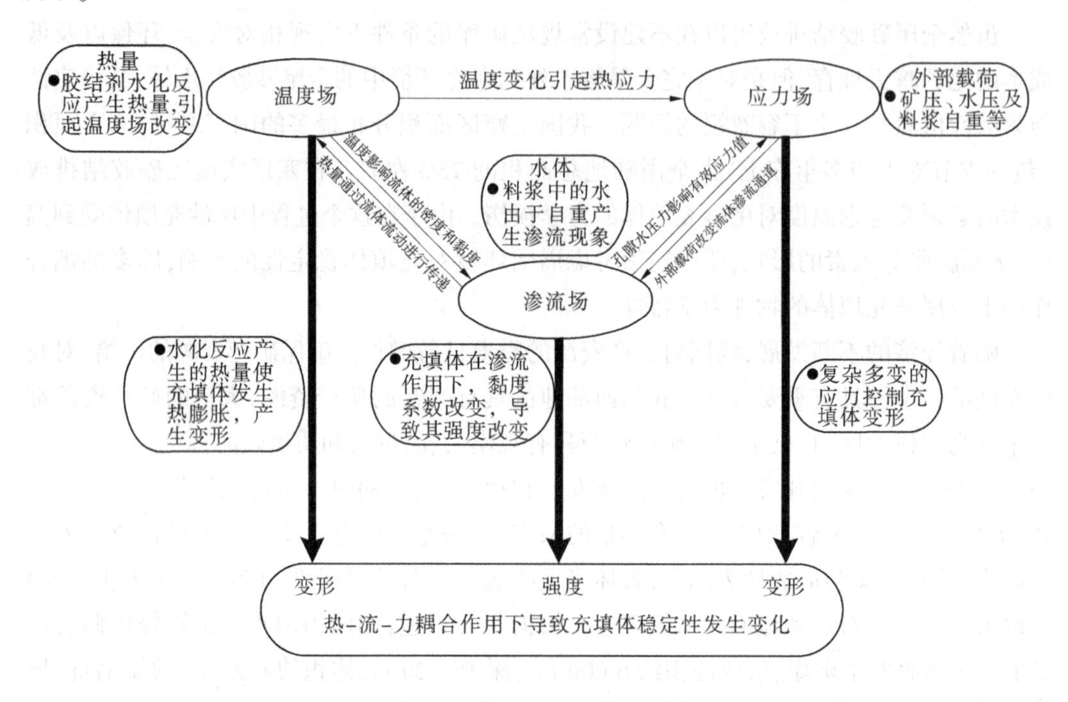

图 1-2　热-流-力多场耦合过程

在耦合条件下,运用 COMSOL Multiphysics 对充填体的稳定性进行研究具有更强的实际性。可以据此通过控制多重变量,研究金属矿在不同条件下影响充填体稳定性的主要因素,进而可以设计出安全可靠、经济合理的充填方案及配比,可以为矿山节约不必要的充填成本,具有很强的实际意义。

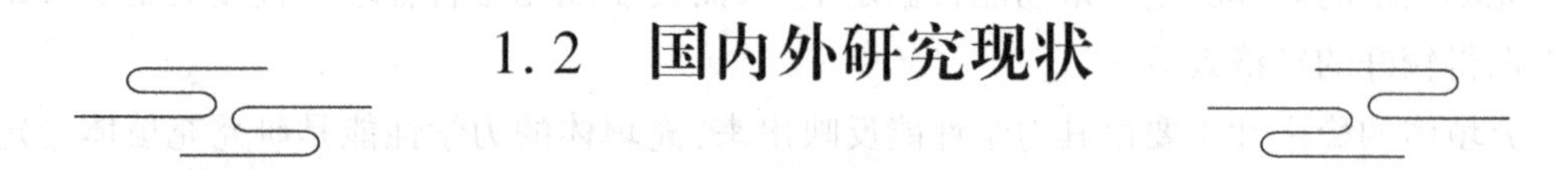

1.2　国内外研究现状

1.2.1　矿渣碱激发胶凝材料的研究现状

自 19 世纪初问世以来,普通硅酸盐水泥已经成为建筑业和其他行业的主要胶结剂,全球每年生产的普通硅酸盐水泥接近 30 亿 t。巨大的需求量造成每年生产普通硅酸盐水泥需要消耗大量的能量,占全球一次能源使用量的 2%~3%。此外,每生产 1 t 普通硅酸盐水泥产生约 0.87 t 二氧化碳,占人造二氧化碳排放量的 5%。水泥行业面临着减少能源使用和温室气体排放的压力,并且正在积极寻找常见且性能稳定的工业副产品作为其替代品。

碱激发胶凝材料是以具有火山灰活性或潜在水硬性的硅铝质材料(如矿渣)为原料,

与适当的碱性激发剂(如氢氧化钠、水玻璃、氢氧化钙等)反应而成的一种胶凝材料。碱矿渣胶凝材料属于碱激发胶凝材料的一种,主要以工业副产品-粒化高炉矿渣为原料。这类胶凝材料的特点是机械强度高,而且在制造过程中不需要高昂的能源成本,避免了温室气体和有毒气体的排放。2011年在马德里举行的第13届国际水泥化学大会的主题论文之一,就是碱激发胶结剂的开发利用。碱激发胶凝材料由于其高强度和耐久性以及低环境影响作为普通硅酸盐水泥的替代物受到越来越多的关注。首次使用碱作为水泥材料的成分可以追溯到1930年,Kuhl研究了矿渣和氢氧化钾溶液混合物的胶结行为,从那时起,学者们就碱在水泥体系中可能发挥的作用进行了多种研究。Purdon于1940年提出碱与含氧化铝和二氧化硅的矿渣反应形成碱性盐材料,其性能与硬化普通硅酸盐水泥相当。用碱性溶液和石灰激发高炉矿渣,获得了良好的强度发展效果,且矿渣-碱性水泥的拉伸强度和弯曲强度在增加,硬化胶凝材料的溶解度低,发热量低。1967年,Glukhovsky在了解开发低钙或无钙铝硅酸盐和碱性金属溶液的激发剂方面取得了重大突破。他将这些胶结剂称为“土壤胶结剂”,并将相应的水泥称为“土壤聚合物水泥”。Jiang按照ASTMC666试验标准对不同环境的碱激发胶凝材料砂浆和普通硅酸盐水泥进行冻融循环试验,指出碱激发胶凝材料比普通硅酸盐水泥具有更强的抗冻融能力。Puertas用氢氧化钠作为激发剂激活粉煤灰和矿渣混合料浆,研究了不同比例的混合物水化反应产物与抗压强度的发展,随着料浆中矿渣含量的增加和氢氧化钠浓度的提高,胶结剂微观结构显示出更致密的水化产物基质,使抗压强度增加。Shi发现激发剂溶液的初始pH在矿渣的溶解和早期水化反应上具有重要的促进作用,然而,碱-矿渣水泥的进一步水化作用主要是阴离子或阴离子基团的激发剂与Ca^{2+}的反应,而不是激发剂溶液的初始pH,并提出了三种模型来描述基于热演化测量的碱-矿渣水泥的早期水化反应。

1.2.2 损伤理论研究现状

1945年Powers提出了静水压力理论并在1949年进一步充实了该理论,后来在1975年又发展了渗透压力理论。自从这两种破坏理论被提出后,各国学者从各方面对岩土体和混凝土类材料温度循环稳定性和耐久性做了大量的研究工作,并取得了丰硕的成果。

Zhang研究了在准静态和动态加载条件下冻融循环后砂岩的损伤机制。在20次、60次、100次和140次冻融循环后研究了砂岩的物理力学性能,发现砂岩的力学性能随冻融循环次数的增多而降低。此外,与准静态条件相比,在动态加载条件下观察到砂岩的峰值强度更高,而杨氏模量几乎保持不变。Lin对砂岩进行了140次冻融循环试验,通过核磁共振技术检测冻融循环后砂岩的孔隙结构,并进行了霍普金森动态加载试验。结果表明,随着冻融循环次数的增加,砂岩的孔隙率增加,动态峰值应力减小,峰值应变和总应变逐渐增大,岩石的宏观破坏增加。Zhou对冷冻黄土进行了一系列三轴压缩、蠕变和应力松弛试验,研究了黄土力学性能随冻融循环次数的变化规律。结果表明,随着冻融循环次数的增加,冷冻黄土的强度和黏度特性逐渐减弱,直至循环次数达到土壤稳态的临界值。在等效应力-平均应力空间中冻结黄土的强度分布轨迹在所研究的冻融过程范围内表现出单向收缩。Edwin 和 Anthony 采用冻融循环试验确定细粒砂的颗粒尺寸和微观结构骨架的变化特征。试验证明，随着冻融循环次数的增加，砂岩微观结构的变化较大，从而其垂直渗透率增幅较大。Graham 和 Au 提出土壤样品的预固结压力随冻融循环的进行明显减小，黏土土壤的原始微观结构明显减少。Lee 等对从路基中取出的 5 个黏性土壤样品进行了弹性模量试验，表明冻融过程导致弹性模量的显著降低。Wang 等进行了 21 次封闭系统冻融循环的细粒黏土的试验，测量和分析了其物理力学性能，如弹性模量、破坏强度和摩擦角。研究发现，冻融循环后土样的弹性模量和内聚力降低，内摩擦角增大。Liu 等对青藏粉砂进行了冻融循环试验和三轴试验，研究其破坏强度和强度参数（弹性模量、内聚力和内摩擦角）。试验结果表明，冻融循环次数对上述力学行为有显著影响。Liu 研究了季节冻土力学性质的变化，弹性模量的最高下降率为 26%～45%，与未经过冻融循环的土壤相比，其破坏强度达到 32%～45%。在最初的几次冻融循环后内聚力下降，9～12 次后保持稳定，其内摩擦角在冻融开始时减小然后在冻融循环期间增加。段安等对混凝土试块进行了冻融循环试验，发现随着冻融循环次数的增多，混凝土试块表面裂纹增多，裂缝宽度增加，应力-应变曲线逐渐平缓，峰值应力减小，峰值应变增大。Wang 等对混凝土的冻融循环试验发现，随着冻融循环次数的增加，混凝土耦合损伤和峰值应变增加，但损伤和峰值应力的变化范围逐渐减小。当冻融循环次数恒定时，峰值应变可能是耦合损伤的临界点。在峰值应变之前，耦合损伤的增长不显著，当变形接近峰值应变时，耦合损伤显著增加，混凝土迅速破坏。

1.2.3　充填体稳定性研究现状

国内外相关人员对于充填体稳定性的研究进行了多重参数对比的分析，获得了胶凝材料用量、充填养护时间、充填料浆浓度等参数对充填体强度特征的影响规律，这为进一步研究采场充填体的应力分布和强度需求奠定了力学参数基础。

除以上相关研究人员对于影响充填体稳定性参数的研究外，英国剑桥大学的 Take 和 Valsangkar 以及澳大利亚詹姆斯库克大学的 Pirapakaran 还通过常规力学性能测试试验，得到了一系列采场充填体成拱应力分布及其影响因素的试验结果，而且加拿大的 Knutsson、Belem 等、Hassani 等和 Thompson 等还通过对地下原位充填体进行力学性能测试，探索研究了采场充填后不同埋深处充填体的成拱应力发展变化过程，研究并分析了充填体养护过程中对周围围岩应力的影响。

此外，作为经济高效的计算分析手段，数值模拟也被广泛地应用于采场充填体的应力计算研究，其中包括 FLAC2D、FLAC3D、PHASES2、PLAXIS2D 和 SIGMA/W 等数值模拟软件。通过对充填体进行数值模拟，进行力学行为模拟并分析，也被广大研究学者应用于实际研究中，例如：加拿大蒙特利尔大学工学院 Li 等、Li 和 Aubertin。此外，澳大利亚西澳大学的 Helinski 等、Fahey 等利用数值模拟计算手段，研究了采场充填体应力分布随排水固结的演变过程。

采场充填体应力的研究可以作为研究充填体稳定性边界条件的基础。例如:通过考虑简化的充填体与侧壁围岩力学作用边界,加拿大女王大学的 Mitchell 等结合一系列的室内物理模型测试,分析测试结果后提出了一种用于单侧揭露胶结充填体所需自立强度的解析模型和计算方法。基于 Mitchell 的充填体强度解析计算模型,美国的 Zou 及加拿大的 Dirige 等、Li 等、Li 和 Aubertin 分别考虑相关影响因素后进行了强度需求计算方法的修正与拓展。

北京矿冶研究总院针对加拿大 Mitchell 法及 Li 研究存在的缺陷,考虑了充填体与采场围岩不同接触性质及一侧揭露条件下侧壁影响等条件后,对 Mitchell 法进行了修正,提出了充填体强度计算方法。同时,对于原位充填体强度的离散性与不均匀性,研发了浮动安全系数确定方法,最终提出了一整套空场嗣后充填体强度需求及配比参数确定方法。

1.2.4 无损检测技术研究现状

温度循环对全尾砂充填体的损伤是一个动态的累积过程,经过不同次数的温度循环,由于其内部水分的减少和孔隙结构的变化,充填体的导电性不可避免地发生变化。因此,通过测量温度循环后充填体电阻率的变化,可以研究充填体的强度和结构的变化。电阻率方法测得的值能反映被测充填体内部结构的导电率,是新近发展起来的具有无损、连续、快捷等突出优点的一种测试方法。目前,国内外对纯岩石介质和土体工程的电阻率特性已有大量的研究成果,使得电阻率测试技术在岩石或地质土体工程中得到了广泛的应用。

付伟研究了粉质黏土在温度循环过程中电阻率随冻融循环的变化规律,结果表明,从冻结阶段开始,电阻率随着冻结时间的深入逐渐增大,而开始融化后,电阻率又急剧减小。聂向晖等利用直流四电极法研究了不同含水条件下的大港土电阻率,发现其随含水量的增加而降低,在测量中发现当外加电位梯度较小时,所计算的电阻率相对较大;随着外加电位梯度增加,其电阻率逐渐减小,并最终趋于一个稳定的数值,特别是在含水量较低的情况下,这种变化更为明显。方丽莉等利用土样电阻率的改变和 CT 扫描来反映冻融作用对土体孔隙的影响,定量分析土样的损伤程度,并对冻融前后试样进行三轴剪切试验。研究结果表明,经过冻融作用后土样电阻率增大,内摩擦角增大,黏聚力增加,原因是冻融作用造成土体内部颗粒重新排列,粒径重新分配。侯云芬等利用接触法研究了冻融循环过程中,混凝土电阻率与冻结温度的关系,结果表明,混凝土电阻率随冻结温度的降低和冻融循环次数的增多而增大,尤其是温度在最低点时电阻率增大幅度较大。

超声波是频率大于 20 kHz 的机械振动波,超声波检测作为一种无损、快速、简便的检测方法现在已经趋于成熟,并且被越来越多地用于室内和现场试验当中,其在测量冻融循环后岩土体力学性质方面的应用也较为广泛。

Molero 等利用自动超声成像系统研究了受冻融循环的混凝土样品冻融前后的超声波变化特征,获得了混凝土冻融前后的超声波衰减平均值。易军艳等利用超声波传播原理,通过试验数据分析讨论,用修正后的超声波传播速度表征沥青混合料冻融后的劈裂强度,表明修正后的超声波传播速度可以表征沥青混合料冻融后的劈裂强度,两者之间有着很好的指数相关关系。赵明阶等将超声波波速与岩石分类指标相结合,建立了岩石的损伤演变方程,给出了基于超声波波速的岩体变形及强度预测方法。Cerrillo 等利用超声波技术对花岗岩的物理力学性质进行了检测,确定了花岗岩的各向异性百分比,建立了岩石物理力学性质和声波参数的相关关系。Wu 等通过超声波无损检测和单轴抗压试验研究了不同条件下含粉煤灰的矿渣充填体强度变化特征,并得出了充填体强度与超声波波速的指数函数关系。

1.2.5 温度循环作用下多场耦合理论研究现状

当前,以多场耦合为方向研究岩土工程问题被学者们广泛关注。例如,Nasir 等利用数值模拟的手段研究了冰川地区的沉积岩在热(温度)-流(渗流)-力(应力)-化(化学反应)耦合作用下的相应行为。Zheng 等应用了热-流-力-化(THMC)耦合模型来验证试验结果并分析模型是否有效。Chen 等利用理论分析及试验验证的手段对土体中的热-流-力(THM)耦合作用过程进行了研究。Taron 等利用数值模拟手段研究了工程地热储集层和可变裂隙岩体在热-水-力-化耦合作用效应下的演变规律。Tong 等构建了热-流-力耦合模型模拟并分析了缓冲材料的性能特点。Jing 等通过建立热-流-力(THM)耦合数学模型,用以分析研究废料储存库是否安全。Hudson 等通过建立数值模型,探究了在核废料储存库的设计中涉及的热-流-力耦合问题。

此外,多场耦合数值模拟也被用以研究混凝土结构问题。例如,Luzio 等通过理论分析和数值模拟的手段建立了高性能混凝土的水-热-化耦合作用模型,并利用试验验证了所构造模型的适用性。Cervera 等应用了热-力-化耦合模型建立基于水化龄期的混凝土模型,并且模拟出混凝土不同结构的性能。Gawin 等建立了热-流-力-化耦合模型研究混凝土基于水化龄期不同结构的性能特点,并解释了这一耦合现象。

针对充填采矿法的多场耦合研究起步较晚,但也取得了显著进展。Abdul-Hussain 等通过试验研究分析了富含硅酸钠的胶结尾砂充填体的热-水-力耦合作用行为。Ghirian 等利用试验揭示了胶结尾砂充填柱体的热-水-力-化耦合作用规律。Nasir 和 Fall 通过综合化学、热力学及力学过程得出了一个耦合模型,并利用试验数据对模型进行了验证。在试验验证成功的基础上,又利用该模型对胶结尾砂充填体的早期强度进行了研究,探究一些因素(如胶结剂用量、充填速率和充填体的初始温度等)对充填体强度发展变化的影响。他们的研究结果对于充填体的设计具有重要的指导作用,但他们忽略了水力学过程对胶结尾砂充填体相关特性的影响。Meschke 和 Grasberger 通过数值模拟研究,对胶结剂进行了水力学耦合分析,但未考虑胶结剂的水化反应及伴随发生了热力学过程。

目前,关于全尾砂胶结排放技术的实施过程中温度循环条件下的多场耦合问题研究鲜有报道,岩土及核废料处理工程中的多场耦合分析是国内外的研究热点。例如,Neaupane 等进行了热-流-力(THM)多场耦合数值模型在实验室温度试验模拟中的应用,提出了一种适应线性应力-应变本构关系的理论公式,并基于应用热-弹性的有限元方法进行了二维数值模拟。赖远明等根据热力学、渗透理论对温度循环过程中带相变的温度场、应力场、渗流场进行了多场耦合模型及控制方程的推导,并对青海省某工程实例进行了验证分析。徐光苗等基于不可逆过程热力学和连续介质力学理论,推导了温度循环条件下岩体的质量方程及能量方程,构建了冻结温度下岩体的温度场-渗流场-应力场耦合模型。Nasir 等利用数值模拟手段研究了冰川地区的沉积岩在热-流-力-化(THMC)耦合作用下的响应行为。Zheng 等建立了膨胀土的热-流-力-化耦合模型,并通过实验室试验验证了模型的有效性。Chen 等利用理论分析及试验手段对土体中的 THM 耦合作用过程进行了研究。Taron 等利用数值模拟手段研究了工程地热储集层和可变性裂隙岩体在热-水-力-化耦合作用下的演变规律。Tong 等通过构造热力学耦合模型对缓冲材料和岩体进行了研究。Jing 等通过建立 THM 数学耦合模型,对废料储存库的安全问题进行了分析研究。Hudson 等通过建立数值模型,探究了在核废料储存库的设计中所涉及的 THM 耦合问题。刘亚晨等对核废料储存库裂隙围岩介质的 THM 耦合问题进行了研究。谭贤君等在 THM 耦合机制分析基础上,基于连续介质力学、热力学、渗流力学、损伤力学,建立了冻融条件下岩体 THM 耦合模型,研究得出冻融循环对隧道衬砌受力影响较大。

此外,一些学者还针对混凝土结构开展了多场耦合问题的研究。例如,Luzio 等通过理论分析和数值模拟的手段建立了高性能混凝土的水-热-化耦合作用模型,并利用试验验证了所构造模型的实用性。Cervera 等建立了基于水化龄期的混凝土热-化-力耦合模型。Gawin 等建立了不同龄期混凝土的水-热-化-力耦合模型,并解释了基于水化反应的水-热耦合现象。段安等对混凝土受冻融循环破坏时的应力场、多孔体系中的渗流场和温度场的耦合作用进行了研究,建立了冻融循环过程中的控制方程并进行了数值模拟。

1.2.6　研究现状评述

通过分析国内外研究现状可知,关于采场充填体的研究多集中在其力学行为,在理论基础上研究充填体成拱应力发展过程以及其应力分布和发展过程对采场围岩、充填挡墙的力学影响;而在多场耦合方向的研究主体多为地下岩体、化学材料、核废料等,对于充填体的耦合目前研究极少,且大部分为单一场或双场耦合,对于耦合方式为热-流-力以及热-流-力-化方向的研究较少,且两种方向的研究均存在一些不足:

(1)大多学者通过定性研究充填体稳定性,但通过定量分析充填体稳定性的工作较少。理论公式难以直观表现充填体性能,且计算复杂。而使用数值模拟的手段,可以定量地表现出充填体应力应变数值,可直观掌握充填体性能变化。

(2)某些研究只进行单场或双场研究,如应力场、渗流场,然而温度场及化学场对充填体的发展过程也存在重要影响,国内外学者对此研究较少,而本书旨在研究高海拔高寒环境下充填体的稳定性,对于化学场反应较慢,影响较小,因此采用热-流-力三场耦合最为合适,这在国内外研究较为空白。

对于采用热-流-力耦合方式定量研究充填体稳定性是一次突破,充填体的稳定性对于采场作业安全至关重要,建立合理有效的多场耦合模型进行充填体稳定性研究意义重大。

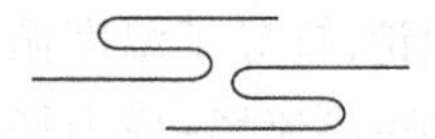

1.3 研究内容、方法及技术路线

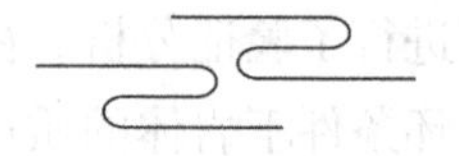

1.3.1 研究内容和方法

本书开展了温度循环作用下全尾砂充填体的物理力学特性研究,通过实验室试验,得出全尾砂胶结排放过程中新型胶凝材料的配比、温度循环过程中全尾砂充填体的力学和微观结构的破坏特性,建立温度循环条件下全尾砂充填体的多场耦合模型,并进行数值模拟,结合试验结果对耦合模型进行验证,具体研究内容包括:

(1)通过正交设计方案进行全尾砂胶结时胶凝材料试验研究,利用极差法和方差法对充填体抗压强度数据进行分析,得出新型胶凝材料的配比,利用单轴抗压强度试验、热重分析技术、XRD 技术和压汞试验对新型胶凝材料的胶结性能、物化形态和微观结构进行分析,研究新型胶凝材料与普通硅酸盐 42.5 水泥在各个养护龄期内的物理化学特性。

(2)对不同养护龄期的全尾砂充填体进行 0 次、3 次、5 次、7 次、10 次、12 次、15 次和 20 次温度循环试验,并对温度循环后充填体的力学特性、物化性能进行分析,研究温度循环过程中充填体内部水化产物的种类和水化产物量的变化规律,并分析其变化原因,以及随着循环次数的增加,充填体宏观及微观形态破坏特征。

(3)对不同养护龄期的全尾砂充填体进行不同次数和不同冻结温度条件下的温度循环试验,并通过压汞试验分析其孔隙率、孔隙体积、孔隙面积、平均孔径等孔结构参数的变化特性,以及其与循环次数的关系。

(4)对不同养护龄期的全尾砂充填体在不同冻结温度下进行温度循环试验,并对循环后的充填体进行超声波和电阻率的无损检测,研究养护龄期、冻结温度及循环次数变化时充填体超声波波速和电阻率的变化特性并分析其内在原因,建立其和循环次数之间的函数关系。

(5)在试验的基础上对全尾砂充填体在充填过程中的力-热-流多场耦合行为进行分析,建立多场耦合模型,并将模型导入 COMSOL Multiphysics 数值模拟软件进行分析,验证模型的正确性。

1.3.2 技术路线

本书研究技术路线见图 1-3。

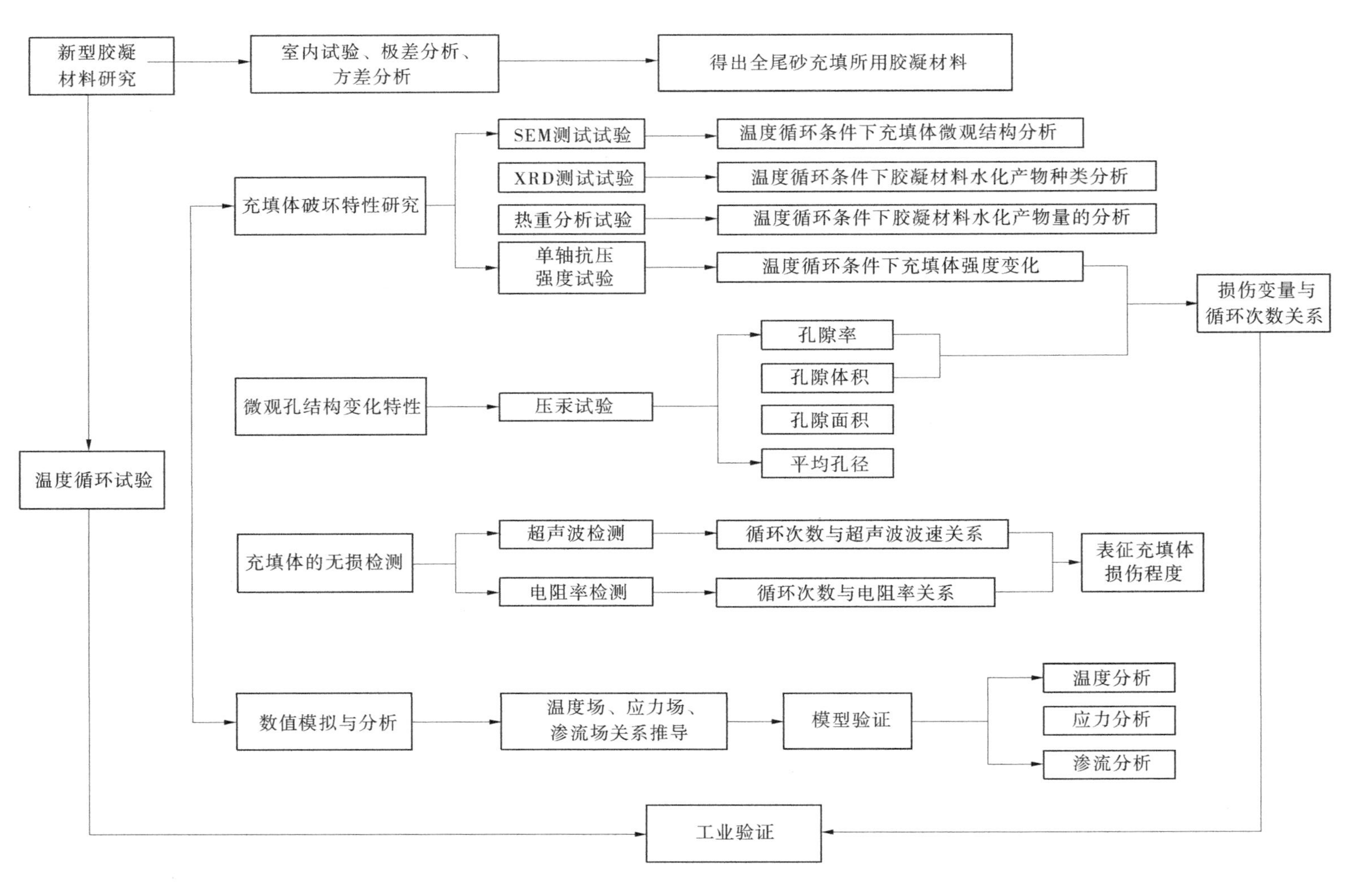
新型胶凝材料研究
室内试验、极差分析、方差分析
得出全尾砂充填所用胶凝材料
温度循环试验
充填体破坏特性研究
SEM测试试验
XRD测试试验
热重分析试验
单轴抗压强度试验
温度循环条件下充填体微观结构分析
温度循环条件下胶凝材料水化产物种类分析
温度循环条件下胶凝材料水化产物量的分析
温度循环条件下充填体强度变化
损伤变量与循环次数关系
微观孔结构变化特性
压汞试验
孔隙率
孔隙体积
孔隙面积
平均孔径
充填体的无损检测
超声波检测
电阻率检测
循环次数与超声波波速关系
循环次数与电阻率关系
表征充填体损伤程度
数值模拟与分析
温度场、应力场、渗流场关系推导
模型验证
温度分析
应力分析
渗流分析
工业验证

图1-3 研究技术路线

第 2 章　全尾砂充填体新型胶凝材料研究

胶凝材料成本在尾砂胶结排放过程中占有很大比重,普通硅酸盐水泥是其常用的胶凝材料,但随着人们对温室气体等排放物的要求越来越高,水泥制造的成本也在逐年升高。目前,水泥成本占全尾砂充填成本的75%左右,因此学者们致力于寻找具有胶结性能的工业副产品(如高炉矿渣、粉煤灰、赤泥等)作为胶凝材料,添加一定比例的外加剂,研究在特定条件下可以替代普通硅酸盐水泥使用的低成本、高性能新型胶凝材料。本章根据矿山实际情况,利用粒化高炉矿渣作为胶凝材料主要成分,对新型胶凝材料进行研究,以解决尾砂充填过程中的胶凝材料使用问题。

2.1 试验材料

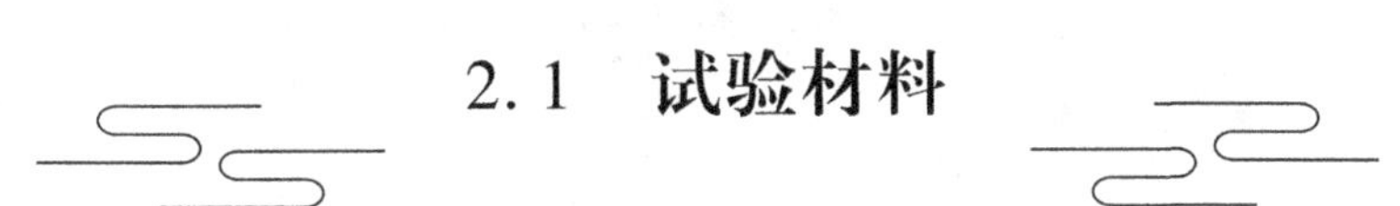

试验所用材料包括水、普通硅酸盐42.5水泥(唐山市丰润区冀龙水泥有限公司)、高炉矿渣(唐山国丰钢铁有限公司)、石灰(新乡源丰钙业有限公司)、石膏(河北隆尧恒通石膏有限公司)、熟料(唐山隆丰水泥厂)。硫酸钠、明矾、氟硅酸钠均来自国药控股北京有限公司。铁矿全尾砂来自安徽李楼铁矿。

2.1.1 水和胶凝剂原材料

试验用水为北京市城市用水。新型胶凝材料由高炉矿渣、石灰、石膏、熟料、硫酸钠、明矾、氟硅酸钠组成,采用普通硅酸盐水泥作为对照组。

2.1.2 全尾砂

全尾砂粒级组成是影响其充填效果的重要物理参数。尾砂的粒级组成与脱水工艺相关,粒级组成影响胶凝材料的用量和尾砂胶结的性能,因此对全尾砂进行粒度分析必不可少。

李楼铁矿全尾砂密度为2.80 g/cm^3,容重为1.75 t/m^3,孔隙率为37.5%,自然安息角为39°。从选矿厂取回的尾砂经过沉淀、脱水、干燥后,采用LS-C(ⅡA)型激光粒度分析仪(见图2-1)对铁矿全尾砂进行粒度分析,分析结果如表2-1和图2-2所示。d_{10}、d_{30}、d_{50}、d_{60}和d_{90}表示尾砂颗粒的累积含量,相应的颗粒尺寸(体积分数)分别为10%、30%、50%、60%和90%。全尾砂的颗粒组成特征值为:$d_{10}=14.55$ μm、$d_{30}=26.61$ μm、$d_{60}=54.27$ μm、$d_{90}=82.33$ μm,中值粒径$d_{50}=38.32$ μm;尾砂颗粒粒径主要集中在10~90 μm,不均匀系数$C_u=3.73<5$、曲率系数$C_c=0.89$,属于级配不良材料(见表2-1)。目前由于矿山追求选矿回收率,磨矿细度越来越细,造成尾砂的细度也越来越细,国外按照颗粒大小将尾砂分3种:细尾砂(-20 μm粒径骨料含量>60%)、中尾砂(-20 μm粒径骨料含量占35%~60%)、粗尾砂(-20 μm粒径骨料含量占15%~35%),本次试验用到的尾砂属于细尾砂系列。总体而言,该全尾砂具有细粒级含量较多、级配较差的特点,对其浓缩、脱水、胶结和稳定均产生较大影响。

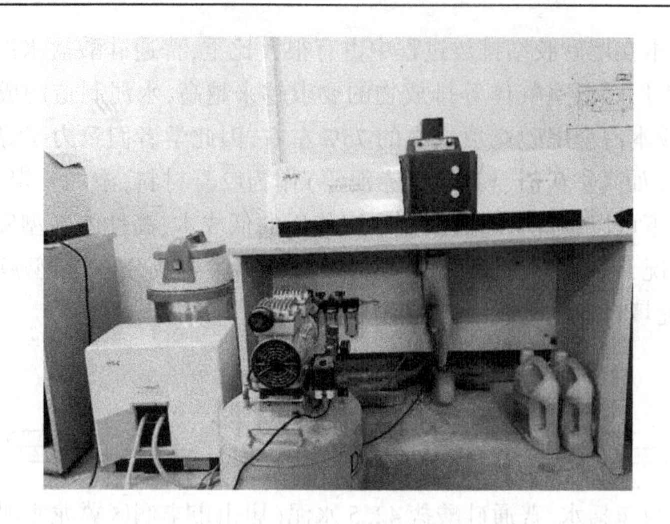

图 2-1　LS-C(ⅡA)型激光粒度分析仪

表 2-1　全尾砂基本物理参数

原料	d_{10}/μm	d_{30}/μm	d_{50}/μm	d_{60}/μm	d_{90}/μm	C_u	C_c
全尾砂	14.55	26.61	38.32	54.27	82.33	3.73	0.89

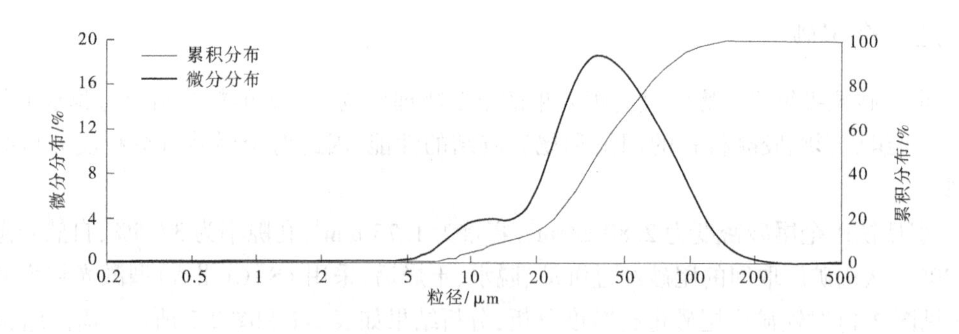

图 2-2　全尾砂粒级分布曲线

2.2　试验材料化学成分分析

全尾砂的化学成分对全尾砂料浆的浓缩、脱水和胶结具有重要影响。李楼铁矿全尾砂和胶凝材料原材料化学成分分析结果见表 2-2,该分析结果由北京大学重点实验室提供。由表 2-2 可知,李楼铁矿全尾砂中 MgO、CaO、Al_2O_3 的含量较低,而 SiO_2 的含量较高,达到 82.05%,这些氧化物对改善和提高全尾砂的胶结效果不利,在工程实施中需要加大胶凝材料的用量或者提高充填体的浓度。

表 2-2　原材料化学成分分析(质量百分数)　%

原料	MgO	Al_2O_3	SiO_2	CaO	SO_3	Fe_2O_3	合计
全尾砂	2. 41	3. 85	82. 05	2. 46	0. 18	8. 01	98. 96
高炉矿渣	8. 38	14. 79	33. 81	36. 95	0. 28	0. 89	95. 09
熟料	2. 45	4. 47	22. 01	64. 31	2. 45	3. 45	99. 14
石膏	2. 14	0. 12	0. 98	45. 85	42. 45	0. 11	91. 66
石灰	0. 56	0. 23	0. 38	72. 29	0. 13	0. 26	73. 84
普通硅酸盐水泥	2. 19	15. 49	21. 86	63. 59	2. 42	2. 66	96. 97

2. 3　试验方法

2. 3. 1　全尾砂充填体的制备

在试验中,将料浆浓度控制在 78%,灰砂比控制为 1∶15,料浆浓度和灰砂比在所有样品的制备中保持恒定。根据正交试验设计方案,将一定量的高炉矿渣、石灰、石膏和熟料混合均匀配制成胶凝材料。将新型胶凝材料或普通硅酸盐水泥加入称重过的尾砂中,在搅拌桶中搅拌均匀,随后将试验用水加入混合材料中再次搅拌,然后将搅拌桶放进搅拌机搅拌 7 min。将搅拌好的混合料浆倒入直径 5 cm、高 10 cm 的塑料模具中,需要注意的是,塑料模具内壁需要提前涂抹一层润滑油,以便拆模时充填体不会黏涂在模具上,随后用塑料薄膜对模具进行密封处理以防止水分蒸发。脱模后将充填体放进温度为 20 ℃±1 ℃、相对湿度大于 95%的养护箱养护至 3 d、7 d 和 28 d。充填体试块用于单轴抗压强度、扫描电镜(SEM)、压汞(MIP)试验分析。

根据上述试验步骤和试验方法制备用于 X 射线衍射分析(XRD)和热重分析(TG)的样品(新型胶凝材料和普通硅酸盐水泥)。充填体制作好之后放置在同样的养护箱中养护至 7 d 和 28 d,随后进行 XRD 和 TG 的测试试验。样品制备及养护见图 2-3。

2. 3. 2　全尾砂充填体单轴抗压强度测试试验

充填体的稳定性通常用单轴抗压强度表示。试验所用单轴抗压强度仪器型号为 TYE-300D(无锡建仪仪器机械有限公司),如图 2-4 所示。仪器加载速率为 0. 1 kN/s,用以测试加入新型胶凝材料或者普通硅酸盐 42. 5 水泥并养护 3 d、7 d 和 28 d 时的充填体单轴抗压强度,每个指标测试 2 次,取平均值作为试验结果。

(a)样品制备

(b)样品养护

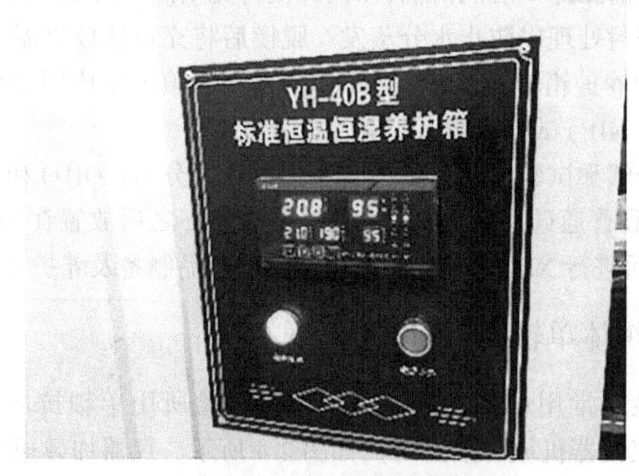

(c)YH-40B型标准恒温恒湿养护箱

图 2-3　样品制备及养护

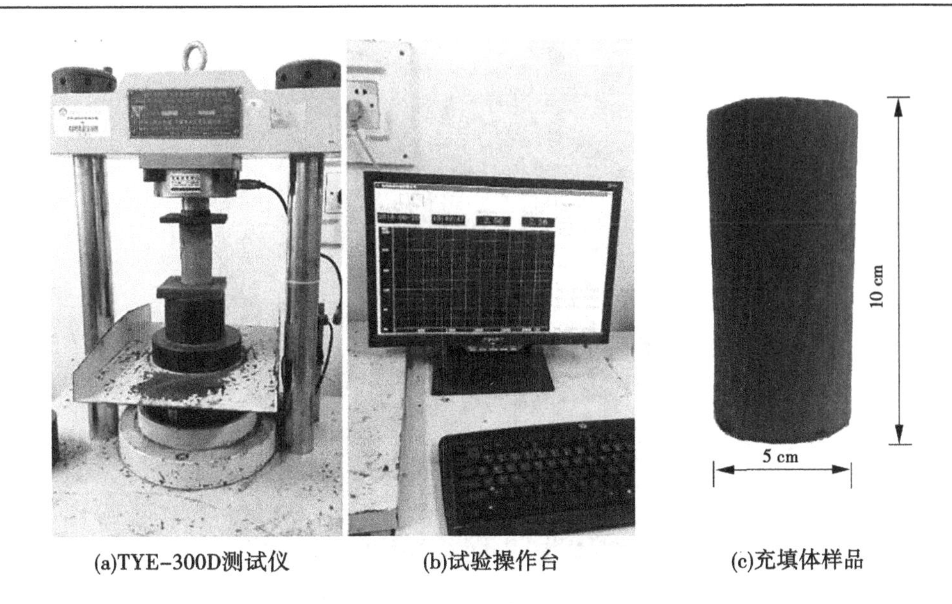

(a)TYE-300D测试仪　(b)试验操作台　(c)充填体样品

图 2-4　TYE-300D 测试仪及充填体试样

2.3.3　胶凝材料水化反应产物物相分析试验

X 射线衍射分析是胶凝材料中物相结构分析常用的方法。试验所用仪器为荷兰 PANalytical B. V. 公司生产的 Empyrean 衍射仪，如图 2-5 所示。在 5°～60°内以 0.02°的步距测试胶凝材料和普通硅酸盐水泥相应龄期水化产物的物相种类。需要注意的是，在进行 XRD 测试之前所有样品要在 50 ℃的干燥箱（见图 2-6）中烘干至质量不再变化，研究表明样品在该温度下烘干不会引起物相的改变。

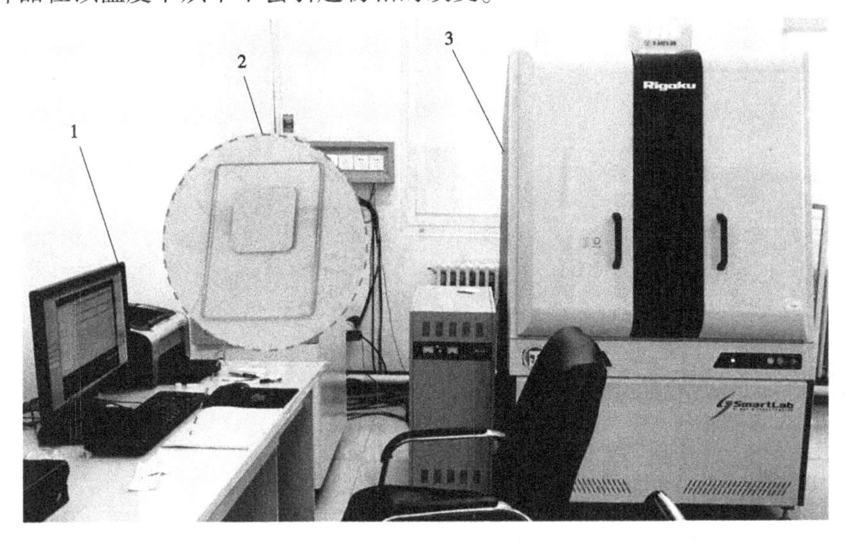

1—试验操作台；2—样品；3—XRD 分析仪。

图 2-5　XRD 分析仪及试验样品

图 2-6 FX101-2 型电热鼓风干燥箱

2.3.4 胶凝材料水化产物定量分析试验

热重分析试验用来评估不同胶凝材料水化产物的量对样品微观结构发展的影响。试验所用仪器为 STA449F3 TG 分析仪(耐驰科学仪器商贸有限公司),如图 2-7 所示。试验中,温度从室温升至 900 ℃,用 N_2 以 10 ℃/min 的速度进行鼓气。重量变化灵敏度为 1 μg/min,测试标准遵循《热重分析仪失重和剩余量的试验方法》(GB/T 27761—2011)。热重分析试验与 XRD 测试试验所用样品相同,试验前同样需要进行干燥处理。

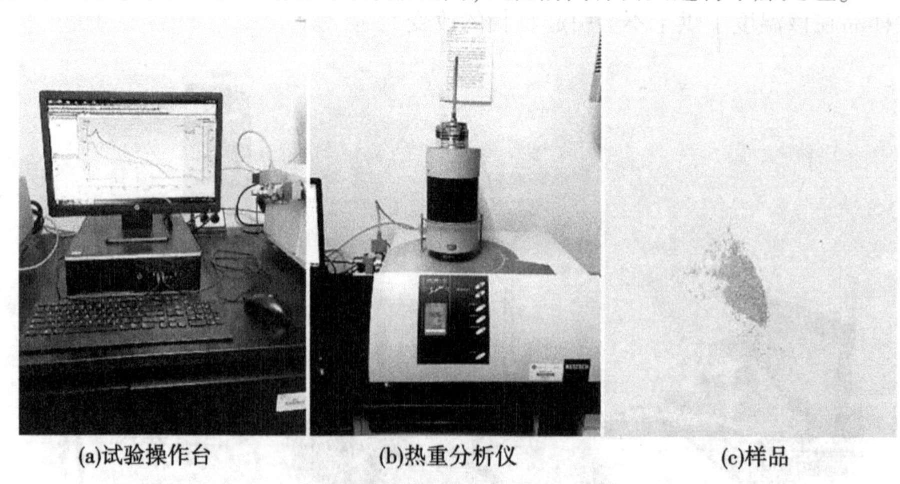

(a)试验操作台 (b)热重分析仪 (c)样品

图 2-7 热重分析仪和试验样品

2.3.5 全尾砂充填体微观分析试验

SEM 测试用来观察分析充填体试块水化产物的形态,试验所用仪器型号为 7001F(日本电子公司),如图 2-8 所示,放大倍数为 10~500 k。试验中将达到指定龄期的试块中心部分碾碎成粉末状,用无水乙醇终止水化,随后放进烘干箱在 50 ℃条件下烘干至质量不再发生变化,然后将样品放置在贴有导电纸的圆盘上,并对其进行喷金处理,再将其放入扫描电镜试验装置中,对每个样品进行不同放大倍数下的微观分析。

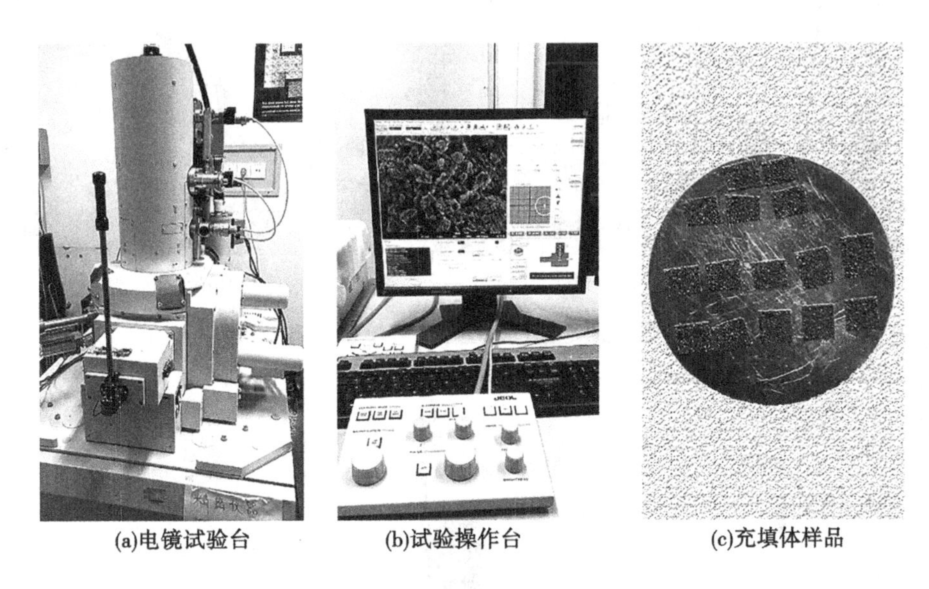

(a)电镜试验台　(b)试验操作台　(c)充填体样品

图 2-8　电镜试验台和充填体样品

2.3.6　全尾砂充填体孔径分布测试试验

压汞仪是一种分析材料微孔结构的高精度试验仪器。在恒定加压条件下,侵入充填体中汞的体积为外部压力的函数,从而可以获得充填体的孔径分布。试验所用压汞仪型号为 Auto Pore Ⅳ-9500(麦克默瑞提克公司),如图 2-9 所示,最大压力为 33 000 psia(228 MPa,1 psia=0.006 9 MPa)。试验过程遵循国家标准《压汞法和气体吸附法测定固体材料孔径分布和孔隙度　第 1 部分:压汞法》(GB/T 21650.1—2008)。图 2-10 是压汞仪工作原理示意图。

仪器可检测的孔径范围为 0.005~60 μm,汞的侵入体积可精确至 0.1 μL。样品质量约 1.3 g,所有充填体测试前须在 50 ℃的真空烘箱中烘干至质量不再变化,研究表明充填体在该温度下烘干不会引起内部裂化。随着外界压力的升高,汞液逐渐侵入样品孔隙。假设孔隙为圆柱形通道,可以通过 Washburn-Laplace 定理将施加的压力与孔径联系起来。

$$d = \frac{-4\sigma\cos\theta}{p} \tag{2-1}$$

式中,p 为施加的压力;d 为样品的孔径;σ 为表面张力,N/m;θ 为孔壁和汞的接触角,一般在 120°~140°,本次试验设定接触角为 140°。

试验中压汞仪操作步骤:

(1)打开计算机、压汞仪、空气压缩机电源,检查设备指示灯、汞槽汞量,并查看液压泵、倍增器、真空泵等设备运行是否正常。

(a)压汞仪和试验操作台

(b)高压仓

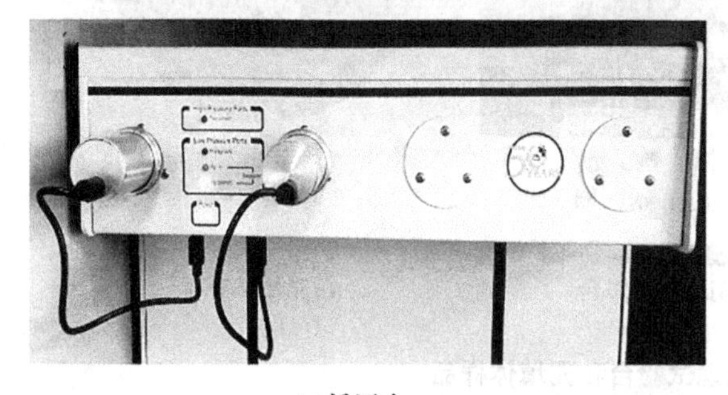

(c)低压仓

(d)样品

图 2-9　压汞仪和样品

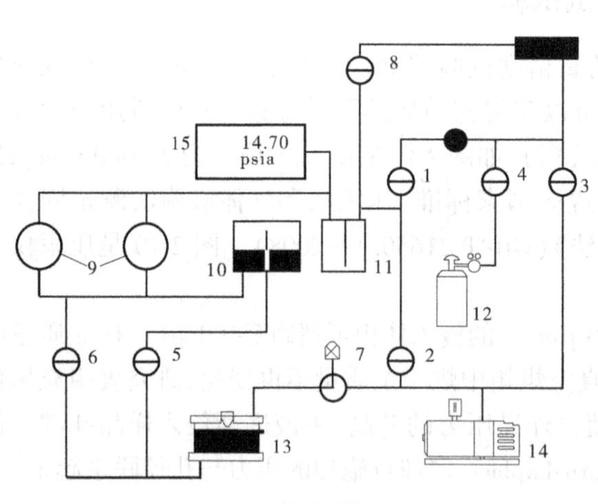

(a)低压系统

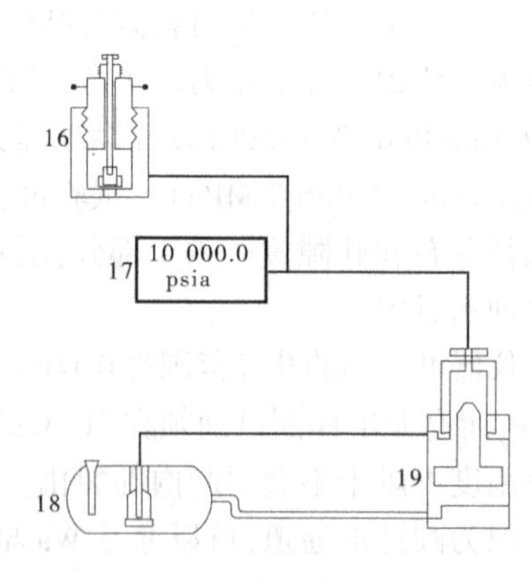

(b)高压系统

1—伺服隔离阀;2—快速排出阀;3—真空阀;4—进气阀;5—填充阀;6—排水阀;7—汞库疏散阀;
8—疏散储水阀;9—低压仓;10—汞脱气站;11—汞井;12—气瓶;13—汞池;14—伺服泵;
15—低压传感器;16—高压仓;17—高压传感器;18—液压泵;19—倍增器。

图 2-10　Auto Pore Ⅳ-9500 压汞仪工作原理示意图

(2)选择适合本试验所需07-0521型号的膨胀剂,称量空膨胀剂质量并记录m_1。将样品小心放入膨胀剂中,称量并记录此时样品与膨胀剂的总质量m_2。样品质量$m_3=m_2-m_1$,需要注意的是,样品质量应控制在1.3 g左右。涂上密封胶并将膨胀剂盖子拧紧,称量并记录此时样品、膨胀剂与密封胶的总质量m_4。在膨胀剂底部涂抹约5 cm长的润滑剂,将低压阀拧开,取出金属棒,注意是否有汞溢出,将透明塑料环套在膨胀剂上插入低压仓,注意要水平缓慢插入,边用手拧低压旋钮,边将膨胀剂盾入更深部位,拧紧之后盖帽,进入软件操作阶段。

(3)打开操作软件,建立分析文件。选择样品信息,输入样品编号、描述、说明、操作者、样品质量等数据采集信息。在分析条件页面可以根据试验具体情况修改低压平衡时间、抽真空选项、试验压力值、汞的参数等。在膨胀剂页面选择试验所使用膨胀剂的型号并输入组件质量m_5($m_5=m_4-m_3$)。

(4)低压试验。点击低压分析,找到所使用的低压测试孔,用Browse选择上述所建试验文件,点击开始,进入低压试验测试。

(5)低压测试完毕,取出膨胀剂,将外表面擦拭干净,测量此时质量m_6。将膨胀剂装进高压仓(旋转过程中保持高压阀是开的状态),拧紧之后关闭高压阀,随后松开高压阀,来回旋转高压仓扳手,直至没有大气泡从高压仓内溢出再拧紧高压仓,保持高压阀是开的状态。

(6)高压试验。点击高压分析,输入膨胀剂总质量m_6,用Browse选择上述所建试验文件,点击Start开始高压测试。按照提示调整高压仓中的零位压力,随后关闭窗口并把高压阀拧紧,进入高压测试阶段。

(7)高压测试结束后,先松开泄压阀,取出膨胀剂,保持膨胀剂是倒立状态,以免漏汞,将废汞倒进回收瓶中,用清洁剂清洗膨胀剂,然后用清水冲洗,最后用酒精淋洗,悬挂膨胀剂晾干,进入下一个样品测试环节。

2.4 试验结果与讨论

2.4.1 新型胶凝材料优化分析研究

高炉矿渣本身不具有活性,只有在一定的外界激活条件下才能得到激发。常见的激发方式有机械激发、酸激发和碱激发。在本次试验中,高炉矿渣的比表面积控制在475 m^2/kg,普通硅酸盐水泥的比表面积为312 m^2/kg。石灰、石膏和熟料混合后用于复合激发。试验研究了激发剂对加入新型胶凝材料的充填体抗压强度的影响,优化了复合激发剂的配比。

根据试验分析,设计熟料含量为12%、14%和16%三个水平,石灰含量为4%、6%和8%三个水平,石膏含量为8%、10%和12%三个水平。本次试验进行了三水平四因素正交设计方案$L_9(3^4)$。正交试验设计和试验结果如表2-3所示。

表 2-3　正交试验表和单轴抗压强度结果

编号	浓度/%	灰砂比	胶凝材料质量分数/%				单轴抗压强度/MPa		
			X_1	X_2	X_3	X_4	3 d	7 d	28 d
H-1	78	1∶15	12	4	8	76	0.607	1.384	2.536
H-2	78	1∶15	12	6	10	72	0.861	1.879	2.623
H-3	78	1∶15	12	8	12	68	0.811	1.835	2.466
H-4	78	1∶15	14	4	10	72	0.863	1.626	2.502
H-5	78	1∶15	14	6	12	68	0.896	1.941	2.673
H-6	78	1∶15	14	8	8	70	0.707	1.826	2.549
H-7	78	1∶15	16	4	12	68	0.724	1.273	1.774
H-8	78	1∶15	16	6	8	70	0.726	1.611	2.333
H-9	78	1∶15	16	8	10	66	0.782	1.766	2.303

注:X_1 表示熟料,X_2 表示石灰,X_3 表示石膏,X_4 表示高炉矿渣。

极差分析通常用于分析试验数据中影响最大的因素。在这次测试中,使用极差分析对单轴抗压强度数据进行处理,分析结果如表 2-4 所示。

表 2-4　单轴抗压强度极差分析结果

龄期/d		水平	因素			影响序列	最优组合
			熟料	石灰	石膏		
3	平均值 UCS/MPa	Level 1	0.760	0.731	0.680	$X_3>X_2>X_1$	$X_{1(\text{Level 2})}$ $X_{2(\text{Level 2})}$ $X_{3(\text{Level 2})}$
		Level 2	0.869	0.875	0.835		
		Level 3	0.744	0.767	0.810		
	R^1/MPa		0.125	0.144	0.178		
7	平均值 UCS/MPa	Level 1	1.699	1.428	1.607	$X_2>X_1>X_3$	$X_{1(\text{Level 2})}$ $X_{2(\text{Level 2})}$ $X_{3(\text{Level 2})}$
		Level 2	1.798	1.810	1.757		
		Level 3	1.550	1.809	1.683		
	R^1/MPa		0.248	0.382	0.150		
28	平均值 UCS/MPa	Level 1	2.542	2.271	2.473	$X_1>X_2>X_3$	$X_{1(\text{Level 2})}$ $X_{2(\text{Level 2})}$ $X_{3(\text{Level 2})}$
		Level 2	2.575	2.543	2.476		
		Level 3	2.137	2.439	2.304		
	R^1/MPa		0.438	0.272	0.172		

注:R^1 为最大值和最小值的差值;UCS 为全尾砂充填体的单轴抗压强度。

从表 2-4 可以看出，充填体试块在 3 d、7 d 和 28 d 单轴抗压强度最大时的外加剂配比为熟料 14%、石灰 6%和石膏 10%。原因可能是在该比例下，高炉矿渣最大程度被激发参与水化反应，剩余的石灰和石膏最少，从而产生更多的水化产物，使充填体的结构更致密，宏观表现上抗压强度最大。

然而极差分析不能精确地反映测量值彼此间的密切程度以及试验期间测试误差引起的数据波动，也不能对这些影响因素的重要程度进行精确的定量估计。为了弥补极差分析直观分析上的不足，对以上数据进一步进行方差分析，结果如表 2-5 所示。

由表 2-5 可知，方差分析和极差分析的结果一致，即对于养护 3 d 的充填体试块单轴抗压强度，石膏的影响最大，石灰次之，熟料最小；对于养护 7 d 的充填体试块单轴抗压强度，石灰影响最大，熟料次之，石膏最小；对于养护 28 d 的充填体试块单轴抗压强度，熟料影响最大，石灰次之，石膏最小。这说明在充填体养护早期，石膏对充填体水化反应的影响最大，而在充填体养护的中后期，石膏的作用逐渐减小。原因是石膏中含有大量的 SO_4^{2-}，对胶凝材料早期的水化反应具有促进作用，而后期由水化反应生成的 C-S-H 凝胶对 SO_4^{2-} 的吸收作用导致溶液中 SO_4^{2-} 减少，从而降低了石膏对单轴抗压强度的影响。石灰中含有大量的 OH^-，激发剂需要在碱性环境中起作用，所以从水化早期到中期，石灰对充填体强度的影响逐渐增大，而在中期到后期，随着水化反应的进行以及自干燥作用，充填体中的水分逐渐减少，从而 OH^- 对水化反应的作用也在减小。从早期到中后期，高炉矿渣对充填体强度的影响越来越大，说明随着水化反应的进行，高炉矿渣作为胶凝材料的主要成分，对充填体的强度增长作用越来越显著。

表 2-5　方差分析结果

龄期/d	方差来源	离差	自由度	均方离差	F	显著性	收尾概率
3	X_1	0.028	2	0.014	8.225	$X_3>X_2>X_1$	0.108
	X_2	0.034	2	0.017	9.884		0.092
	X_3	0.056	2	0.028	16.518		0.057
	Error	0.003	2	0.002			
7	X_1	0.093	2	0.047	38.231	$X_2>X_1>X_3$	0.025
	X_2	0.292	2	0.146	119.578		0.008
	X_3	0.034	2	0.017	13.829		0.067
	Error	0.002	2	0.001			
28	X_1	0.357	2	0.178	6.544	$X_1>X_2>X_3$	0.133
	X_2	0.113	2	0.057	2.078		0.325
	X_3	0.058	2	0.029	1.060		0.485
	Error	0.055	2	0.027			

注：F 为 F 检验的统计量值。

根据上述分析,选择最优配比为高炉矿渣70%、石灰6%、石膏10%、熟料14%。用此配比制成的胶凝材料添加到尾砂中制成充填体与相同条件下添加普通硅酸盐42.5水泥制成的充填体在各个龄期的抗压强度进行对比试验,制作过程及养护方法参见2.3.1。试验结果见表2-6,由表2-6可知,添加新型胶凝材料的充填体在各个养护龄期的抗压强度均比添加普通硅酸盐水泥时高。

表2-6　添加新型胶凝材料和普通硅酸盐水泥时的单轴抗压强度

充填体试块	单轴抗压强度/MPa		
	3 d	7 d	28 d
添加新型胶凝材料	0.545	1.453	2.181
添加普通硅酸盐水泥	0.344	0.853	1.943

用同样的方法对改性剂硫酸钠、明矾、氟硅酸钠的添加比例进行优化,结果得出在新型胶凝材料熟料:石灰:石膏:高炉矿渣=14:6:10:70的条件下,改性剂添加量为胶凝材料掺量的0.4%,比例为硫酸钠:明矾:氟硅酸钠=2:1:1时,充填体试块在各养护龄期的单轴抗压强度最大。充填体单轴抗压强度在3 d时为0.831 MPa、7 d时为2.019 MPa、28 d时为3.307 MPa,分别为同时期添加普通硅酸盐水泥时的2.4倍、2.4倍和1.7倍。其原因是高炉矿渣的比表面积远大于普通硅酸盐水泥,大约为其1.5倍,高炉矿渣越细,表面能越大,显著提高了高炉矿渣的机械活性。另外,高炉矿渣的细颗粒填充在较小的孔隙中降低了充填体的孔隙率,这也会使充填体的抗压强度增加。此外,由于添加了改性剂,高炉矿渣在反应开始的较短时间内受到碱激发,促使其在水化反应早期便产生了较多的水化产物,水化产物的增多促进了充填体抗压强度的发展。

2.4.2　新型胶凝材料和普通硅酸盐水泥水化产物对比研究

将养护到7 d和28 d的新型胶凝材料和普通硅酸盐42.5水泥样品取出放进50 ℃的烘干箱中干燥至质量不再变化。随后进行XRD和热重分析试验,样品的结晶相如图2-11和图2-12所示,结晶相量的变化如图2-13和图2-14所示。

从图2-11和图2-12中可以看出,新型胶凝材料和普通硅酸盐水泥水化产物的结晶相和不参与水化反应的物质如SiO_2等几乎完全相同。然而,无论是新型胶凝材料还是普通硅酸盐水泥,养护28 d时样品中碳酸钙和水化硅酸钙的衍射峰强度均高于养护7 d的,且AFt和$Ca(OH)_2$的衍射峰变弱,表明新型胶凝材料和普通硅酸盐水泥产生的结晶相类似,但水化产物的量发生了变化。

图2-13和图2-14中,实线表示质量损失,点划线表示对应的失重微分。从图中可以看出,不同温度范围(50~800 ℃)的波谷表示C-S-H、AFt、氢氧化钙和碳酸钙的存在,这在众多学者的研究中都有所指出。50~105 ℃的质量减少是因为游离态水的蒸发和结合水的分解;110~200 ℃的质量减少是由于AFt、石膏和C-S-H的分解或者脱水反应;450~500 ℃的质量减少是由于氢氧化钙的脱羟基作用;650~750 ℃的质量减少是由于碳酸钙的分解。将新型胶凝材料和普通硅酸盐水泥样品的TG曲线进行比较,可以看出在养护7

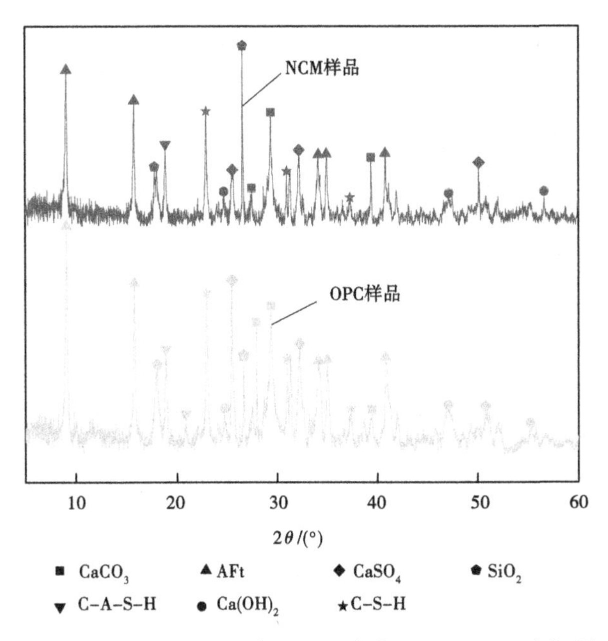

$CaCO_3$,碳酸钙;AFt,钙矾石;$CaSO_4$,石膏;SiO_2,二氧化硅;C-A-S-H,水化硅铝酸钙;$Ca(OH)_2$,氢氧化钙;C-S-H,水化硅酸钙;NCM,新型胶凝材料;OPC,普通硅酸盐 42.5 水泥。

图 2-11　新型胶凝材料和普通硅酸盐水泥养护 7 d 时的 XRD 图像

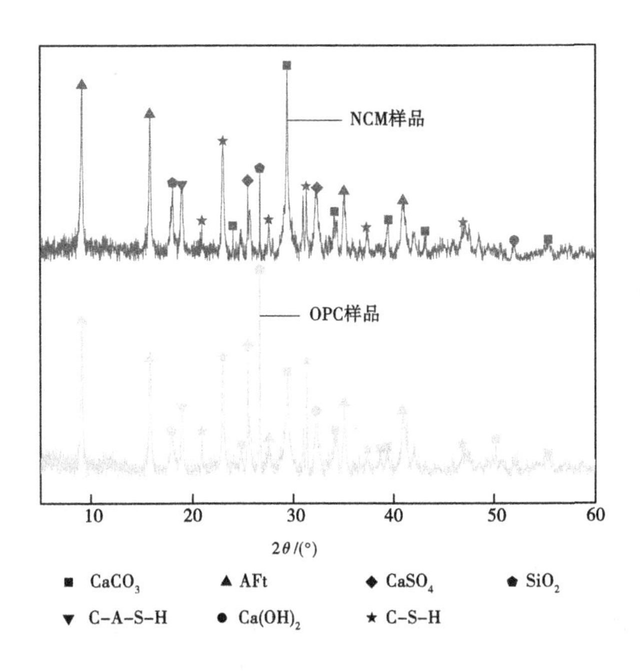

$CaCO_3$,碳酸钙;AFt,钙矾石;$CaSO_4$,石膏;SiO_2,二氧化硅;C-A-S-H,水化硅铝酸钙;$Ca(OH)_2$,氢氧化钙;C-S-H,水化硅酸钙;NCM,新型胶凝材料;OPC,普通硅酸盐 42.5 水泥。

图 2-12　新型胶凝材料和普通硅酸盐水泥养护 28 d 时的 XRD 图像

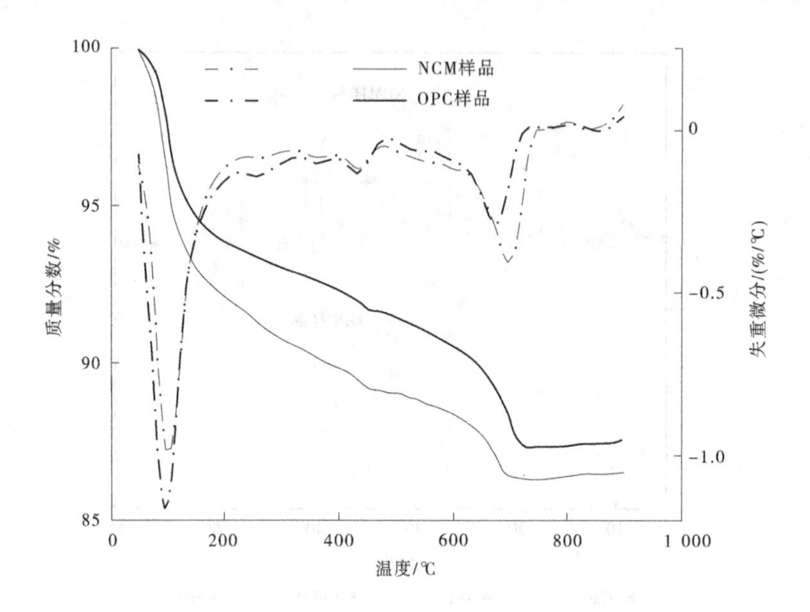

图 2-13　新型胶凝材料和普通硅酸盐水泥养护 7 d 时的 TG/DTG 图像

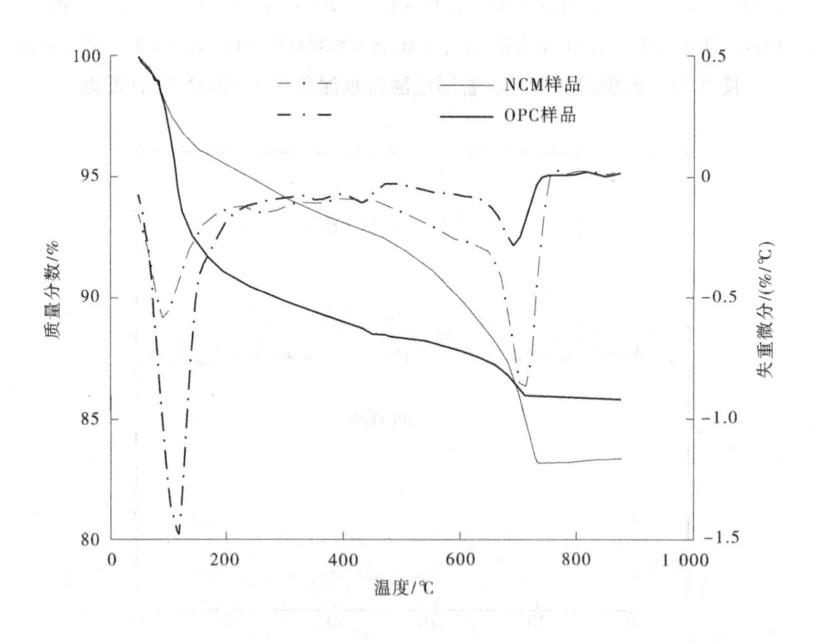

图 2-14　新型胶凝材料和普通硅酸盐水泥养护 28 d 时的 TG/DTG 图像

d 的样品中由于游离态水的蒸发和结合水的分解而引起的质量损失差别不大，但新型胶凝材料在 110~200 ℃的质量损失大于普通硅酸盐水泥。这表明新型胶凝材料中含有更多的 AFt 和 C-S-H，也就是说此时新型胶凝材料的水化反应相对比较充分，生成了更多的水化产物。从图 2-13 和图 2-14 的对比中还可以看出，经过从养护 7 d 到 28 d 的水化反应，无论是新型胶凝材料还是普通硅酸盐水泥，450~500 ℃的 DTG 曲线都在变平缓，说明氢氧化钙的量在减少,表明更多的氢氧化钙参与了水化反应,产生了更多结构致密、性能稳定的水化产物,并由此增强了充填体的强度。从图 2-13 和图 2-14 中 50~105 ℃的质量减少量和 650~750 ℃的质量减少量可以看出,普通硅酸盐水泥中自由态水或结合水的质量和剩余物质的质量均大于新型胶凝材料同期的质量,原因是碱性环境和机械研磨的复合激发促进了高炉矿渣的火山灰效应,从而在相同的时间内产生了更多的水化产物。

2.4.3　新型胶凝材料水化机制研究

添加新型胶凝材料和普通硅酸盐水泥制成的全尾砂充填体在温度 20 ℃±1 ℃、相对湿度大于 95%条件下养护至 3 d、7 d 和 28 d。然后用无水乙醇终止水化反应,并在 50 ℃烘箱中烘干至质量不再减少,对样品喷金后将其置于 SEM 试验装置中进行微观分析。水化产物的组成和微观结构决定了充填体的宏观强度。图 2-15、图 2-16 和图 2-17 分别表示加入新型胶凝材料和普通硅酸盐水泥的充填体在养护 3 d、7 d 和 28 d 时水化产物的形态。

图 2-15(a)显示,添加新型胶凝材料的充填体在养护 3 d 时便产生大量的钙矾石和少量的 C-S-H 凝胶,而图 2-15(b)显示此时添加普通硅酸盐水泥的充填体中水化产物只有钙矾石,C-S-H 凝胶的量可以忽略不计。在图 2-16(a)中,可以看到添加新型胶凝材料的充填体养护 7 d 时钙矾石在减少,原因是充填体中大量生成的 C-S-H 凝胶包裹了钙矾石,使其内部孔隙减少。另外,图 2-16(b)显示出,此时添加普通硅酸盐水泥的充填体产生 C-S-H 凝胶的量少于添加新型胶凝材料时的量,大量的钙矾石裸露在表面,钙矾石的包裹程度不如添加新型胶凝材料时高,表 2-6 也显示此时添加新型胶凝材料的充填体单轴抗压强度比添加普通硅酸盐水泥的高。在图 2-17(a)中,添加新型胶凝材料的充填体在水化 28 d 时产生大量的 C-S-H 凝胶,并且钙矾石被完全包裹,这极大地增强了充填体的单轴抗压强度。同时,在图 2-17(b)中,添加普通硅酸盐水泥的充填体外表面是不均匀的,虽然此时也产生了大量的 C-S-H 凝胶,但仍有钙矾石裸露在表面,表明此时产生 C-S-H 凝胶的量相对较少,这会影响充填体的抗压强度。

添加新型胶凝材料的充填体在相同养护龄期时的微观结构相对于添加普通硅酸盐水泥的充填体更加紧密可能是因为当石膏和石灰添加到新型胶凝材料中时,石灰提供水化反应的原料 Ca^{2+} 和 OH^-。在碱性环境中,硫酸钙提供 Ca^{2+} 和 SO_4^{2-},SO_4^{2-} 与 C_3A 反应生成二级钙矾石,新生成的钙矾石填充在孔隙中增强了充填体的强度。同时 SO_4^{2-} 被 C-S-H 凝胶吸收,从而促进了水化反应的继续进行,增加了钙矾石的量,因此孔结构变粗糙。这不仅受 OH^- 浓度的影响,而且与 SO_4^{2-} 浓度有关,高浓度的 SO_4^{2-} 可以增加次级 C-S-H 凝胶和钙矾石的量。

高炉矿渣本身没有活性,然而在氢氧化钙溶液中,高炉矿渣的火山灰效应得到激发,从而发生显著的水化反应,在饱和氢氧化钙溶液中水化作用更剧烈。水化反应反应式如下:

$$x\mathrm{Ca(OH)_2} + \mathrm{SiO_2} + m\mathrm{H_2O} \longrightarrow x\mathrm{CaO}\cdot\mathrm{SiO_2}\cdot n\mathrm{H_2O} \tag{2-2}$$

$$x\mathrm{Ca(OH)_2} + \mathrm{Al_2O_3} + m\mathrm{H_2O} \longrightarrow x\mathrm{CaO}\cdot\mathrm{Al_2O_3}\cdot n\mathrm{H_2O} \tag{2-3}$$

其中 x 的值取决于混合物的类型、石灰和活性二氧化硅的比例、环境温度和反应的持续时间,该值通常大于或等于 1,n 的值通常在 1~2.5。

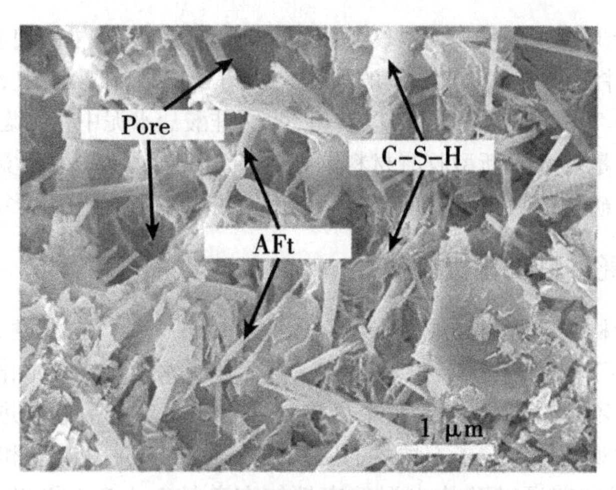

(a)添加新型胶凝材料的样品养护3 d

(b)添加普通硅酸盐水泥的样品养护3 d

图 2-15　添加新型胶凝材料和普通硅酸盐水泥的样品养护 3 d 时的 SEM 图像

氢氧化钙与 SiO_2 相互作用的过程是无定形硅酸吸收 Ca^{2+}形成不定成分的吸附系统，然后形成无定形的水化硅酸钙。在长时间反应后逐渐转变成微晶或结晶不完全的硅酸钙凝胶。$Ca(OH)_2$ 与 Al_2O_3 相互作用形成水化铝酸钙($3CaO \cdot Al_2O_3 \cdot 6H_2O$)。水化铝酸钙是一种水溶性较差的针状晶体,在水泥基材料颗粒周围沉淀并阻碍水分的进入,因此在延迟胶凝材料的凝结方面发挥了重要作用。溶解在水中的硫酸钙与水化铝酸钙反应生成高硫水化硫铝酸钙($3CaO \cdot Al_2O_3 \cdot 3CaSO_4 \cdot 31H_2O$)。当石膏完全耗尽时,部分石膏成为单硫型水化硫铝酸钙($3CaO \cdot Al_2O_3 \cdot 3CaSO_4 \cdot 12H_2O$),使充填体具有较高的强度:

$$3CaO \cdot Al_2O_3 \cdot 6H_2O + 3(3CaSO_4 \cdot 2H_2O) \longrightarrow 3CaO \cdot Al_2O_3 \cdot 3CaSO_4 \cdot 31H_2O \quad (2\text{-}4)$$

$$3CaO \cdot Al_2O_3 \cdot 3CaSO_4 \cdot 31H_2O + 2(3CaO \cdot Al_2O_3 \cdot 6H_2O) \longrightarrow 3(3CaO \cdot Al_2O_3 \cdot 3CaSO_4 \cdot 12H_2O) \quad (2\text{-}5)$$

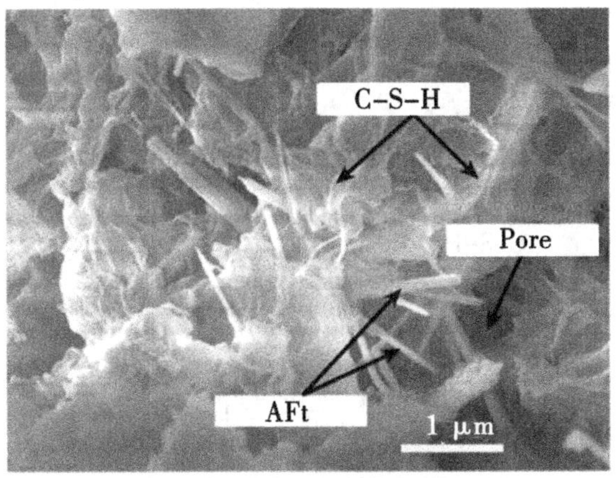

(a)添加新型胶凝材料的样品养护7 d

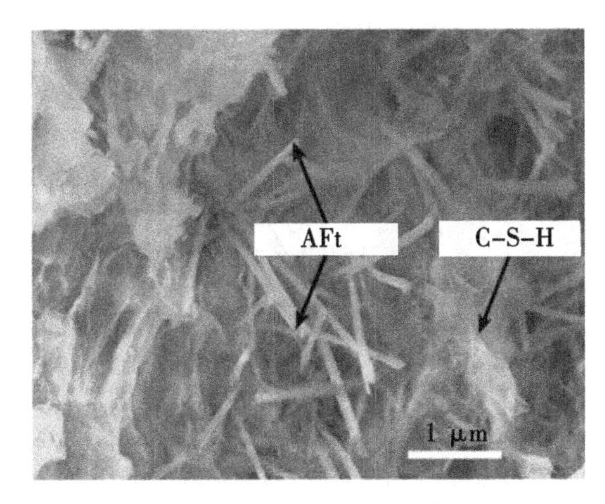

(b)添加普通硅酸盐水泥的样品养护7 d

图 2-16　添加新型胶凝材料和普通硅酸盐水泥的样品养护 7 d 时的 SEM 图像

2.4.4　全尾砂充填体孔径分布研究

为研究新型胶凝材料对全尾砂充填体孔径分布的影响，对养护 7 d 和 28 d 的充填体进行 MIP 试验。入侵汞体积对应充填体的孔隙体积，所以充填体孔隙体积和孔径关系可由试验得出，如图 2-18 所示。

在图 2-18 中，孔径较大时，入侵汞的曲线在外界压力较小时缓慢增加，汞主要填充直径大于 7. 2 μm 的孔，而在直径为 4. 9~6 μm 时，入侵汞的曲线迅速上升。当外界压力迫使尾砂颗粒重新排列时，入侵汞的曲线在较小压力下便上升至较大值，此后，汞将填充小于 0. 01 μm 的孔。然而，即使在接近最高压力条件下，汞也很难进入充填体中的最小孔和密闭孔，因此入侵汞曲线最终趋于平缓。

(a)添加新型胶凝材料的样品养护28 d

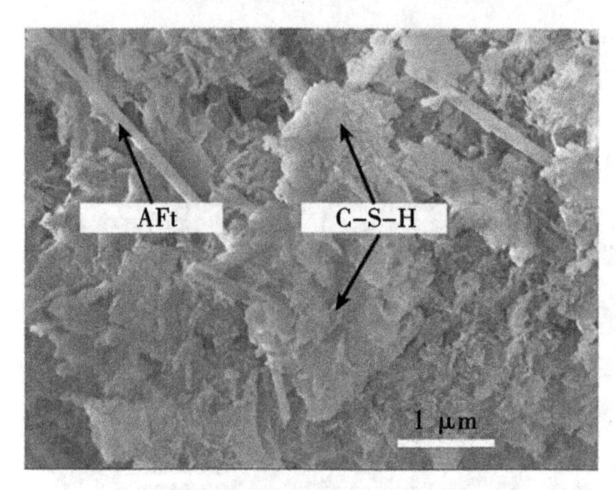

(b)添加普通硅酸盐水泥的样品养护28 d

图 2-17　添加新型胶凝材料和普通硅酸盐水泥的样品养护 28 d 时的 SEM 图像

从图 2-18 可知,无论养护 7 d 还是 28 d,充填体添加新型胶凝材料时的孔隙率都小于添加普通硅酸盐水泥时。图 2-18(a)显示充填体养护 7 d 后,充填体添加新型胶凝材料时的入侵汞体积比添加普通硅酸盐水泥时小约 8.0%。图 2-18(b)显示充填体养护 28 d 后,添加新型胶凝材料时的入侵汞体积比添加普通硅酸盐水泥时小约 11%。从图 2-18(a)和图 2-18(b)观察养护龄期对入侵汞体积的影响可知,养护 28 d 与养护 7 d 的充填体相比,添加普通硅酸盐水泥时入侵汞体积降低了 13%,添加新型胶凝材料时入侵汞体积降低了 18%。这表明随着养护龄期的增长,添加新型胶凝材料和普通硅酸盐水泥的充填体孔隙体积都在降低,然而,添加新型胶凝材料的充填体孔隙体积下降更多。较低的孔隙率表明,充填体添加新型胶凝材料时比添加普通硅酸盐水泥时水化反应更快,产生的水化产物更多,这些水化产物填充在尾砂颗粒间孔隙中,将尾砂颗粒包裹,使充填体内部结构更加致密。

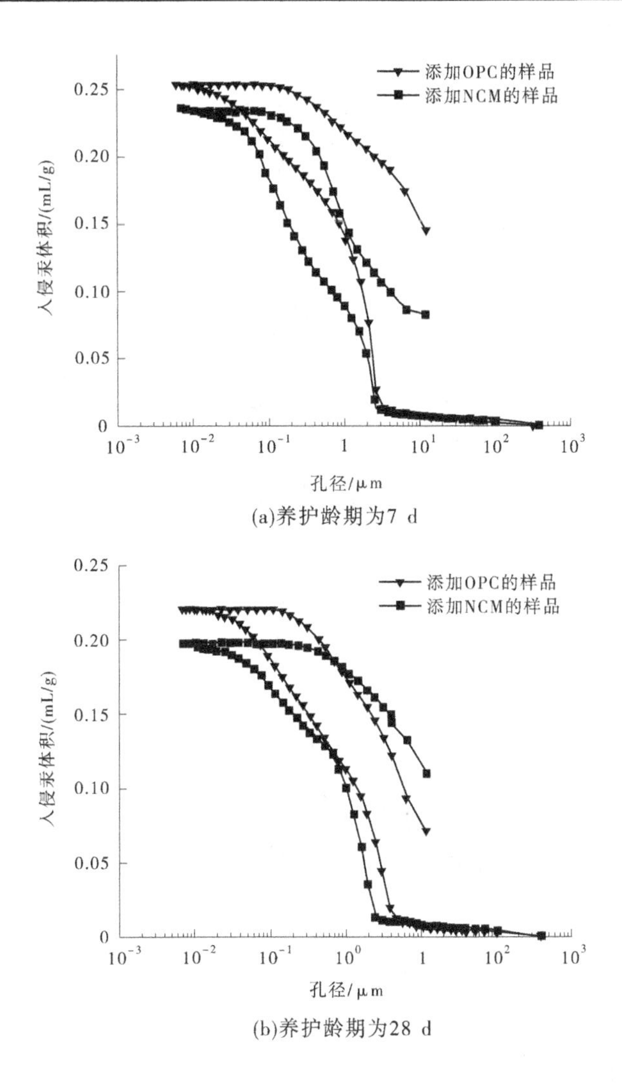

(a)养护龄期为7 d

(b)养护龄期为28 d

图 2-18 添加不同胶凝材料并养护不同时间的充填体样品孔隙体积与孔径关系

图 2-19 表示养护 7 d 和 28 d 的充填体孔隙体积对数-微分曲线。在图 2-19(a)中,峰值处对应的孔径称为最可几孔径,表示在此直径处孔出现的概率最大。对于养护 7 d 的充填体,添加普通硅酸盐水泥和新型胶凝材料时最可几孔径分别为 2.49 μm 和 2.48 μm。在图 2-19(b)中,对于养护 28 d 的充填体,添加普通硅酸盐水泥和新型胶凝材料时最可几孔径分别为 1.93 μm 和 1.62 μm。表明充填体从养护 7 d 到 28 d,最可几孔径都在减小,添加普通硅酸盐水泥时减少了 29%,添加新型胶凝材料时减少了 53%。这说明随着养护龄期的增长,水化反应在持续进行,然而,添加新型胶凝材料的充填体水化反应程度更大,这与图 2-18 中的分析结果一致。此外,养护 28 d 时添加新型胶凝材料的充填体孔隙体积对数-微分曲线相对于添加普通硅酸盐水泥时明显左移,表明其最可几孔径较小,同时说明此时添加新型胶凝材料的充填体孔径相对较小,内部比较致密。

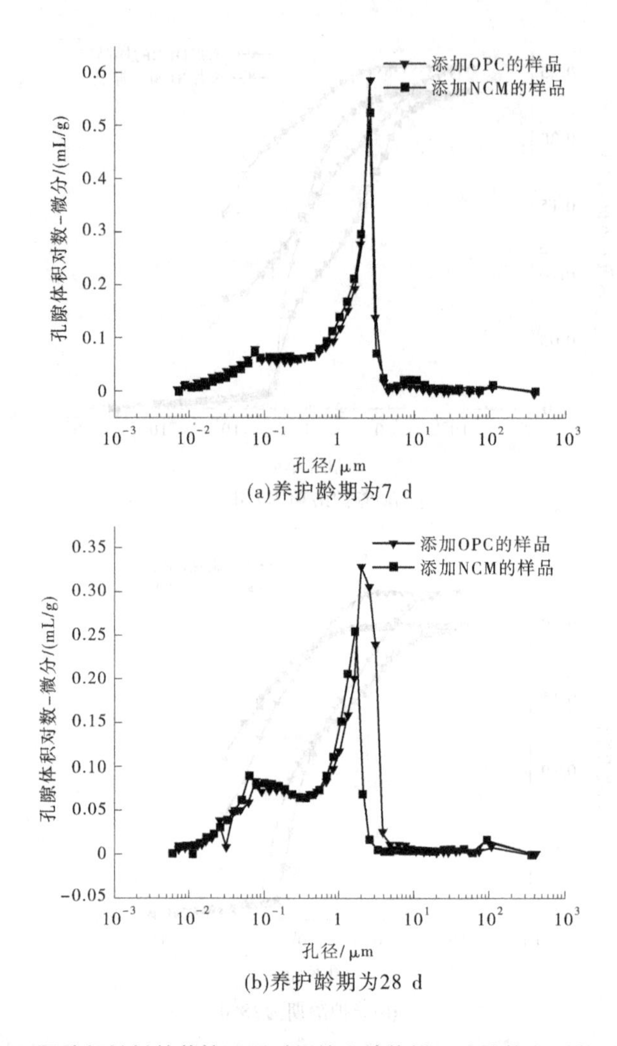

图 2-19　添加不同胶凝材料并养护不同时间的充填体样品孔隙体积对数-微分与孔径关系

从图 2-19(a)看出，养护龄期为 7 d 时，在 0.6~1.9 μm 的孔径范围内，充填体添加普通硅酸盐水泥时的曲线高于添加新型胶凝材料时的。在 0.09~0.6 μm 孔径范围内，充填体添加新型胶凝材料时的曲线高于添加普通硅酸盐水泥时的，而在 0.008~0.09 μm，充填体添加普通硅酸盐水泥时的曲线高于添加新型胶凝材料时的。这表明充填体添加新型胶凝材料时相对于添加普通硅酸盐水泥有更多的非毛细孔转化为毛细孔，并且部分凝胶孔转变成致密的结构体。从图 2-19(b)看出，养护龄期为 28 d 时，在 0.5~1.5 μm 孔径范围内，充填体添加新型胶凝材料时的曲线高于添加普通硅酸盐水泥时的，在 0.2~0.5 μm 孔径范围内，充填体添加普通硅酸盐水泥时的曲线高于添加新型胶凝材料时的，当孔径小于 0.2 μm 时，充填体添加新型胶凝材料时的曲线高于添加普通硅酸盐水泥时的。这是因为经过 28 d 的养护之后，添加新型胶凝材料时的孔隙体积对数-微分曲线向左移动较大，最可几孔径较小，有更多的非毛细孔转化为毛细孔或凝胶孔。

2.5　本章小结

本章对全尾砂充填体新型胶凝材料进行了研究,并将其添加到全尾砂中与同等条件下添加普通硅酸盐 42.5 水泥的充填体在养护 3 d、7 d 和 28 d 后的力学特性进行了对比;用 X 射线衍射试验和热重分析试验进行了水化反应后结晶相和水化产物量的分析;用扫描电镜试验分析了不同养护龄期下添加不同胶凝材料的充填体水化产物的形态;用压汞试验分析了养护 7 d 和 28 d 后充填体孔径分布的变化。主要研究结论包括:

(1)由石膏、石灰和熟料组成的复合激发剂,添加一定量的外加剂,对高炉矿渣具有良好的激发效果。新型胶凝材料的组成为熟料:石灰:石膏:高炉矿渣 = 14:6:10:70。外加剂添量为胶凝材料的 0.4%,其中硫酸钠:明矾:氟硅酸钠的比例为2:1:1。充填体单轴抗压强度在养护 3 d 时为 0.831 MPa、在养护 7 d 时为 2.019 MPa、在养护 28 d 时为 3.307 MPa,分别是同时期添加普通硅酸盐 42.5 水泥时的 2.4 倍、2.4 倍和 1.7 倍,表明添加新型胶凝材料的充填体力学强度比添加普通硅酸盐水泥时高。

(2)新型胶凝材料和普通硅酸盐 42.5 水泥水化产物的结晶相类似,但在相同的养护龄期内新型胶凝材料产生了更多的水化产物,较多的水化产物填充在充填体孔隙中,将尾砂颗粒包裹,使添加新型胶凝材料的充填体具有更高的抗压强度。

(3)充填体从养护 7 d 到养护 28 d,添加普通硅酸盐水泥时孔隙体积减少了 13%,最可几孔径减少了 29%;添加新型胶凝材料时减少了 18%,最可几孔径减少了 53%。说明无论是添加何种胶凝材料,充填体的孔隙率随着养护龄期的增长都在降低,但添加新型胶凝材料时减少更多。

第 3 章　温度循环作用下全尾砂充填体破坏特征研究

世界上季节冻土和多年冻土的面积约占世界土地总面积的 23%，我国冻土面积约占全国陆地总面积的 75%。在这些区域应用全尾砂充填技术时必须考虑温度循环对充填体稳定性的影响。尾砂充填过程中需要在其中添加一定量的胶凝材料，根据 Fu 等的研究，碱激发矿渣水泥具有良好的抗冻融性和耐久性，所以第 2 章研制的碱激发矿渣胶凝材料作为本书温度循环试验的胶凝剂是合适的。在过去的几十年中，学者们对胶凝材料研究主要集中在其内部微观结构的变化上。微观结构的性能决定了尾砂中添加胶凝材料时的强度和耐久性。温度循环使充填体破坏的原因是其中的水冻结成冰产生冻胀，而冰又会在毛细管和孔隙壁上产生结晶压力，此时如果没有膨胀空间，体积的升高会导致内部应力增大。随着温度循环的进行，不断有水冻结、融化，融化的水渗透到充填体内部孔隙中再次冻结时导致原有孔隙破坏，并延伸到更大的孔隙结构中，从而增加了充填体的孔隙率，加剧了充填体的破坏速度。

基于以上分析，在本章试验中，对不同养护龄期(3 d、7 d 和 28 d)的充填体进行不同冻结温度(−5 ℃、−10 ℃和−15 ℃)和不同循环次数(0 次、3 次、5 次、7 次、10 次、12 次、15 次、20 次)的温度循环试验。然后，使用 TYE-300D 测试其单轴抗压强度；使用 X 射线衍射试验和热重试验分析循环前后胶凝材料水化产物的种类和量的变化；使用扫描电镜试验分析充填体水化产物微观破坏形态。

3.1　试验材料及仪器

本章所用试验材料包括全尾砂、城市用水、新型胶凝材料，辅助材料为润滑油、搅拌棒、样品模具。

试验仪器包括砂浆搅拌机、烘干箱、天平、标准养护箱、温度数控冷柜、TYE-300D 型压力机、7001F 扫描电镜仪、Empyrean X 射线衍射分析仪、STA449F3 热重分析仪。

3.2　试验方法

试验中根据全尾砂胶结技术的特点，料浆浓度设定为 78%，灰砂比为 1∶15。试验包括以下步骤：首先，根据试验方案确定所需全尾砂、新型胶凝材料和水的质量。然后将尾砂、胶凝材料和水在搅拌桶中搅拌均匀，随后将搅拌桶放置在搅拌机中搅拌 7 min，直到浆体均匀。将搅拌完成的料浆倒入直径和高度分别为 5 cm 和 10 cm 且在内壁涂抹过润滑油的塑料圆筒中，用塑料盖密封制备的试块以防止水分蒸发。拆模后将试块放置在标准养护箱内，并用保鲜膜包裹以防止试验过程中试块内部水分损失，养护温度为 20 ℃±1 ℃，相对湿度大于 95%，养护至不同龄期（3 d、7 d 和 28 d）。随后将充填体试块转移到温度数控冷柜中，根据我国北方地区冬季温度特点（见表 3-1），设置三个冻结温度梯度（-5 ℃、-10 ℃和-15 ℃）分别进行冷冻，冷冻结束后再转移至标准恒温箱中解冻，进行反复循环试验，为减小外界环境对试块的影响，转移时间控制在 10 min 内。冷冻时间和融化时间均为 12 h 以模拟自然环境温度。充填体分别在三个温度梯度下经历不同的循环次数（0 次、3 次、5 次、7 次、10 次、12 次、15 次、20 次），试验表明这些循环次数能体现循环次数对充填体力学特性的影响。冷冻试验设备为海尔 BC/BD-203HCN 温度数控冷柜，该冷柜最低温度可控制在-50 ℃，自动控制恒温，误差±1 ℃，如图 3-1 所示。对达到循环次数的充填体试块进行单轴抗压强度试验、XRD 测试试验、热重分析试验、SEM 测试试验。需要说明的是，对养护 3 d、7 d 和 28 d 并经历不同循环次数的充填体进行单轴抗压强度试验；对养护 7 d 天和 28 d 且在冻结温度为-10 ℃条件下循环 20 次的充填体进行 XRD 测试试验；对养护 7 d 和 28 d 且在不同冻结温度时进行不同循环次数的充填体进行热重分析试验；对养护 3 d、7 d 和 28 d 且在冻结温度为-10 ℃下循环 0 次、5 次、10 次和 20 次的充填体进行 SEM 试验。

表 3-1　我国北方部分城市近 20 年 1 月平均气温

城市	北京	天津	太原	呼和浩特	沈阳	长春	哈尔滨	兰州	西宁	银川	乌鲁木齐
温度/℃	-2. 88	-3. 49	-4. 67	-10. 63	-11. 74	-13. 53	-15. 82	-5. 86	-8. 08	-6. 49	-12. 45

图 3-1　海尔 BC/BD-203HCN 温度数控冷柜

3.3　温度循环对全尾砂充填体单轴抗压强度的影响研究

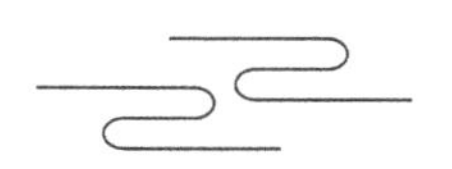

图 3-2 显示了不同循环次数(0 次、3 次、5 次、7 次、10 次、12 次、15 次和 20 次)和不同冻结温度(-5 ℃、-10 ℃和-15 ℃)下充填体单轴抗压强度的变化规律,可以清楚地观察到循环次数和冻结温度对充填体单轴抗压强度均有较大影响。

在图 3-2(a)和图 3-2(b)中,养护 3 d 和 7 d 的充填体在前 3 次循环过程中单轴抗压强度有不同程度的增大,但之后随循环次数的增多而减小,并最终趋于稳定。而图 3-2(c)显示养护 28 d 的充填体单轴抗压强度在第 3 次循环时便开始下降,并在 10~20 个循环期间保持稳定。

养护时间较短的充填体水化反应进行不彻底,水化产物较少,内部孔隙较多,在冷冻期间游离态的水转化为冰使得水化反应受到抑制,所以虽然水膨胀成冰体积增加约 9%,充填体中的孔隙为水转化成冰时体积的膨胀提供了一定的富裕空间,使得冰晶的膨胀作用对充填体的损伤程度减弱。温度升高时,固体冰融化成水使水化反应继续进行,生成的 C-S-H 凝胶和钙矾石(AFt)晶体等水化产物继续填充在内部孔隙中,使充填体的孔隙率进一步降低,从而提高了其单轴抗压强度。在这个阶段水化反应对充填体强度的增长作用大于温度循环对其的破坏作用,因此充填体的强度在前 3 次循环中表现出增加的趋势,尤其是新型胶凝材料中高炉矿渣的火山灰活性在碱性环境中得到激发,使其能够快速产生大量的水化产物。然而在这个阶段充填体中水分比较充裕,充填体整体上处于饱和或半饱和状态,温度循环对充填体的损伤是一个逐渐累积且不可逆的过程,所以充填体的抗压强度升高到一定程度便开始降低。当充填体养护时间较长时,其内部生成了较多的水化产物,这些水化产物填充在充填体内部孔隙中并相互搭接,使充填体形成了较为致密的骨架结构,所以内部不再有充足的空间减缓冰晶膨胀需要占用的体积。当充填体冷冻时,冰晶的膨胀作用破坏了充填体的骨架结构且使其内部孔隙增加,从而降低了充填体的单轴抗压强度。

从图 3-2 还可以看出,在不同的冻结温度下,养护 3 d 的充填体在 12 次循环后,养护 7 d 和 28 d 的充填体在 10 次循环后的单轴抗压强度达到一定值并保持稳定。上述现象的原因是在循环的初始阶段,循环破坏了充填体的内部结构,随着循环次数的增加,一方面冰晶的膨胀导致充填体孔隙率增加,这部分增加的孔隙为后来的冰晶膨胀提供了一定的空间;另一方面包裹在尾砂颗粒周围的 C-S-H 凝胶等水化产物由于冰晶的膨胀作用逐渐脱离尾砂颗粒,使充填体结构部分垮散,尾砂颗粒重新排列,并达到新的稳定状态。

从图 3-2 还可以看出,不同养护龄期时冻结温度对充填体的单轴抗压强度有一定的影响。各养护龄期的充填体单轴抗压强度在冻结温度为-10 ℃时均高于在-15 ℃时,但

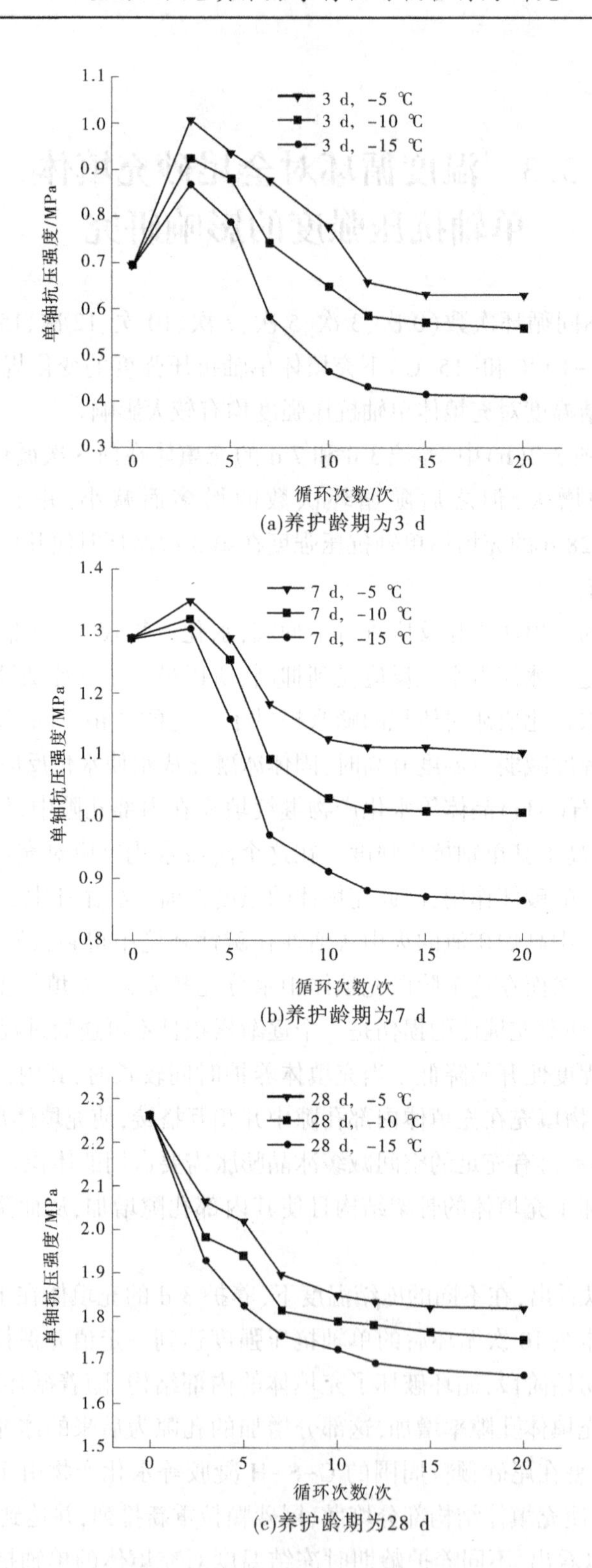

(a)养护龄期为3 d

(b)养护龄期为7 d

(c)养护龄期为28 d

图 3-2　不同龄期的充填体经历温度循环后的单轴抗压强度

低于在-5 ℃时,对养护 28 d 的充填体影响程度没有养护 3 d 和 7 d 的充填体影响程度大。原因是一方面充填体从标准养护箱转移到冷冻箱开始冻结的过程中,冻结温度越高,充填体与周围环境进行热交换的速率越小,充填体温度降低到冰点以下需要的时间越长,而这段时间充填体持续进行着水化反应,且水化反应是一个放热的过程,这在一定程度上延长了充填体温度降低的时间,从而增加了水化反应的时间;另一方面,当温度低于冰点时,一些结晶水没有完全转化为冰,温度越接近冰点,自由水越多,这部分水持续参与水化反应,且冻结温度越高,这部分水化反应越活跃。由此可见,冻结温度越高时,相同的时间里水化反应持续的时间越长,从而生成的水化产物越多,这在一定程度上抵消了温度循环对充填体的破坏,所以养护龄期相同时,冻结温度越高,同样的循环次数下充填体的抗压强度越大。但由于养护 28 d 的充填体中水化反应原料基本消耗完毕,冻结温度对水化反应的影响程度减小。

总体而言,随着养护时间的增长,充填体内部水化反应逐渐减弱,养护时间较长的充填体试件可以看作一种砂岩,在其内部有密闭和连通两种孔隙结构。对于密闭孔而言,当冻结温度较低时,具有刚性约束的密闭孔中的水迅速冻结,冰晶压力迅速上升,当冰晶压力超过孔隙壁约束压力时,充填体出现损伤。对于连通孔隙,尺寸较小的孔隙中毛细管力的作用会降低水的冰点,因此非毛细孔隙中的水先结冰,由于冻结温度较低,孔隙之间的水来不及渗流,结冰后将与之相连的小孔隙隔绝,从而形成密闭的孔隙,后续损伤机制与密闭孔隙相同。当冻结温度较高时,水结冰过程可以看成一个准静态过程,对于连通孔隙,在结冰的过程中会在水与孔隙壁之间形成一层未冻水膜,在冻结的同时,孔隙中的水通过未冻水膜向其他孔隙渗流,降低了孔隙的冰晶压力,因此冻结温度较高时,连通孔隙中产生的损伤较小。对于封闭孔隙,由于冻结温度较高,冰晶压力上升的同时孔隙壁发生弹性变形,且冰晶压力转变为弹性变形能而储存在孔隙壁中,因此冻结温度较高时,连通孔隙中产生的损伤较小。

观察图 3-2,与未冻融的充填体单轴抗压强度相比,养护 3 d 的充填体减小 9%~40%,养护 7 d 的充填体减小 14%~32%,养护 28 d 的充填体减小 19%~26%。从试验结果看,虽然循环的最初阶段对养护时间较短的充填体损伤不明显,充填体单轴抗压强度甚至还有短暂的上升趋势,但由于养护时间较短的充填体内部水化产物较少,对尾砂颗粒的连接性不强,且其中含有大量的水对后期冰晶破坏的累积是不可逆的,所以温度循环最终对养护时间较短的充填体的损伤程度要大于对养护时间较长的充填体。

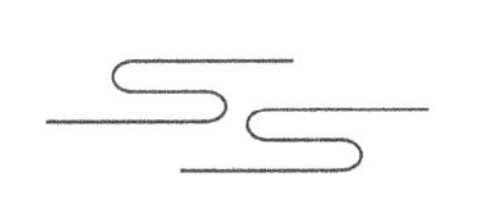

3.4　温度循环作用下全尾砂充填体损伤变量与循环次数关系研究

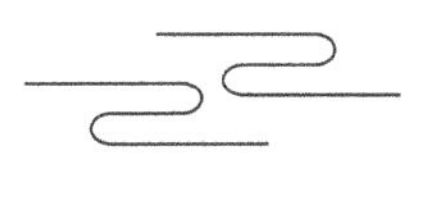

文献[127]研究得出了全尾砂中添加胶凝材料后弹性模量与单轴抗压强度之间的关

系式(3-1),并指出该公式与混凝土领域强度和弹性模量的关系一致。本章利用这一关系式求出经过温度循环后全尾砂充填体弹性模量的变化特性,从而推导出循环次数与损伤变量之间的关系。

$$E = 81.056\sqrt{\mathrm{UCS}} - 18.671 \tag{3-1}$$

式中,E 为全尾砂充填体的弹性模量,MPa;UCS 为全尾砂充填体的单轴抗压强度,MPa。

根据式(3-1)和单轴抗压强度值,将不同养护龄期、不同冻结温度的充填体经历不同循环次数后的弹性模量求出,具体见表 3-2。

根据宏观损伤力学概念,全尾砂充填体温度循环损伤变量 $D(n)$ 可定义为

$$D(n) = 1 - E(n)/E_0 \tag{3-2}$$

式中,$E(n)$ 为充填体温度循环 n 次后的弹性模量;E_0 为充填体循环前的弹性模量。

将表 3-2 的结果绘于图 3-3~图 3-5 中,并对试验数据进行拟合,得到不同养护龄期的温度循环损伤演化方程为:

$$D(n) = - a\mathrm{e}^{-n/b} + c \tag{3-3}$$

式中,a、b、c 为充填体材料参数。

表 3-2 不同养护龄期的充填体弹性模量随循环次数的变化

循环次数	3 d			7 d			28 d		
	−5 ℃	−10 ℃	−15 ℃	−5 ℃	−10 ℃	−15 ℃	−5 ℃	−10 ℃	−15 ℃
0	50.33	50.33	50.33	75.85	75.85	75.85	103.25	103.25	103.25
3	64.82	61.11	58.61	78.09	76.97	76.41	97.77	95.45	93.82
5	61.69	59.15	54.92	75.85	74.51	70.84	96.47	94.27	90.81
7	59.11	52.68	44.41	71.81	68.21	63.15	92.93	90.49	88.76
10	54.39	48.03	37.57	69.59	65.67	60.65	91.57	89.81	87.81
12	48.49	44.64	35.56	69.06	64.99	59.27	91.09	89.53	86.84
15	47.09	43.82	34.53	69.47	65.32	59.45	90.76	89.05	86.33
20	47.19	43.11	34.16	68.71	64.92	59.64	90.65	88.56	85.98

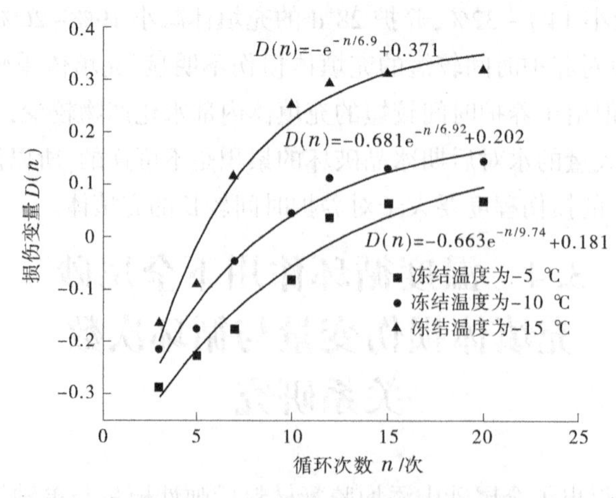

图 3-3 养护 3 d 的充填体损伤变量与循环次数关系

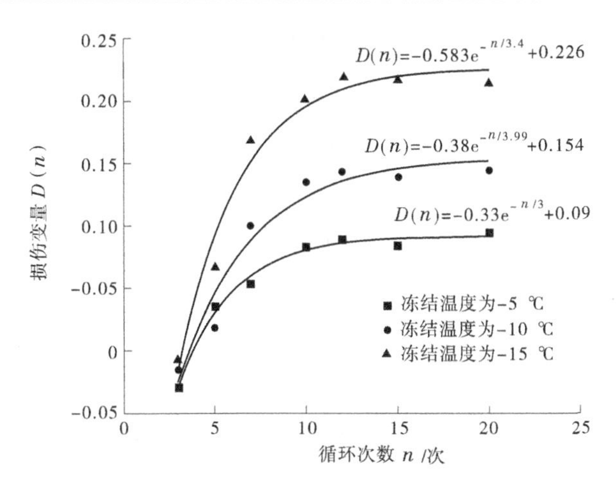

图 3-4　养护 7 d 的充填体损伤变量与循环次数关系

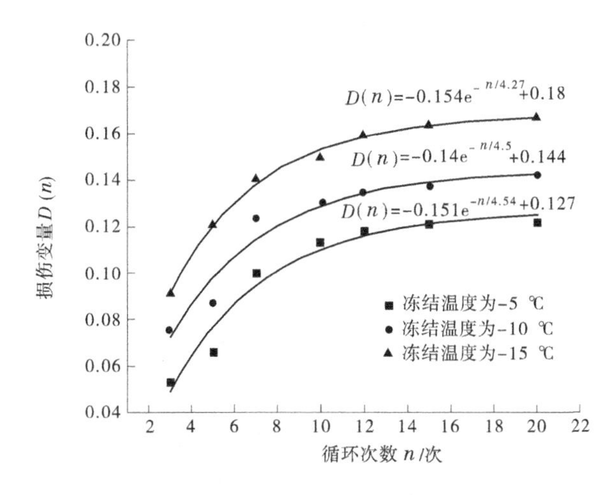

图 3-5　养护 28 d 的充填体损伤变量与循环次数关系

从图 3-3、图 3-4 和图 3-5 可以看出，同一养护龄期的充填体损伤变量随循环次数的增加和冻结温度的降低而逐渐变大。当冻结温度在-10 ℃以内时，损伤变量增加较小，而当冻结温度小于-10 ℃时，损伤变量明显增大，说明冻结温度越低，温度循环对充填体的损伤越大。养护 3 d 的充填体经过 12 次、养护 7 d 和 28 d 的充填体经过 10 次循环后损伤变量趋于稳定，表明此时充填体内部尾砂颗粒重新排列，达到了新的平衡，这与充填体单轴抗压强度规律一致。

根据拟合曲线，将各参数结果列于表 3-3，其中 R^2 为拟合度。从表 3-3 可以看出，不同条件下的数据拟合度都在 0.9 以上，所以温度循环损伤演化方程能较好地反映循环次数对不同养护龄期和冻结温度的充填体破坏程度。

表 3-3　不同条件下的拟合参数

养护龄期/d	材料参数	−5 ℃	−10 ℃	−15 ℃
3	a	0.663	0.681	1
	b	9.74	6.92	6.9
	c	0.181	0.202	0.371
	R^2	0.932	0.951	0.944
7	a	0.33	0.38	0.583
	b	3	3.99	3.4
	c	0.09	0.154	0.226
	R^2	0.982	0.924	0.961
28	a	0.151	0.14	0.154
	b	4.54	4.5	4.27
	c	0.127	0.144	0.18
	R^2	0.921	0.941	0.994

对式(3-3)取微分,可以得到充填体温度循环损伤率的方程为

$$\dot{D}(n) = -\frac{a}{b}e^{-n/b} \tag{3-4}$$

式(3-3)和式(3-4)可以直观地反映循环次数对充填体的损伤程度及其损伤速率。

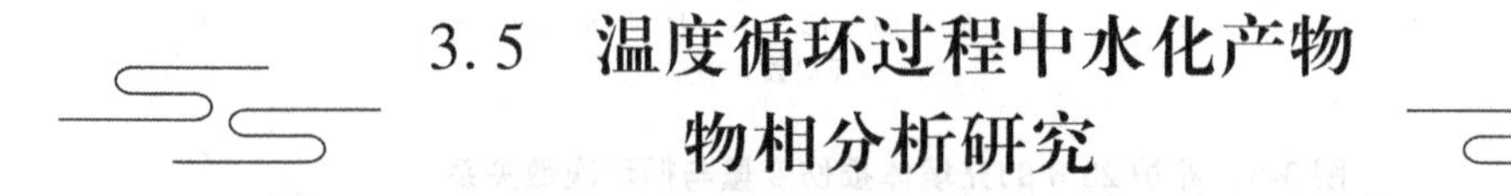

3.5　温度循环过程中水化产物物相分析研究

以往对温度循环的研究多集中在岩土体上,这些物体不存在胶凝材料的水化反应等内部变化因素,所以性质相对稳定,然而对全尾砂充填体来说,胶凝材料的水化反应产物是影响其温度循环后力学稳定性的重要因素。因此分析温度循环前后全尾砂充填体内部水化产物种类以及量的变化有重要意义。使用 XRD 测试养护 7 d 和 28 d 未冻融和在−10 ℃条件下循环 20 次时充填体水化产物种类的变化,试验数据绘制见图 3-6 和图 3-7。

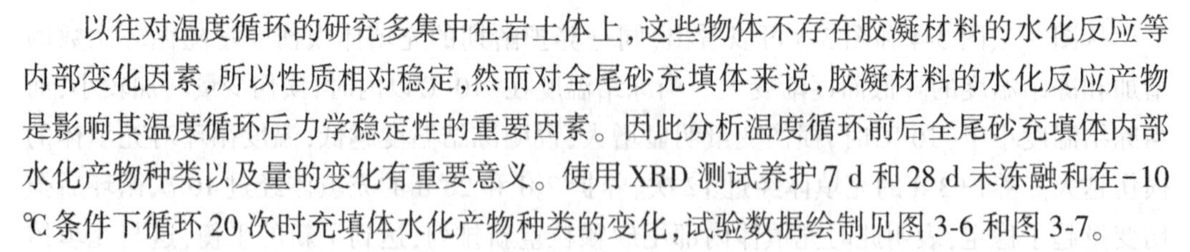

从图 3-6 和图 3-7 可以看出,无论是养护 7 d 未冻融和循环 20 次胶凝材料的 XRD 图像,还是养护 28 d 未冻融和循环 20 次的 XRD 图像,其水化反应产物大致上都有碳酸钙、钙矾石、氢氧化钙、水化硫铝酸钙、水化硅酸钙和未反应完全的硫酸钙,以及尾砂主要成分二氧化硅。虽然在同一衍射角度下某些物质的衍射强度不太一样,但是总体来说物相的种类并没有变化。

使用热重分析试验测试养护 7 d 和 28 d 未冻融和在冻结温度分别为−5 ℃、−10 ℃和

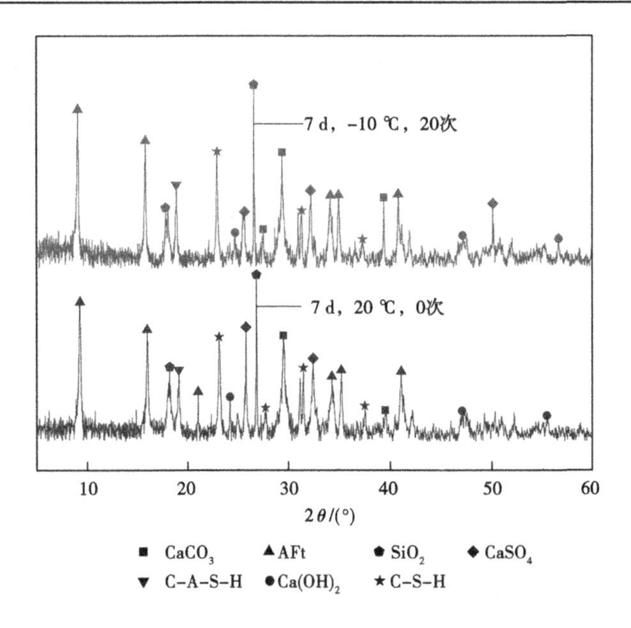

图 3-6 养护 7 d 时充填体 XRD 图像

-15 ℃条件下循环 20 次时胶凝材料水化产物量的变化，试验数据绘制见图 3-8 和图 3-9。图中实线表示不同条件下胶凝材料随温度的升高损失的质量，对应的虚线表示其一次微分，即质量损失曲线的下降速率，其在不同加热温度下对应的物质种类不同，在同一加热温度波谷的值对应物质的量不同。

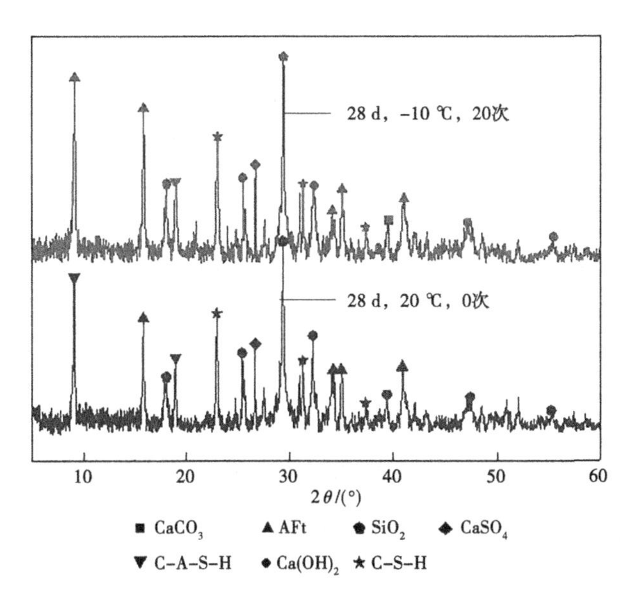

图 3-7 养护 28 d 时充填体 XRD 图像

从图 3-8 和图 3-9 可以看出，不同温度范围(50~800 ℃)的波谷表示 C-S-H 凝胶、钙矾石、氢氧化钙和碳酸钙的减少。从图 3-8 看出，对养护 7 d 的胶凝材料进行未冻融和不同冻结温度下进行 20 次循环，在温度为 50~105 ℃，未冻融的胶凝材料质量损失较大，而

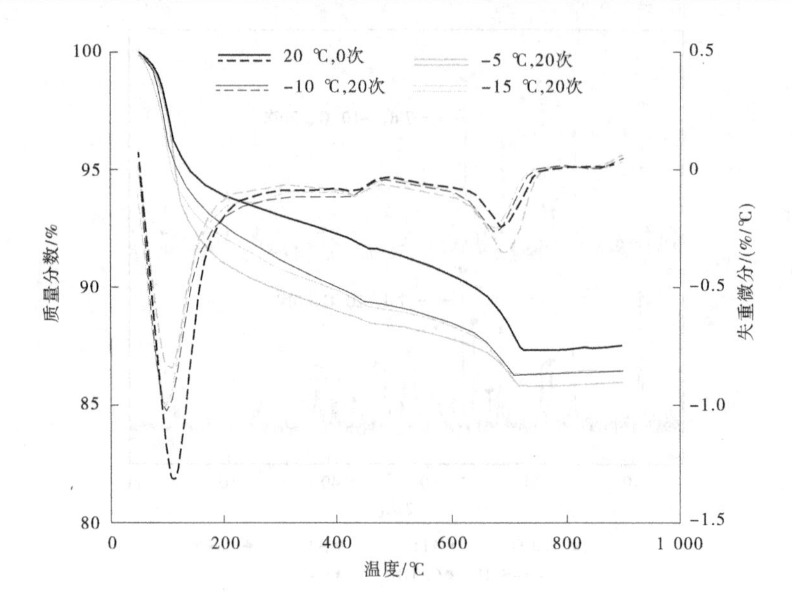

图 3-8　养护 7 d 时不同温度下充填体的水化产物含量

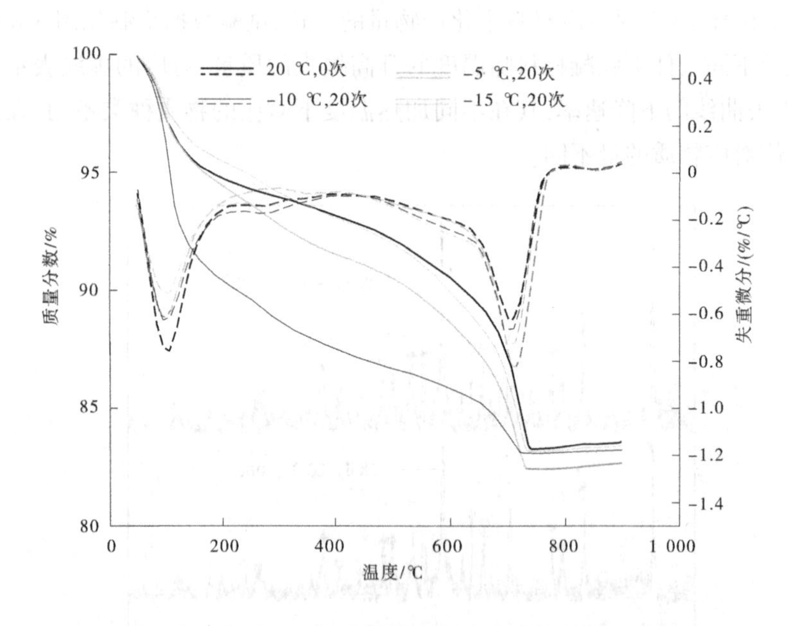

图 3-9　养护 28 d 时不同温度下充填体的水化产物含量

经历 20 次循环的胶凝材料质量损失相对较小,说明此时未冻融的胶凝材料中含有较多的水分,而经历温度循环的胶凝材料由于水化反应的持续进行,自由水减少。还可以看出冻结温度为-5 ℃的胶凝材料质量减少最多,说明在该温度下胶凝材料水化反应比冻结温度为-10 ℃和-15 ℃时更充分。450~500 ℃的质量损失说明此时有氢氧化钙存在,虽然表现不太明显,依然可以看出未冻融的胶凝材料曲线相对较高,再次证明了在循环过程中水化反应的存在。在 650~750 ℃的质量减少是由于碳酸钙的分解,可以看出在冻结温度为

-5 ℃时进行 20 次循环的胶凝材料质量损失最多，说明在此温度下循环 20 次后产生的水化产物最多。从图 3-9 可以看出，养护 28 d 的胶凝材料未冻融和不同冻结温度下进行 20 次循环，在 50~105 ℃依然是未冻融的胶凝材料质量损失最大，但是相比养护 7 d 时的充填体，其质量损失差别已经不大，其原因是养护 7 d 的胶凝材料水化反应原料丰富，循环过程中持续进行着水化反应，而养护 28 d 的胶凝材料水化反应原料已基本消耗完毕，循环前后差别不大，甚至在 450~500 ℃已经看不出氢氧化钙的分解。在 650~750 ℃同样可以看出未冻融的胶凝材料中由于碳酸钙的分解而造成的质量损失较小，冻结温度为-5 ℃循环 20 次的胶凝材料质量损失最大，但是充填体之间由此产生的质量损失差别已经很小，另外从最终剩余的物质上看，养护 28 d 的胶凝材料物质质量差别也不如养护 7 d 时差别大。

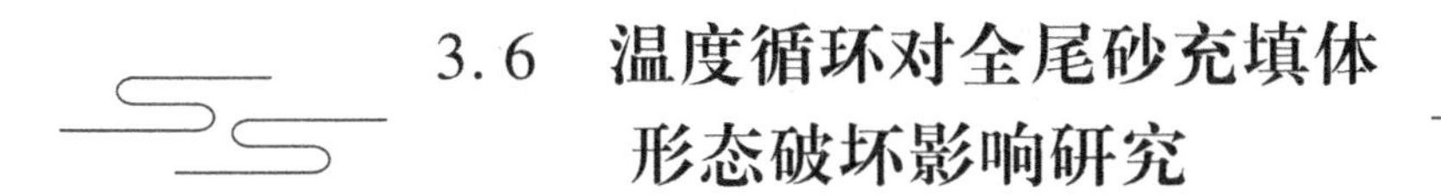

3.6　温度循环对全尾砂充填体形态破坏影响研究

试验中，养护温度保持在 20 ℃±1 ℃，相对湿度大于 95%，养护至 3 d、7 d 和 28 d，随后进行温度循环试验，从宏观和微观角度分别观察温度循环对充填体形态的破坏。从宏观角度研究了循环前后充填体的外观形态并分析其形态变化原因；从微观角度研究了温度循环后充填体中钙矾石晶体，C-S-H 凝胶，毛细孔隙和温度循环损伤裂隙及微观形貌的变化情况。以养护 3 d、7 d 和 28 d 的充填体在-10 ℃下经历 0 次、5 次、10 次和 20 次循环为例进行试验分析。

3.6.1　全尾砂充填体宏观破坏特征

养护 3 d、7 d 和 28 d 的充填体在冻结温度为-10 ℃条件下经历 0 次、5 次、10 次和 20 次温度循环后的宏观形态如图 3-10~图 3-12 所示。

图 3-10　养护 3 d 后经历不同循环次数的充填体

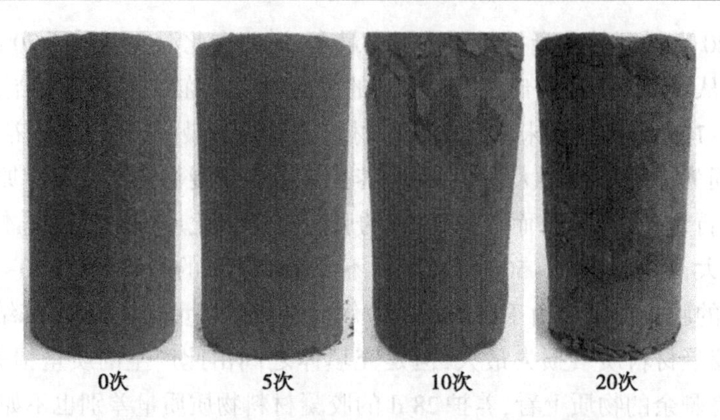

图 3-11 养护 7 d 后经历不同循环次数的充填体

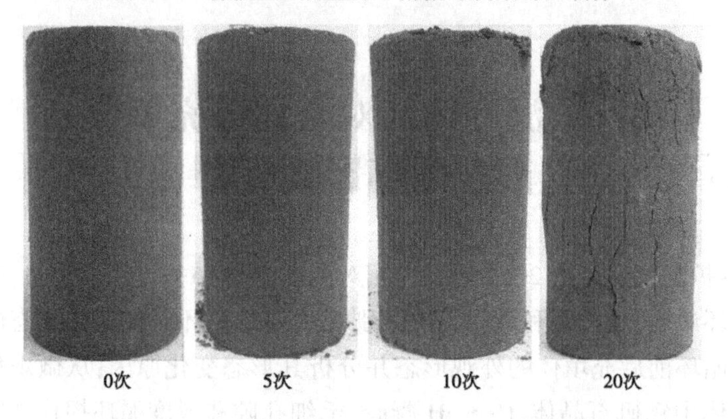

图 3-12 养护 28 d 后经历不同循环次数的充填体

从图 3-10 可以看出，随着循环次数的增加，养护 3 d 的充填体表面形态破坏程度不断加深，循环 5 次时表面有块体脱落，循环 10 次时有更大面积的块体脱落，充填体表层质感酥松，循环 20 次后表层破坏进一步加深，并且充填体产生严重的鼓胀现象；从图 3-11 可以看出，养护 7 d 的充填体在循环 5 次时表层无明显变化，循环 10 次时表层产生裂纹并有部分片落，但是片落厚度没有养护 3 d 循环 10 次时的充填体片落厚度大，循环 20 次时充填体表层产生大面积的裂纹，同时出现鼓胀现象，但是表皮比较坚硬；从图 3-12 可以看出，养护 28 d 的充填体循环 5 次时外表没有任何裂隙，循环 10 次时出现 T 形裂缝，循环 20 次时充填体整体比较完整，但是破坏产生的裂缝比较明显，表面有片落倾向，同时出现了鼓胀现象。综上所述，随着循环次数的增加，不同养护龄期的充填体外表面都有不同程度的破坏，养护时间越短，受温度循环造成的外表面破坏越严重，循环次数越多，破坏越严重。经过 20 次循环后，养护 3 d、7 d 和 28 d 的充填体外表皮都有片落或者有片落倾向，并且都出现了鼓胀现象。造成这种结果的原因是随着养护时间的增加，一方面水化反应消耗了大量的自由水使得养护时间较长的充填体内部有相对较少的自由水参与循环，另一方面水化反应生成的产物不断累积填充在充填体内部形成致密结构使得充填体内部更加密实。然而温度循环作用对充填体破坏的不可逆性导致随着破坏的累积，充填体表面最终产生破坏。

3.6.2　全尾砂充填体微观破坏特征

养护 3 d、7 d 和 28 d 的充填体在冻结温度为-10 ℃条件下经历 0 次、5 次、10 次和 20 次温度循环后的微观形态如图 3-13～图 3-15 所示。

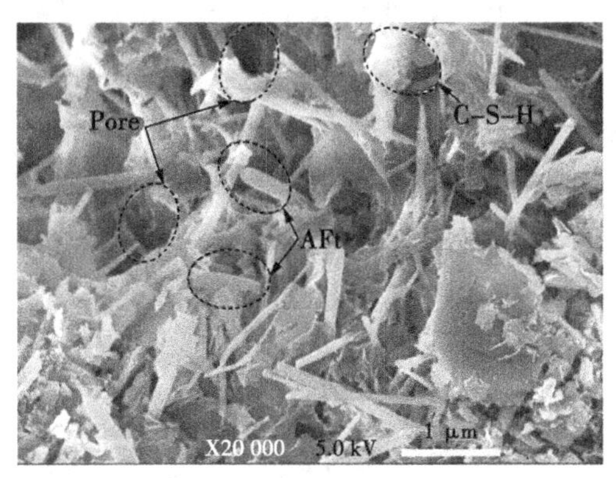

(a)未冻融

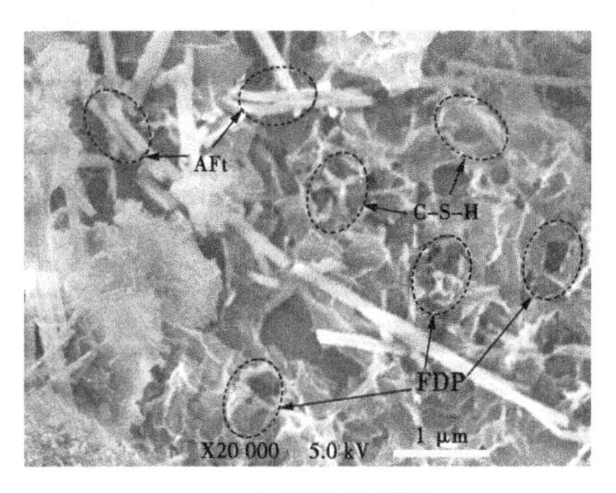

(b)经历5次循环

(c)经历10次循环

图 3-13　养护 3 d 后经历不同循环次数的充填体 SEM 图像

(d)经历20次循环

续图 3-13

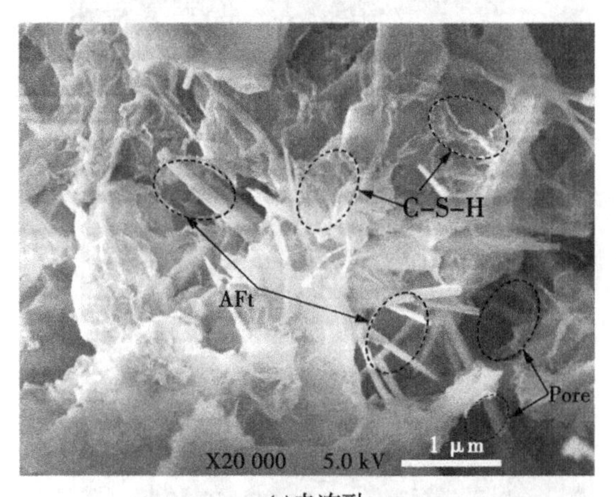

(a)未冻融

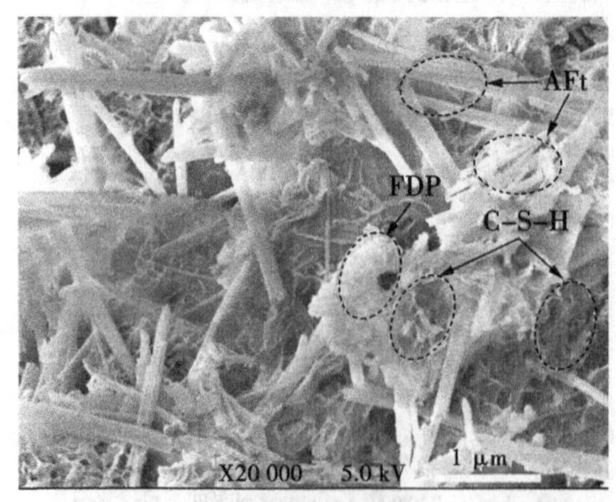

(b)经历5次循环

图 3-14　养护 7 d 后经历不同循环次数的充填体 SEM 图像

(c)经历10次循环

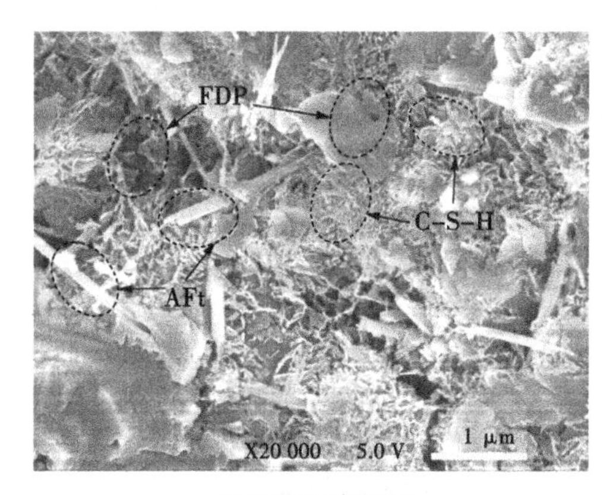

(d)经历20次循环

续图 3-14

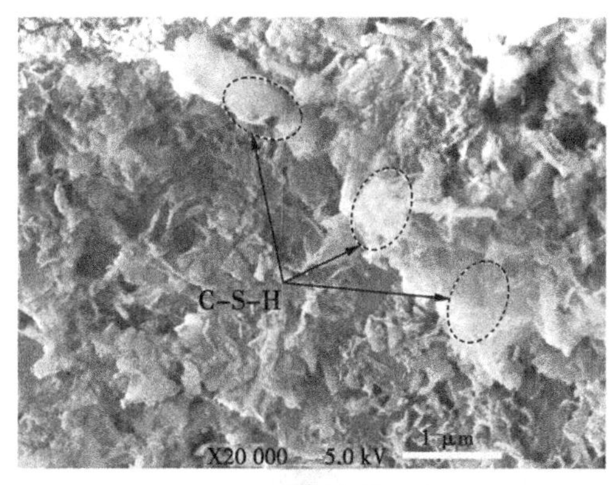

(a)未冻融

图 3-15　养护 28 d 后经历不同循环次数的充填体 SEM 图像

(b)经历5次循环

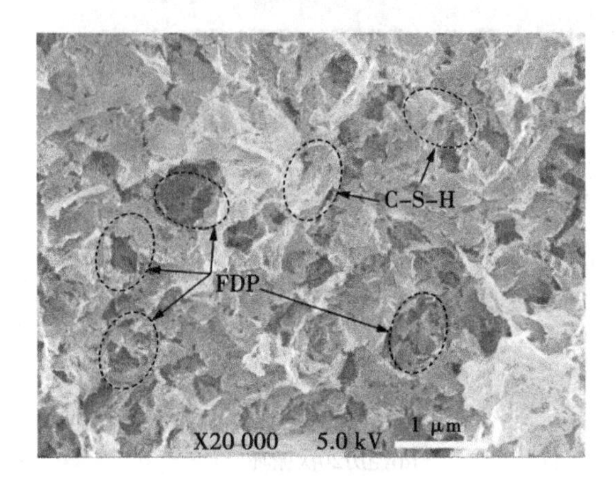

(c)经历10次循环

(d)经历20次循环

续图 3-15

图 3-13(a)、图 3-14(a)和图 3-15(a)表示在标准养护箱中养护 3 d、7 d 和 28 d 时充填体表面的物质形态。可以看出,随着养护时间的增加,充填体产生了更多的 C-S-H 凝胶,并且钙矾石逐渐被 C-S-H 凝胶包裹。在养护 28 d 的充填体表面只看到 C-S-H 凝胶,说明水化产物和尾砂颗粒已经完全被 C-S-H 凝胶包裹,从而增强了充填体的单轴抗压强度。

图 3-13 表示养护 3 d 的充填体在-10 ℃冷冻条件下进行 0 次、5 次、10 次和 20 次循环的 SEM 图像。在图 3-13(a)充填体的内部结构中观察到大量的针状钙矾石。在图 3-13(b)的孔隙中观察到由于破坏作用而断裂的短柱状钙矾石晶体。在图 3-13(c)和图 3-13(d)中,可以在孔周围看到针状的钙矾石晶体和 C-S-H 凝胶,然而明显的是凝胶表面有大量的孔隙,这些孔隙是温度循环过程中水冻结成冰产生的膨胀作用对凝胶的损伤造成的。与图 3-13(b)和图 3-13(c)相比,图 3-13(d)充填体结构中的孔隙增加,说明随着循环次数的增加,温度循环对充填体内部的损伤程度增加。对比图 3-13(b)~(d)可以看出,随着温度循环的增加,充填体中仍存在大量的 C-S-H 凝胶,即使它们已经被温度循环破坏。充填体的机械性能受内部颗粒的分布、尺寸、形状、浓度、连续相的组成和孔结构的影响。结合 SEM 图像和单轴抗压强度变化趋势进行分析,不同循环次数下的充填体内部结构存在明显的差异,随着循环次数的增加,充填体内部结构变得稀疏、松散且孔裂隙明显增多,被水化产物包裹的尾砂颗粒逐渐显露出来。

图 3-14 和图 3-15 表示养护 7 d 和 28 d 的充填体在-10 ℃冷冻条件下经历 0 次、5 次、10 次和 20 次循环时的 SEM 图像。从图中可以看出,养护时间较长的充填体表面孔隙相对较少,在冷冻过程中,孔隙中的水冻结造成充填体内部体积膨胀,养护时间较短的充填体含水量较高,经历过温度循环后受到的损伤更为严重;养护时间较长的充填体由于水化反应比较充分,消耗自由水较多,其内部含水量较少,经历过温度循环后受到的损伤相对较小。将图 3-13 与图 3-15 进行比较时,这种差异更加明显,在养护 3 d 的充填体中,经历过相同循环次数后遭受损伤的孔隙更多,体积更大。

图 3-13(d)、图 3-14(d)和图 3-15(d)显示不同养护龄期的充填体经过 20 次循环的孔隙主要为微孔隙。然而,在大多数情况下,温度循环对充填体的破坏特征在于其中逐渐形成了微裂纹。在冷冻过程中,充填体中的孔隙水向较冷的区域移动从而使其中的水重新分布,冰融化为水而留下的孔隙削弱了充填体的力学性能。冻结温度较低时,孔隙水几乎没有机会向较冷的区域移动从而形成均匀的冰晶分布。然而,这些晶体仍然会损坏胶凝材料并削弱水化产物和尾砂颗粒之间的黏合作用。

从以上分析可知,养护时间较短的充填体在进行温度循环试验的初期水化反应持续在进行,并且随着循环次数的增多,水化反应产物的量也在增加,由于此时充填体内部孔隙较多,减缓了冰晶的膨胀作用对充填体的损伤,所以这个阶段水化反应对充填体的影响占主导作用。但由于胶凝材料最终水化产物的量只与料浆浓度和灰砂比有关,而不受温度的影响,所以随着温度循环的进行,水化反应的程度也在逐渐减弱,并且养护龄期一定时,循环次数对充填体的影响占主要作用,表现在微观上即是充填体表面形态的劣化程度随循环次数的增多而升高,表现在宏观上即是表面劣化程度高的充填体抗压强度较差。

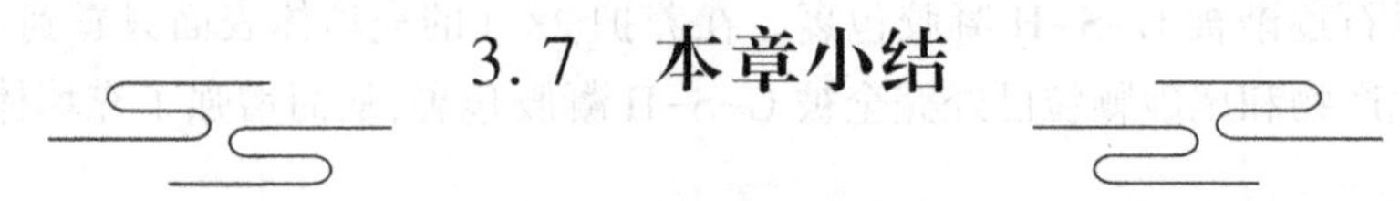

3.7　本章小结

在本章试验中,加入新型胶凝材料的全尾砂充填体在标准养护箱中养护 3 d、7 d 和 28 d,随后分别在−5 ℃、−10 ℃和−15 ℃的冻结温度下经历 0 次、3 次、5 次、7 次、10 次、12 次、15 次和 20 次循环。研究了不同养护龄期的充填体在不同冻结温度下经历不同循环次数时内部晶体变化规律及其对充填体力学性能的影响,并由此建立了不同养护龄期下充填体损伤变量与循环次数之间的关系。根据分析结果,可以得出以下结论:

(1)养护 3 d 和 7 d 的充填体单轴抗压强度在最初的 3 次循环中增加,之后随循环次数的增加逐渐减小到一定值后保持稳定。养护 28 d 的充填体抗压强度随循环次数的增加不断减小,经过 10 次循环后保持稳定。抗压强度的变化是温度循环和水化反应相互作用的结果。

(2)不同养护龄期的充填体在不同冻结温度下经历温度循环时其损伤变量与循环次数之间呈指数相关关系,建立了充填体损伤变量与循环次数之间的函数关系:$D(n)=-ae^{-n/b}+c$,并得到了损伤率与循环次数之间的关系式:$\dot{D}(n)=-a/b\cdot e^{-n/b}$。

(3)经过温度循环,充填体中的水化产物物相几乎没有变化,由于循环过程中依然有水化反应的参与,所以水化产物的量增多。养护 7 d 的充填体由于其内部含有大量的水化反应原材料,循环前后水化产物的量差别较大;养护 28 d 的充填体由于水化反应基本结束,循环前后水化产物的量差别不大。

(4)从宏观方面观察,随着温度循环的进行,充填体外表面逐渐产生片落、膨胀等现象。从微观方面观察,随着循环次数的增加,充填体的骨架结构被破坏,C-S-H 凝胶被膨胀冰破裂,孔隙的数量和体积增加。温度循环对养护龄期较短的充填体破坏程度较大。

第 4 章　温度循环作用下全尾砂充填体微观孔结构变化特性研究

全尾砂充填体属于多孔介质体,在寒冷地区充填过程中和堆存于矿山塌陷坑等位置后,直接受到环境造成的温度循环作用以及外部荷载、扰动等因素的影响,导致充填体产生次生孔隙、微裂隙以及裂隙扩展、贯通,对充填体内部结构造成损伤,进而对其力学性能产生影响。国内外学者对温度循环作用下与全尾砂充填体类似的水泥基材料力学性能、孔结构进行了大量研究,取得了很多有益的成果。胶凝材料(如混凝土)经过反复循环过程后,其内部结构及物理性质发生了很大的改变。循环作用不仅对材料的水化反应速度产生很大影响,而且会对材料内部微观结构造成一定的损伤。反复循环会使存在于材料内部孔隙中的水对原始孔隙产生体积变化的压力破坏,使得材料孔隙率、孔隙体积、孔隙面积、内部孔径均发生一定的变化。存在于内部孔隙中的水随着材料结构改变而重新分布,进而产生次生孔隙直至孔隙贯通。Shen 等通过试验探索温度循环作用下混凝土强度衰减与孔结构参数演化之间的相关关系,发现孔结构参数是影响混凝土抗弯强度的重要因素。Nagrockiene 等研究了混凝土封闭孔隙率与抗冻系数之间的关系,发现封闭孔隙度取决于混凝土中粗骨料的浓度、混凝土的封闭孔隙率和抗冻性。

根据矿山实际工程情况,将温度循环作为外部影响条件,对温度循环后全尾砂充填体早期与后期的微观孔结构参数进行研究,揭示其变化特性,对充填体的稳定性与耐久性具有十分重要的现实意义。

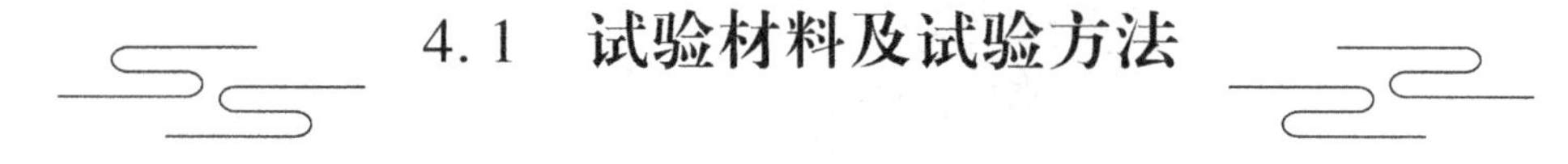

4.1 试验材料及试验方法

4.1.1 试验材料及仪器

本次试验所用的试验材料包括全尾砂、城市用水、新型胶凝材料,辅助材料为润滑油、搅拌棒、样品模具。试验仪器为 Auto Pore Ⅳ-9500 压汞仪、砂浆搅拌机、烘干箱、天平、标准养护箱、海尔 BC/BD-203HCN 温度数控冷柜。

4.1.2 温度循环试验

试件制作、加工、测试主要依照 ASTMC39 标准进行。将尾砂、水、新型胶凝材料按照一定质量配比在电子天平上称量后,倒入搅拌锅搅拌均匀并在搅拌机上搅拌 7 min,搅拌均匀后一次性装入涂抹过润滑油的直径 5 cm、高 10 cm 的标准圆柱体模具中,振动密实,并密封。拆模后将试件放入恒温恒湿养护箱中(养护温度为 20 ℃±1 ℃,相对湿度为 95%以上)进行标准养护,养护龄期分别为 7 d 和 28 d。将试件用保鲜膜包裹,防止试验过程中内部水分损失。在进行温度循环试验过程中,一个温度循环周期设置为 24 h,冻结和融化各 12 h。温度试验分为两部分,一部分将养护 7 d 和 28 d 的样品分别在-5 ℃、-10 ℃和-15 ℃冷冻条件下进行 0 次和 20 次温度循环;另一部分冻结温度设定为-10 ℃,循环次数为 0 次、5 次、10 次、15 次和 20 次。将达到循环次数的充填体取出在 50 ℃的烘干箱中烘干处理后选取样品中心处约 1.3 g 进行压汞试验。

4.1.3 压汞试验

利用压汞试验对达到循环次数的全尾砂充填体的相应孔结构参数进行测试,包括孔隙率、孔隙面积、孔隙体积和平均孔径。对测试数据进行分析,研究不同养护龄期的充填体孔隙参数和循环次数之间的关系。

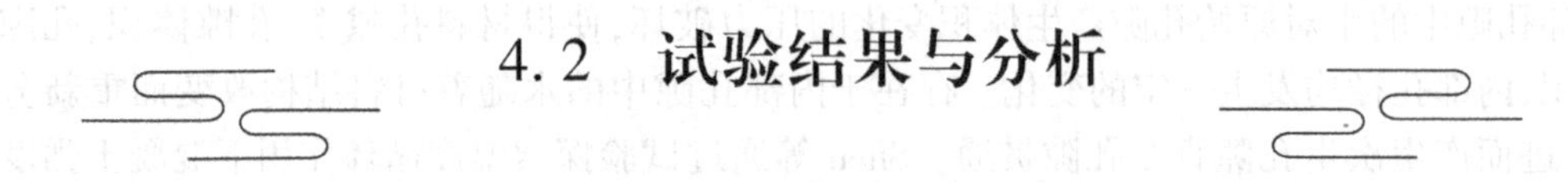

4.2 试验结果与分析

4.2.1 不同养护龄期和冻结温度下全尾砂充填体的孔径分布研究

对养护 7 d 和 28 d 未冻融和在不同冻结温度下经历 20 次温度循环的全尾砂充填体进行压汞试验,研究温度循环对充填体孔径分布的影响。压汞测试的入侵汞体积与样品的孔径分布关系绘制在图 4-1 和图 4-2 中。在试验过程中,入侵汞体积随外部压力的增大而增加。

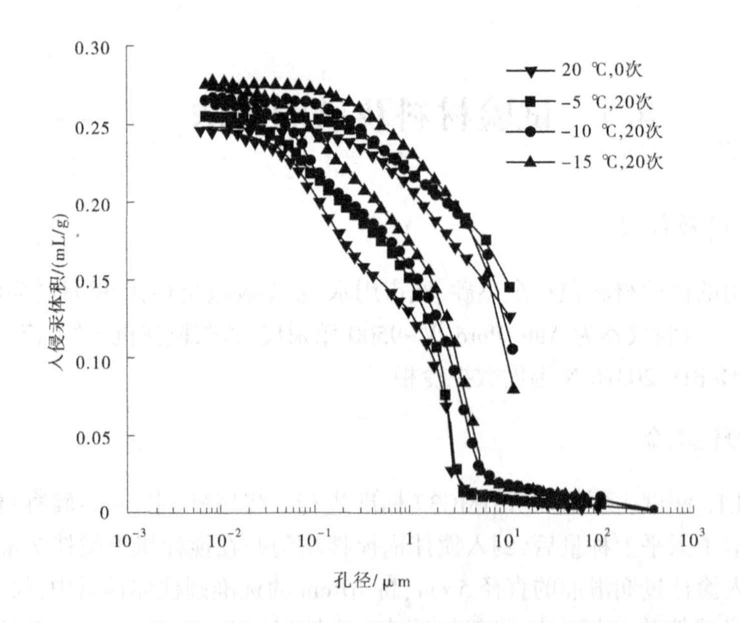

图 4-1 养护 7 d 的充填体在不同温度下循环时入侵汞体积与孔径关系

从图 4-1 和图 4-2 可以看出,在孔径刚开始减小时,即外界压力初始升高阶段,无论是养护 7 d 还是 28 d 的充填体,其曲线走势相似,入侵汞体积随孔径的减小而缓慢增加,这是因为较小的孔径对应较大的外界压力。对于养护 7 d 的充填体,此时汞主要填充直径大于 8.6 μm 的孔隙;对于养护 28 d 的充填体,此时汞主要填充直径大于 2.8 μm 的孔隙,在此过程中尾砂颗粒重新排列以适应外界压力的变化。养护 7 d 的充填体中汞的累积侵入体积在孔径小于 2.5 μm 时迅速增加;养护 28 d 的充填体中汞的累积侵入体积在

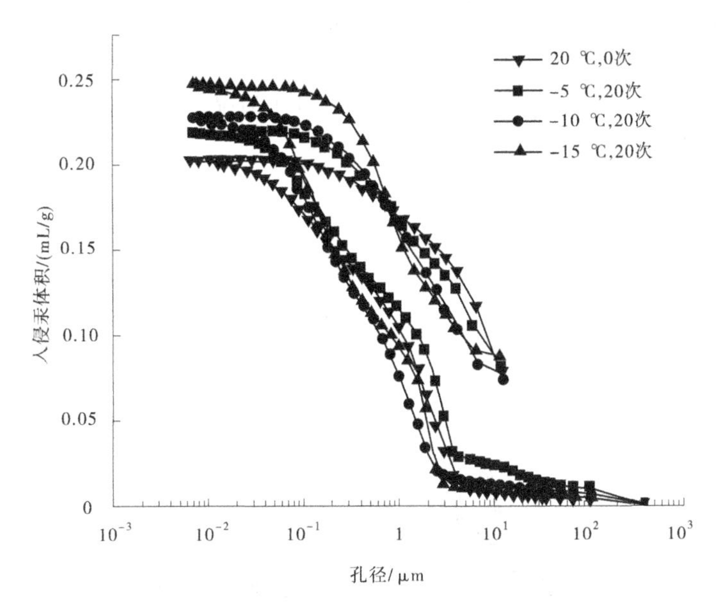

图4-2　养护28 d的充填体在不同温度下循环时入侵汞体积与孔径关系

孔径小于1.9 μm时迅速增加。这表明在压汞测试的入侵阶段存在"瓶颈效应",外界压力迫使尾砂颗粒重新排列,入侵汞体积通过瓶颈期后,在较小的压力增长下即能增长到较大值,这个瓶颈期即是汞液破坏孔隙壁时所需的压力。可以看到的是,不同养护龄期的入侵汞体积在迅速上升的起点不同,而同一龄期下未冻融和温度循环20次的充填体起点差别并不大,这说明养护龄期对充填体孔隙的发育影响较大,而温度循环对充填体孔隙的破坏作用可能在微孔隙阶段影响比较大。然而,即使在外界压力达到仪器设定的最大值时,汞也难以进入充填体中最小的孔隙和密闭孔,因此汞的侵入曲线最终趋于平缓。汞的退出曲线不能回到起点是因为一些汞残留在狭窄的孔隙中,导致压力减小时退出的汞小于增压时入侵的汞。

在图4-2中,充填体入侵汞体积在养护28 d时相对于图4-1中养护7 d时,未冻融和在冻结温度为-5 ℃、-10 ℃、-15 ℃进行20次循环的入侵汞体积分别减少了17.5%、13.8%、13.6%、11.1%。入侵汞体积减小的主要原因是随着养护时间的增加,水化反应产物逐渐累积并填充在固体颗粒间的孔隙中使充填体内部结构更紧密,并且养护28 d的充填体水化反应已经基本完成,而养护7 d的充填体在循环过程中仍然有水化反应的参与,根据第3章的研究,冻结温度越高,其在融化阶段升高到0 ℃以上所需要的时间越短,水化反应的时间就越长,相同的时间内生成的水化产物就越多,所以冻结温度越高,入侵汞体积减少量就越高,这在循环后的单轴抗压强度试验和SEM试验中已经得到证实。在图4-1中,充填体养护7 d后,在冻结温度为-5 ℃、-10 ℃和-15 ℃条件下进行20次循环的孔隙体积比未冻融时高出3.1%、7.6%和12.3%;在图4-2中,充填体养护28 d后,在冻结温度为-5 ℃、-10 ℃和-15 ℃条件下进行20次循环的孔隙体积比未冻融时高出8.1%、12.5%和21.1%。这再次证明了温度循环对尾砂充填体孔隙发育的促进作用,并且温度越低,对充填体孔隙发育的促进作用越大。而养护28 d的充填体孔隙体积增长量整体上比养护 7 d 时大,这是因为养护 28 d 的充填体水化反应基本终止而养护 7 d 的充填体循环阶段依然进行着水化反应,水化产物的持续生成在一定程度上减缓了孔隙体积的发展速度。

图 4-3 和图 4-4 分别为养护 7 d 和 28 d,在不同冻结温度下经历 20 次循环后充填体的入侵汞体积对数-微分曲线。

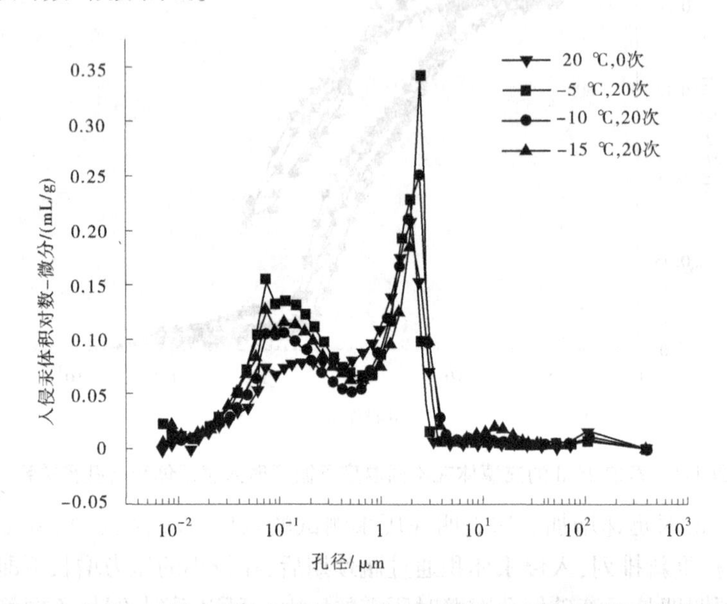

图 4-3　养护 7 d 的充填体在不同温度循环下的入侵汞体积对数-微分曲线

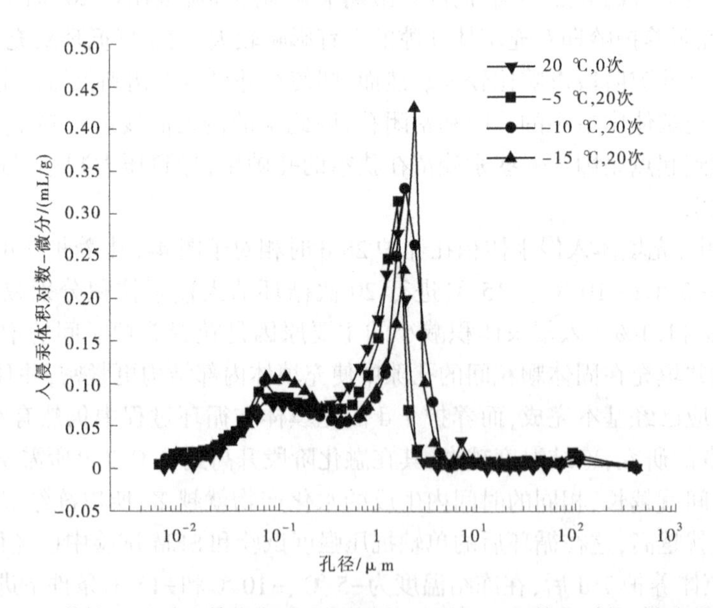

图 4-4　养护 28 d 的充填体在不同温度循环下的入侵汞体积对数-微分曲线

从图 4-3 和图 4-4 可以看出,入侵汞体积对数-微分曲线的变化反映出充填体的孔径分布,峰值点对应的横坐标称为最可几孔径,它表示具有相同尺寸的孔隙在该孔径下出现的概率最大。从图 4-3 和图 4-4 中可以看出,温度循环后的充填体入侵汞体积对数-微分曲线显示出双峰特征,但未冻融的充填体显示出单峰特征,这表明温度循环后的充填体具有更多的微孔隙。充填体的入侵汞体积对数-微分曲线对应的孔径范围主要集中在 0.8~3.8 μm。图 4-3 显示,养护 7 d 的充填体在冻结温度为-5 ℃、-10 ℃和-15 ℃条件下经历 20 次循环的最可几孔径分别为 1.93 μm、2.47 μm 和 2.48 μm,与未冻融时相比,分别增加了 0.7%、21.9%和 29.1%。图 4-4 显示,养护 28 d 的充填体在冻结温度为-5 ℃、-10 ℃和-15 ℃条件下经历 20 次循环的最可几孔径分别为 1.62 μm、1.91 μm 和 2.47 μm,与未冻融时相比,分别增加了 3.3%、28.8%和 39.2%。结果表明,无论是养护 7 d 还是 28 d 的充填体经过循环后其最可几孔径都在增大,且温度越低,最可几孔径增长越多,这表明不同温度对充填体循环中的微观孔隙有明显的影响。还可以看出循环次数相同时,养护龄期为 28 d 的充填体最可几孔径比养护龄期为 7 d 时增幅大,这是因为养护龄期为 7 d 时充填体在循环过程中还有大量的水化反应参与,对破坏有一定的抵消作用,而养护龄期为 28 d 的充填体水化反应基本结束,这个结果与单轴抗压强度和入侵汞体积测试的结果一致。对比图 4-3 和图 4-4,养护 28 d 后,常温下和在冻结温度为-5 ℃、-10 ℃和-15 ℃条件下循环 20 次的充填体最可几孔径与养护 7 d 后相同条件的充填体相比分别减少 18.1%、15.8%、16.7%和 17.2%,表明养护时间较长的充填体最可几孔径减小,同时入侵汞体积对数-微分曲线左移,原因是养护 28 d 的充填体具有更为致密的内部结构,且此时体内水分相对较少。同时其内部水化反应基本结束,所以温度循环对养护 28 d 的充填体损伤不可愈合,而养护 7 d 的充填体内部持续的水化反应对温度损伤有一定的抵消作用,且温度越高,抵消作用越明显,所以整体上养护 28 d 的充填体与养护 7 d 时相比,循环后的最可几孔径减小程度比没有循环时小,且随着温度的升高,减小量逐渐降低。

4.2.2 循环次数对全尾砂充填体孔结构参数的影响研究

充填体养护 7 d 和 28 d 后对其进行温度循环试验,循环次数达到 0 次、5 次、10 次、15 次和 20 次时,分别对其进行压汞试验。孔结构参数测试结果如表 4-1 所示,其中编号 H7-0 表示养护时间为 7 d,循环 0 次的充填体试件,其余编号以此类推。

表 4-1　温度循环作用下全尾砂充填体孔结构参数

分组	养护时间/d	循环次数	孔隙率/%	孔隙体积/(mL/g)	孔隙面积/(m^2/g)	平均孔径/nm
H7-0	7	0	32.86	0.225 3	5.146	191.5
H7-5		5	32.35	0.245 1	5.474	187.4
H7-10		10	33.03	0.250 4	5.828	196.4
H7-15		15	35.27	0.253 6	6.944	206.1
H7-20		20	36.83	0.268 5	7.256	220.9

续表 4-1

分组	养护时间/d	循环次数	孔隙率/%	孔隙体积/(mL/g)	孔隙面积/(m^2/g)	平均孔径/nm
H28-0	28	0	23.88	0.165 8	4.345	146.2
H28-5		5	29.42	0.187 9	4.564	149.9
H28-10		10	31.22	0.203 6	5.126	156.6
H28-15		15	34.26	0.225 8	5.323	186.3
H28-20		20	35.74	0.236 1	5.822	200.1

将表 4-1 中孔结构参数绘制在图 4-5 中，直观地分析不同养护龄期的充填体在循环过程中孔隙率、孔隙体积、孔隙面积、平均孔径随循环次数的变化特性。

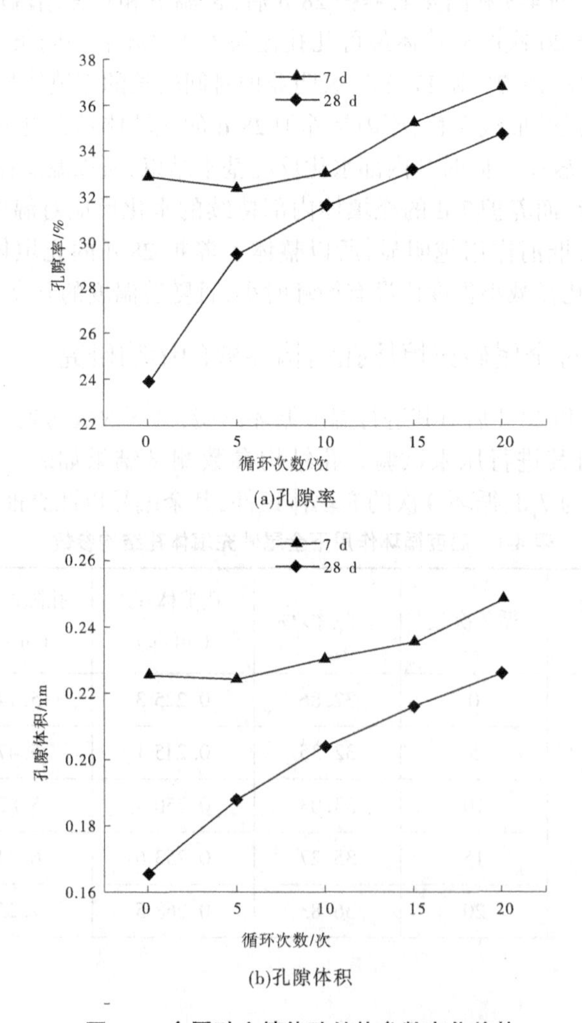

图 4-5　全尾砂充填体孔结构参数变化趋势

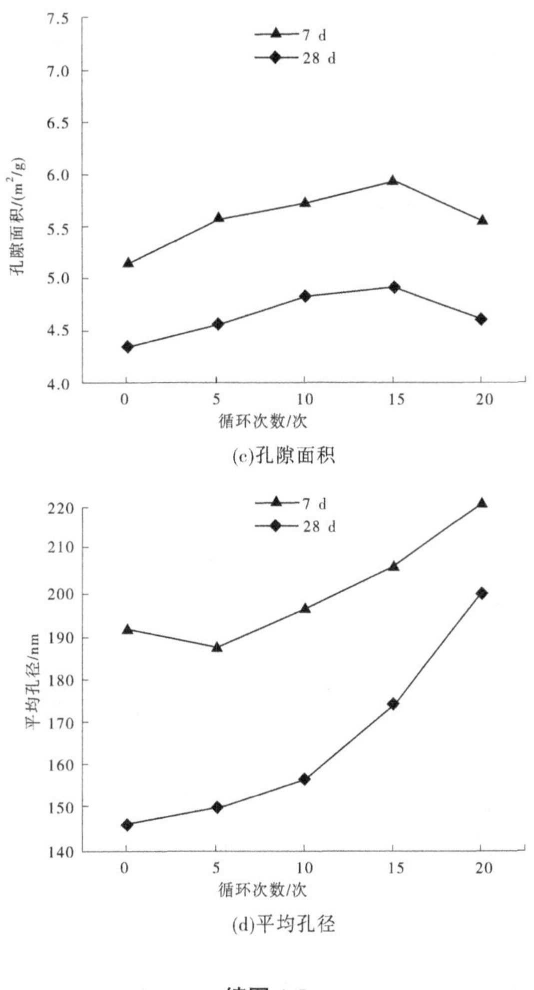

(c)孔隙面积

(d)平均孔径

续图 4-5

由图 4-5(a)可以看出,养护 7 d 的充填体在经过 5 次循环时孔隙率略有减小,随后整体呈线性上升趋势,原因是养护 7 d 的样品水化反应还没有结束,在循环过程中会有新的水化产物产生填充在充填体内部,同时充填体内部孔隙相对比较发育,可以在一定程度上抵消由于水冻结成冰对充填体内部结构造成的损伤。但是随着温度循环的进行,循环对其损伤逐渐累积,当预留孔隙不足以抵消冰膨胀所造成的体积增长时,孔隙率会再次增加。养护 28 d 的充填体孔隙率随循环次数的增加整体呈增长趋势,且增长趋势有所变缓,原因是养护 28 d 的充填体水化反应已经基本结束,此时的充填体是一种砂岩体,孔隙率在刚开始循环时就因为冰晶的膨胀作用而有较快的增长趋势,随着循环的进行,冰晶膨胀造成的体积增长会在充填体中累积从而为之后的循环破坏留有一定的富余空间,所以此后的孔隙率增长有所减缓。

由图 4-5(b)可以看出,无论是养护 7 d 还是 28 d 的充填体,孔隙体积变化规律与其孔隙率变化规律相似。需要注意的是,孔隙体积的增长率没有孔隙率的增长率大,可以从孔隙率的定义式分析这种现象。孔隙率的定义见式(4-1),在循环过程中孔隙率的增长系数为 a,孔隙体积的增长系数为 b,如式(4-2)所示,对其进行变形,得到式(4-3)。在充填体冰晶膨胀过程中受到内部致密结构的约束,直到冰晶的膨胀压力增长使结构体破坏,才会在一定程度上造成充填体体积增长,反映在式(4-3)中 $a<b$,所以孔隙体积的增长小于孔隙率的增长。

$$P = \frac{V^*}{V^0} \tag{4-1}$$

$$aP = b\frac{V^*}{V^0} \tag{4-2}$$

$$V^* = \frac{a}{b}PV^0 \tag{4-3}$$

式中,P 为充填体孔隙率;V^* 为孔隙体积;V^0 为充填体未冻融时的初始体积;a 为孔隙率的增长系数;b 为孔隙体积的增长系数。

由图 4-5(c)可以看出,经过标准养护的充填体试件孔隙面积随循环次数的增加出现先增长后下降的趋势。这是因为在循环过程中由于冰晶压力的膨胀作用,充填体内孔隙不断增多造成整体上孔隙面积呈增长趋势,然而在这个过程中冰晶膨胀造成孔隙壁破裂,不断有孔隙连通,从而体积较小的孔隙融合成为体积较大的孔,造成孔隙面积增长率逐渐降低,经过 15 次循环后孔隙面积开始下降。需要注意的是,养护 7 d 的充填体经历 5 次循环时的孔隙面积增长率较大,这是由于养护 7 d 的充填体在这个过程中不断发生水化反应,新生成的水化产物填充在裂隙中,阻隔了孔隙的连通,充填体中的原孔隙由于填充物的作用而被分割,从而造成了孔隙面积的增长。

由图 4-5(d)可以看出,由于温度循环对充填体的损伤作用,其内部平均孔径整体上呈几何上升趋势。在此次试验中充填体试件在循环过程中的平均孔径分布范围较大,根据 Powers-Brunauer 模型中孔径范围分类,所有充填体平均孔径分布类型均属于毛细孔(100~1 000 nm)。平均孔径的增长主要是充填体内冰晶的膨胀作用将直径较小的孔隙连通起来造成的。而养护 28 d 的充填体平均孔径的增长速度比养护 7 d 增长速度明显要大,这是因为养护 28 d 的充填体此时水化反应已经结束,而养护 7 d 的充填体不断进行水化反应,水化产物的填充作用减缓了孔隙的连通作用,从而减缓了平均孔径的发展。需要注意的是,养护 7 d 的充填体在 5 次循环时平均孔径有所降低,一方面是因为此时充填体内部原有孔隙对冰晶膨胀的减缓作用,另一方面是因为在这个过程中水化产物的填充阻隔作用。

4.3　温度循环作用下全尾砂充填体微观损伤分析研究

根据上述充填体孔结构参数分析,假定一个单元体中存在 M 个孔隙,其中第 i 个孔隙体积为 $V_i^j(i=1,2,\cdots,M)$,同时假设该孔隙经历 j 次温度循环后的体积为 $V_i^j(j=1,2\cdots,N)$,当 $j=0$ 时充填体未进行循环,当 $j=N$ 时发生破坏。故经历 0 次循环与经历 j 次循环后的充填体单元孔隙总体积 V_p^0、V_p^j分别为:

$$V_p^0 = \sum_{i=1}^{M} V_i^0 \tag{4-4}$$

$$V_p^j = \sum_{i=1}^{M} V_i^j \tag{4-5}$$

则经历 j 次循环后充填体单元内部孔隙体积变化量 ΔV_p^j 为:

$$\Delta V_p^j = V_p^j - V_p^0 \tag{4-6}$$

同样,该单元在经历 j 次循环后的总体积为 V^j,此时充填体内部骨架体积(除孔隙外的体积)为 V_r^j。在进行温度循环试验过程中,由于其内部水化反应作用,生产的水化产物不断填充充填体内部孔隙,而造成其内部孔隙变化量 V_f^j。忽略充填体在温度循环过程中的颗粒脱落对其体积的影响,则单元体总体积、孔隙体积与骨架体积三者之间存在以下关系:

$$V^j = V_r^j + V_p^j = V_r^0 + V_p^j + V_f^j \tag{4-7}$$

充填体孔隙率计算方程为:

$$P = \frac{V^0 - V}{V^0} \times 100\% \tag{4-8}$$

式中,P 为充填体孔隙率(%);V^0 为自然状态下的体积,mL;V 为绝对密实体积,mL。

根据充填体孔隙率定义,该单元经历 0 次与 j 次温度循环后的孔隙率 P^0 与 P^j 分别为:

$$P^0 = \frac{V_p^0}{V^0} \tag{4-9}$$

$$P^j = \frac{V_p^j}{V^j} = \frac{V_p^j}{V_r^0 + V_p^j + V_f^j} \tag{4-10}$$

将式(4-6)代入式(4-10)可得:

$$P^j = \frac{V_p^0 + \Delta V_p^j}{V_r^0 + V_p^0 + \Delta V_p^j + V_f^j} = \frac{V_p^0 + \Delta V_p^j}{V^0 + \Delta V_p^j + V_f^j} \tag{4-11}$$

不考虑温度循环过程中充填体内部孔隙之间损伤的相互影响,即充填体孔隙体积变化 ΔV_p^j 完全是温度循环损伤造成的。定义充填体的损伤为循环后孔隙体积变化量与原孔隙体积的比值，则可建立损伤评价方程：

$$D = \frac{V_p^j - V_p^0 + V_f^j}{V_p^0} \tag{4-12}$$

式中，D 为损伤变量。

联立式(4-11)与式(4-12)可得 j 次温度循环后的孔隙率和孔隙体积与损伤变量之间的关系：

$$P^j = (P^0 + \frac{V_p^j - V_p^0}{V_p^0})/(1 + D) \tag{4-13}$$

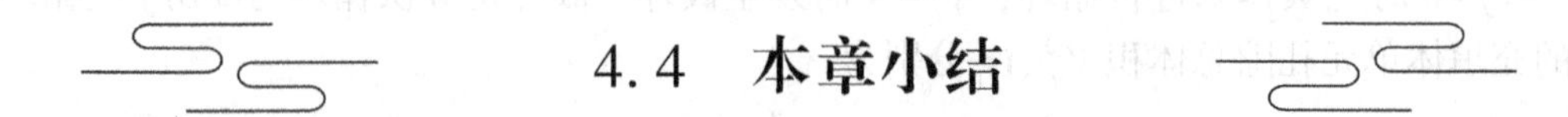

4.4 本章小结

对养护 7 d 和 28 d 的全尾砂充填体在冻结温度为-5 ℃、-10 ℃和-15 ℃条件下进行 20 次温度循环试验；在冻结温度为-10 ℃条件下对养护 7 d 和 28 d 的充填体进行 5 次、10 次、15 次、20 次温度循环试验。温度循环试验结束后分别对其进行压汞试验，研究了冻结温度和循环次数对充填体孔结构参数的影响，具体结论如下：

(1)入侵汞体积与充填体的孔径成反比。对于养护 7 d 的充填体，经历 20 次温度循环后入侵汞体积增加 3.1%、7.6%和 12.3%，最可几孔径增加 0.7%、21.9%和 29.1%。对于养护 28 d 的充填体，经历 20 次温度循环后入侵汞体积增加 8.1%、12.5%和 21.1%，最可几孔径增加 3.3%、28.8%和 39.2%。

(2)充填体养护 7 d 时经历 5 次循环后孔隙率略有减小，随后整体呈线性上升趋势，养护 28 d 时孔隙率随循环次数的增加整体呈增长趋势，且增长趋势逐渐变缓；孔隙体积变化特性与其孔隙率变化特性相似；孔隙面积随循环次数的增加先增长后下降；平均孔径整体上呈几何上升趋势。

(3)基于充填体温度循环过程中孔隙率与孔隙体积的变化特性，通过各孔隙参数在变化过程中的内在联系，建立了充填体损伤变量与孔隙率和孔隙体积之间的关系式：$P^j = \left(P^0 + \frac{V_p^j - V_p^0}{V_p^0}\right)/(1 + D)$。

第 5 章　温度循环对全尾砂充填体波速与电阻率特性影响研究

温度循环对充填体的损伤是一个动态的累积过程,为连续测量充填体强度的变化过程,一些学者尝试使用超声波和电阻率等无损检测技术间接表征充填体的力学性能变化。目前,无损检测技术在岩土体和混凝土损伤方面的应用研究已取得较多成果,而在全尾砂充填体方面的研究较少,特别是针对温度循环后全尾砂充填体超声波和电阻率特性变化尚缺乏系统研究,因此通过温度循环试验、无损检测试验,研究不同养护龄期、冻结温度、循环次数条件下全尾砂充填体超声波和电阻率特性的变化具有重要的现实意义。

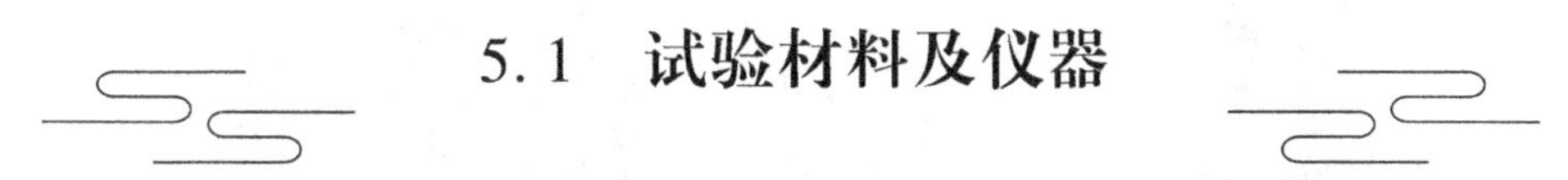

5.1　试验材料及仪器

本次试验所用的试验材料包括全尾砂、城市用水、新型胶凝材料,辅助材料为润滑油、黄油、搅拌棒、样品模具,试验仪器为砂浆搅拌机、天平、标准养护箱、海尔 BC/BD-203HCN 温度数控冷柜、ZBL-U520 非金属超声检测仪、JK2511 电阻测试仪、数字卡尺。

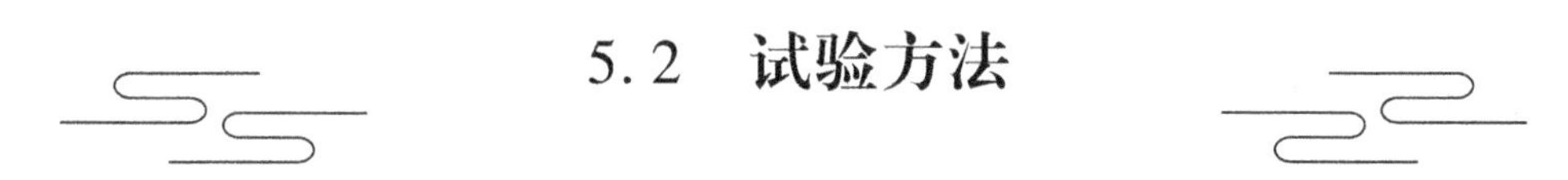

5.2　试验方法

试验中料浆浓度为78%,灰砂比为1∶15,冻结温度为-5 ℃、-10 ℃和-15 ℃。将标准养护至 3 d、7 d 和 28 d 的样品转移到温度数控冷柜中,冷冻结束后转移至标准恒温箱中解冻,进行反复温度循环试验,充填体转移时间控制在 10 min 以内以减小外界环境对充填体的影响。冷冻时间和融化时间均为 12 h 以模拟自然温度环境,充填体在三种冻结温度下经历不同的循环次数(0 次、3 次、5 次、7 次、10 次、12 次、15 次和 20 次)。冷冻试验设备为海尔 BC/BD-203HCN 温度数控冷柜。对达到设定循环次数的充填体分别进行超声波检测试验和电阻率检测试验,分析温度循环对不同养护龄期和冻结温度的充填体超声波波速以及电阻率影响特性。

5.2.1　超声波检测试验

用 ZBL-U520 非金属超声检测仪测定全尾砂充填体超声波的特性,时间精度为 0.05 μs,如图 5-1 所示。利用精度为 0.1 mm 的数字卡尺对充填体长度进行测量,在测量之前需调零。为了消除空气对测量数据的影响,保持试样的端面光滑平整,并均匀涂抹黄油,以保证测量探头表面与充填体表面接触良好,最大限度地提高测量精度。在这个测试中,超声波穿过充填体并被耦合在表面上的声波探头接收,超声波的传播时间由仪器测定。波速由式(5-1)计算可得:

$$v = \frac{l}{t} \tag{5-1}$$

式中, v 为超声波波速,km/s; l 为试样的长度,mm; t 为超声波传播时间,μs。

当材料中存在孔隙、孔洞等缺陷时，超声波在传播过程中会发生反射、折射、绕射等物理现象，使超声波到达接收端的时间变长，从而超声波波速降低。

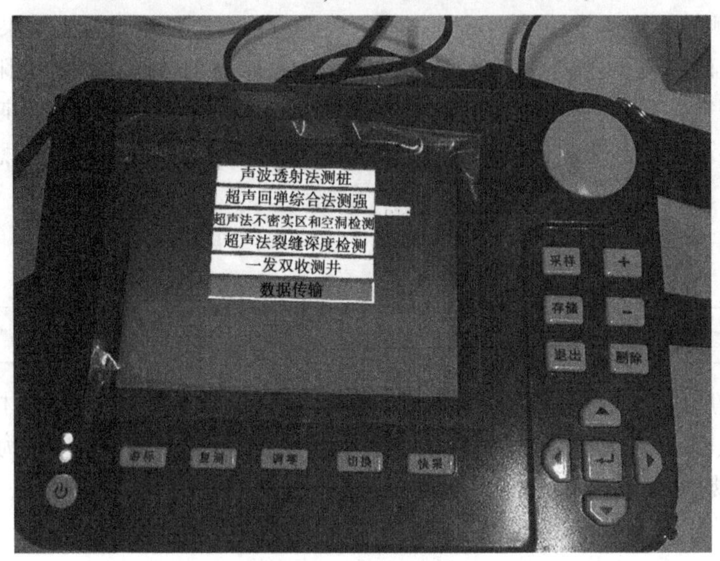

图 5-1　超声波测试

5.2.2　电阻率检测试验

充填体的导电率通常由三部分组成，见式(5-2)：

$$K = K_1 + K_2 + K_3 \tag{5-2}$$

其中，K 表示充填体的导电率；K_1 表示充填体中各类离子的导电率；K_2 表示充填体中可迁移电子的导电率；K_3 表示充填体中孔隙的导电率。而充填体的电阻率与其导电率成反比，即 $\rho = 1/K$，由式(5-2)可知充填体的导电率与其内部的液相和气相相关，而充填体的骨料部分由于电阻较高，通常被认为是不导电物质。由此随着充填体中化合物的溶解形成的导电离子如钙离子、氢氧根离子、硫酸根离子等对其导电性的影响很大。由于水化反应的发展，水化产物对充填体的充填程度、温度循环对充填体的破坏程度等因素不断变化，导致气相部分不断改变。由此可根据电阻率的变化研究水化反应的进程以及温度循环对充填体的破坏程度。

测量方法的选择对电阻率的准确性有非常重要的影响，目前电阻率的测量方法主要有二极法和四极法，如图 5-2 所示。二极法通过电极直接从试样两端测量电阻率，方法简单，但准确性较四极法低。四极法主要利用预埋碳棒或粗铜线，以及预埋不锈钢片或不锈钢网等来测量电阻率，准确性较高。本书主要是通过电阻率的变化来揭示温度循环过程中充填体结构的变化，预埋电极的存在可能会对充填体结构造成不可预测的影响，且电极本身可能受到试样温度、水分的影响，所测电阻率的准确性较差。综合考虑，采用二极法来测量电阻率，通过电极直接从试件两端测量电阻率，选用厚度为 2 mm、直径为 100 mm 的薄铜板作为电极，电极板上间隔 10 mm，开设直径为 1 mm 的小孔以增强电极与充填体之间的连接性能，提高测量的准确性。将测出的电压和电流利用式(5-3)和式(5-4)求出试件的电阻率。

$$R = \frac{V}{I} \tag{5-3}$$

$$\rho = R\frac{A}{L} \tag{5-4}$$

式中,V 为通过充填体的电压;I 为通过试件的电流;R 为充填体的电阻;A 为充填体与铜板的接触面积;L 为充填体的长度;ρ 为充填体的电阻率。

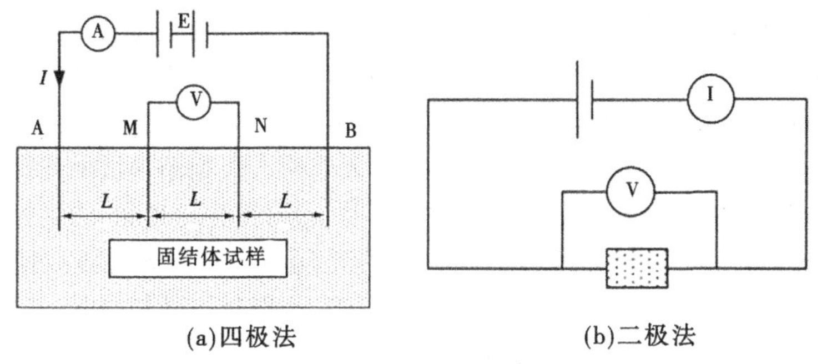

(a)四极法　(b)二极法

图 5-2　电阻率测试方法

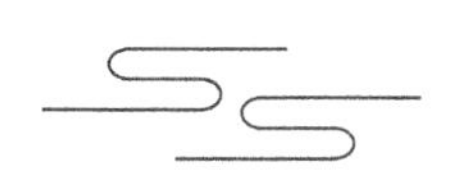

5.3　全尾砂充填体超声波波速测试结果与分析

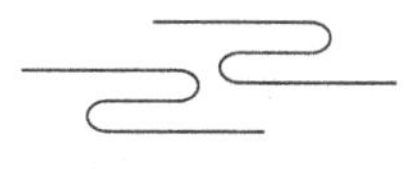

对不同养护龄期和冻结温度条件下达到预定循环次数(0 次、3 次、5 次、7 次、10 次、12 次、15 次和 20 次)的充填体进行超声波检测试验,所得超声波波速如表 5-1 所示。

表 5-1　不同循环次数后试样的超声波波速变化　单位:km/s

循环次数	3 d			7 d			28 d		
	−5 ℃	−10 ℃	−15 ℃	−5 ℃	−10 ℃	−15 ℃	−5 ℃	−10 ℃	−15 ℃
0	1.381	1.381	1.381	1.684	1.684	1.684	2.537	2.537	2.537
3	1.469	1.424	1.418	1.746	1.729	1.707	2.104	2.026	1.954
5	1.441	1.396	1.366	1.636	1.579	1.412	1.889	1.774	1.702
7	1.372	1.311	1.256	1.441	1.344	1.208	1.776	1.655	1.586
10	1.279	1.155	1.095	1.302	1.166	0.965	1.633	1.509	1.452
12	1.159	1.046	0.902	1.195	1.053	0.922	1.554	1.415	1.376
15	0.972	0.845	0.653	1.118	0.991	0.866	1.469	1.334	1.308
20	0.565	0.353	0.217	1.085	0.954	0.837	1.415	1.306	1.274

5.3.1 温度循环对不同养护龄期的充填体波速影响研究

将表 5-1 中不同养护龄期的充填体超声波波速随循环次数的变化数据绘制在图 5-3 中,研究不同条件下充填体温度循环过程中超声波波速受循环次数的影响特性。

当养护龄期为 3 d 和 7 d 时,如图 5-3(a)和图 5-3(b)所示,在温度循环的初期,充填体超声波波速有短暂的升高现象,而后随循环次数的增加波速不断减小,且在循环 10 次之后减小速度降低。这是因为养护龄期较短的充填体内含有大量的未充实区域,这些区域为冻结过程中水向冰的转化提供了一定的膨胀空间,所以孔隙发育较小,而这个过程中水化反应为孔隙的填充起到了积极的作用。随着温度循环的进行,孔隙水冻结过程中体积膨胀产生的膨胀力对充填体结构造成的损伤不断累积,充填体原有孔隙增大,没有孔隙的部分产生微裂隙并不断扩展延伸,孔隙不断增大连接。根据超声波的传播原理,其在传播过程中遇到水和孔隙等介质时会发生反射、折射、透射等物理现象,方向性变差,传播路径变长,消耗大量的能量,导致波速变小。所以在循环开始阶段充填体波速会增加,而后孔隙的累积使超声波在传播过程中发生较多的反射、折射且不断被吸收,造成波速不断减小。充填体超声波波速减小量逐渐变小并趋于平缓是因为随着水化反应的进行,充填体内水分不断被消耗,所以冰晶对充填体的损伤作用逐渐减小,直至趋于稳定,随着温度循环的进行,水化产物对孔隙的填充作用越来越弱,循环前期形成的孔隙为后续的冰晶发育提供了一定的缓冲空间,养护龄期越长,这种作用越明显,所以孔隙的增加量逐渐减小,反应在充填体超声波的传播速度上也是越来越趋于稳定。

养护龄期为 28 d 时,如图 5-3(c)所示,充填体超声波波速随循环次数的增加不断减小,并在循环 10 次以后减小速率逐渐减缓并趋于稳定。这是因为此时的充填体水化反应已经基本结束,充填体内已经形成致密的结构,循环过程中冰晶的膨胀作用使充填体在循环开始阶段就有孔隙的累积,这不利于超声波的传播,所以循环开始阶段充填体波速很快就减小。随着温度循环的进行,充填体超声波波速减小速率变缓的原因是一方面随着水化反应的进行和充填体自身的蒸发作用,内部水分不断减小,另一方面是孔隙的形成已经趋于稳定,使得超声波在充填体中的传播路径逐渐稳定,所以波速减小速率逐渐保持稳定。

养护龄期相同时,冻结温度越高,充填体超声波波速越大。这是因为在相同养护龄期内,冻结温度越高,充填体从标准养护温度降低到环境温度所需要的时间越长,从而在这个过程中水化反应进行得越充分,相同时间内消耗的水分越多,生成的水化产物量越大,水化产物将尾砂颗粒包裹使其形成一个整体,减少了充填体内孔隙体积,所以冻结温度越高,充填体超声波波速越大。

温度和循环次数相同时,随着养护龄期的增长,充填体的超声波波速也越来越大。这是因为养护龄期越长,充填体水化反应越充分,其内部的水分由于水化反应的持续进行和自身蒸发越来越少,孔隙由于水化产物的填充也会越来越少,尾砂颗粒由于水化产物的凝结作用更加紧密地结合在一起,所以减少了超声波在传播过程中的折射、反射等现象,能量损失减少,传播速度增大。

充填体超声波波速发展规律与第 3 章试验中各龄期的充填体抗压强度的变化规律类

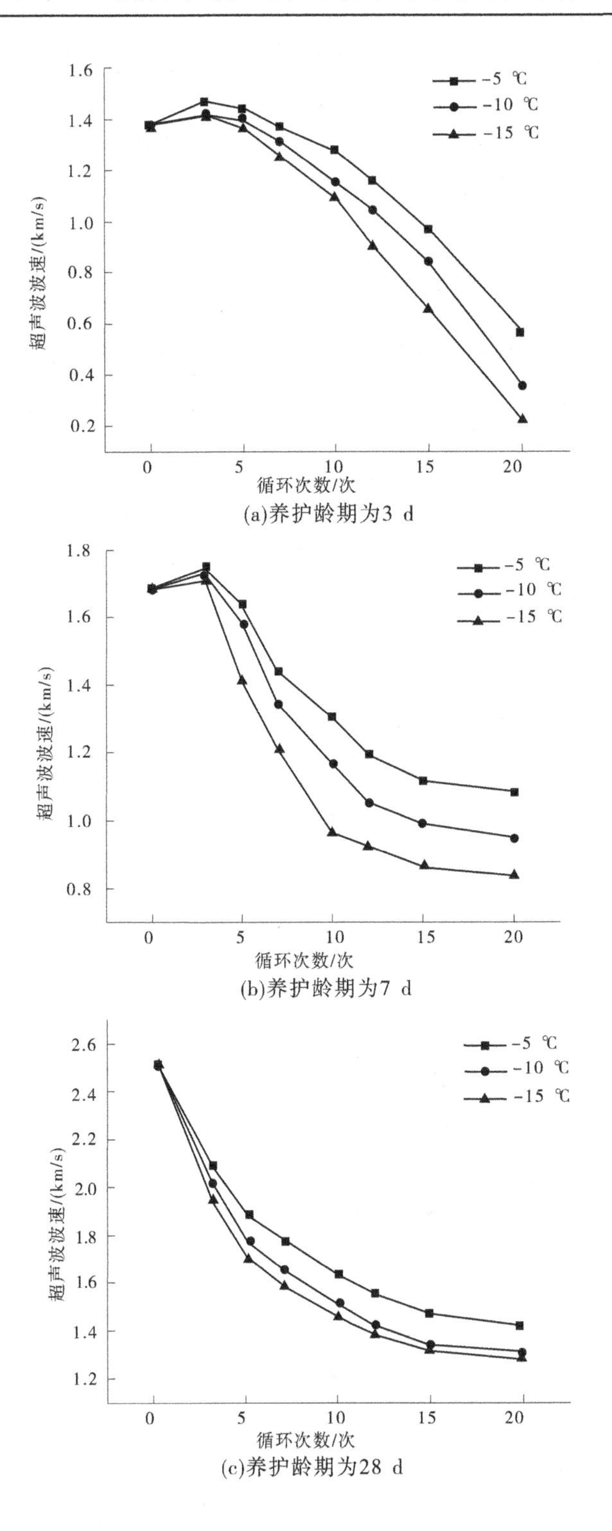

图 5-3　不同养护龄期的充填体超声波波速与循环次数关系

似,不同的是相同龄期的充填体在不同温度循环下的超声波波速之间的数值差异没有抗压强度大,这是由两者的测试原理决定的。超声波可以在骨架结构、水分、孔隙中传播,只是在不同介质中的传播路径不同,能量耗散量不一样,导致传播速度有差异,而充填体的抗压强度主要由其内部的骨架结构决定。由此,在工程实践中,可以用充填体的超声波波速间接表征其力学稳定性。

5.3.2　温度循环过程中循环次数与充填体波速的拟合关系

为探究温度循环过程中全尾砂充填体超声波波速与循环次数的定量关系,对不同养护龄期、不同养护温度的充填体超声波波速与循环次数进行非线性拟合,建立充填体超声波波速与循环次数的数学函数模型。经过拟合得出不同养护龄期的充填体超声波波速与循环次数遵循二次函数关系,如图5-4所示。

将图5-4中不同条件下充填体超声波波速与循环次数的拟合方程式系数整理在表5-2中,可以看出其相关系数高达0.94以上,回归效果显著,能较好地反映波速与循环次数的关系。拟合曲线符合式(5-5)。

$$v = an^2 + bn + c \tag{5-5}$$

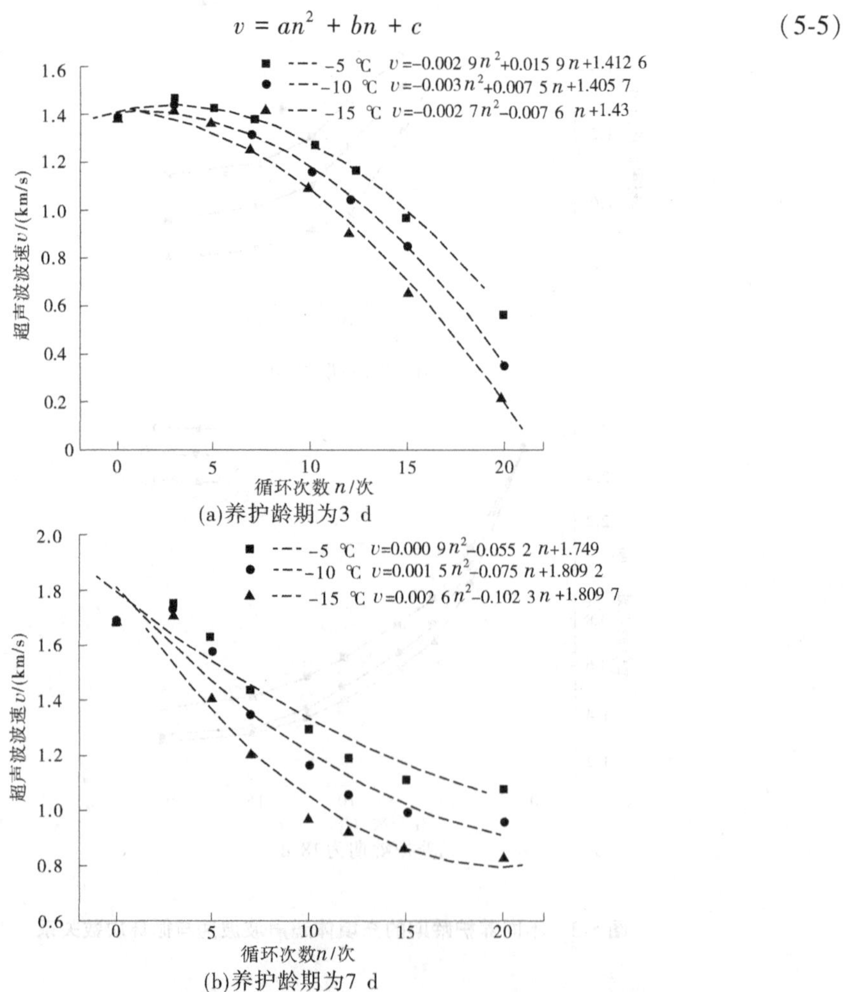

(a)养护龄期为3 d

(b)养护龄期为7 d

图5-4　不同养护龄期的充填体超声波波速与循环次数的拟合关系

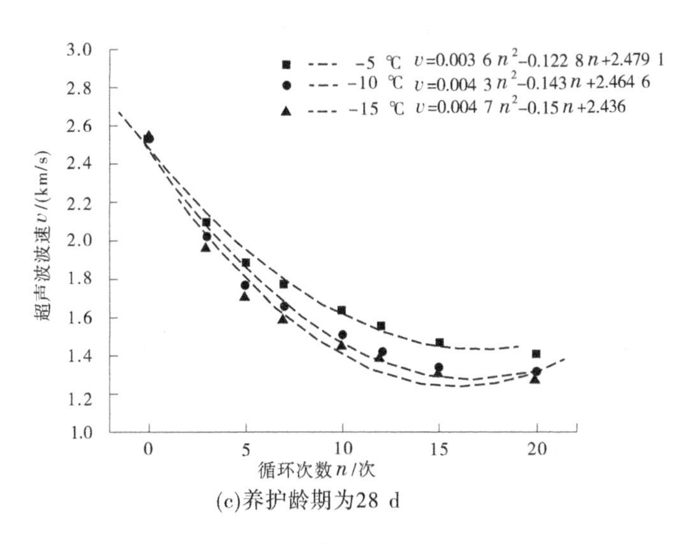

(c)养护龄期为28 d

续图 5-4

表 5-2　充填体超声波波速与循环次数的拟合曲线

养护龄期	温度	a	b	c	R^2
3 d	-5 ℃	-0.002 9	0.015 9	1.412 6	0.971 4
	-10 ℃	-0.003	0.007 5	1.405 7	0.942 8
	-15 ℃	-0.002 7	-0.007 6	1.43	0.959 5
7 d	-5 ℃	0.000 9	-0.055 2	1.749	0.974 8
	-10 ℃	0.001 5	-0.075	1.809 2	0.964 7
	-15 ℃	0.002 6	-0.102 3	1.809 7	0.946 3
28 d	-5 ℃	0.003 6	-0.122 8	2.479 1	0.964 8
	-10 ℃	0.004 3	-0.143	2.464 6	0.948 6
	-15 ℃	0.004 7	-0.15	2.436	0.971

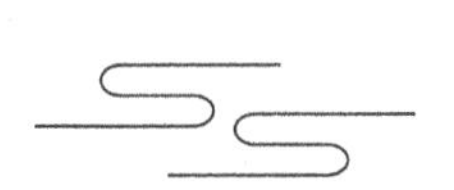

5.4　全尾砂充填体电阻率测试结果及分析

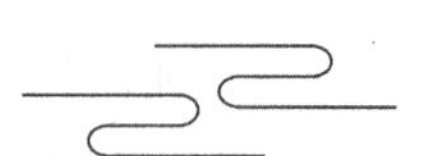

为探究充填体电阻率与其循环次数的关系，对相同条件下进行过超声波波速测试的充填体循环试块再进行电阻率测试。测试结果如表 5-3 所示。

表 5-3 不同循环次数后试件的电阻率变化 单位:Ω·m

循环次数	3 d			7 d			28 d		
	−5 ℃	−10 ℃	−15 ℃	−5 ℃	−10 ℃	−15 ℃	−5 ℃	−10 ℃	−15 ℃
0	1 263.7	1 263.7	1 263.7	1 795.6	1 795.6	1 795.6	2 638.4	2 638.4	2 638.4
3	1 025.6	986.4	963.2	1 605.8	1 655.4	1 679.2	2 896.7	2 913.5	2 956.1
5	955.3	902.3	841.2	1 496.2	1 563.5	1 599.3	3 036.4	3 056.8	3 074.5
7	892.6	796.1	745.6	1 432.5	1 484.2	1 529.7	3 079.3	3 096.4	3 112.6
10	802.4	684.2	638.7	1 396.1	1 452.2	1 487.4	3 138.6	3 155.9	3 167.3
12	762.2	646.8	603.1	1 432.8	1 541.5	1 578.7	3 165.4	3 184.2	3 195.7
15	736.5	606.9	568.7	1 596.9	1 706.3	1 746.2	3 185.2	3 207.8	3 226.8
20	704.4	566.9	531.2	1 953.8	2 022.7	2 086.5	3 206.5	3 229.9	3 244.4

5.4.1 温度循环对不同养护龄期的充填体电阻率影响研究

将表5-3中不同龄期下的充填体电阻率随循环次数的变化数据绘制在图5-5中,研究不同条件的充填体循环过程中电阻率受循环次数的影响特性。

由图5-5可知,养护龄期为3 d时,充填体的电阻率随着循环次数的增加而减小,而循环次数达到10次以后,电阻率的减小速率减缓。这是因为养护龄期较短的充填体内部水分充裕,在循环过程中,水化反应一直在持续,不断有水化反应原料溶解在溶液中,由第3章SEM图像分析可知,在这个过程中有一部分水化产物发生断裂溶解,水化反应原料和产物的不断溶解增加了溶液中导电离子(如Ca^{2+}、Al^{3+}、SO_4^{2-})的浓度,所以充填体的电阻率在逐渐减小。另外,循环作用增加了充填体内部的孔隙量,之前隔离开的孔隙由于冰晶的循环膨胀作用而贯通,增加了充填体中水系的连通性,从而增加了充填体的导电路径,致使电阻率减小。循环10次之后电阻率减小的速率变缓原因是随着循环次数的增加,水化反应持续进行,水分被消耗,致使充填体中的溶液减少,导电离子减少,所以充填体的电阻率减小程度逐渐变缓;养护龄期为7 d时,充填体电阻率随循环次数的增加逐渐减小,经历过10次循环后电阻率逐渐增加,且循环20次后的电阻率大于循环前的。原因是循环初期,充填体内部有丰富的水分,内部孔隙经过循环贯通连接,增加了孔隙水的连通路径,同时增加了充填体的导电路径,所以这个过程中电阻率在减小,而循环10次之后,此时孔隙的裂隙发育已经趋于稳定,充填体内的水分由于蒸发作用和持续的水化作用而减少,从而充填体内的溶液减少,其导电性变差,所以此后充填体的电阻率不断增大。循环20次后的充填体相当于经历了10 d的标准条件养护,此时其内部的水分剩余已经较少,导致电阻率增幅较大;养护28 d的充填体电阻率随循环次数的增加而不断增加,且增幅不断变小。原因是此时的充填体水化反应已经结束,内部水分剩余很少,循环初期的膨胀作用使此时的充填体孔隙迅速增加,从而破坏了其内部原有的导电路径,所以开始阶段电

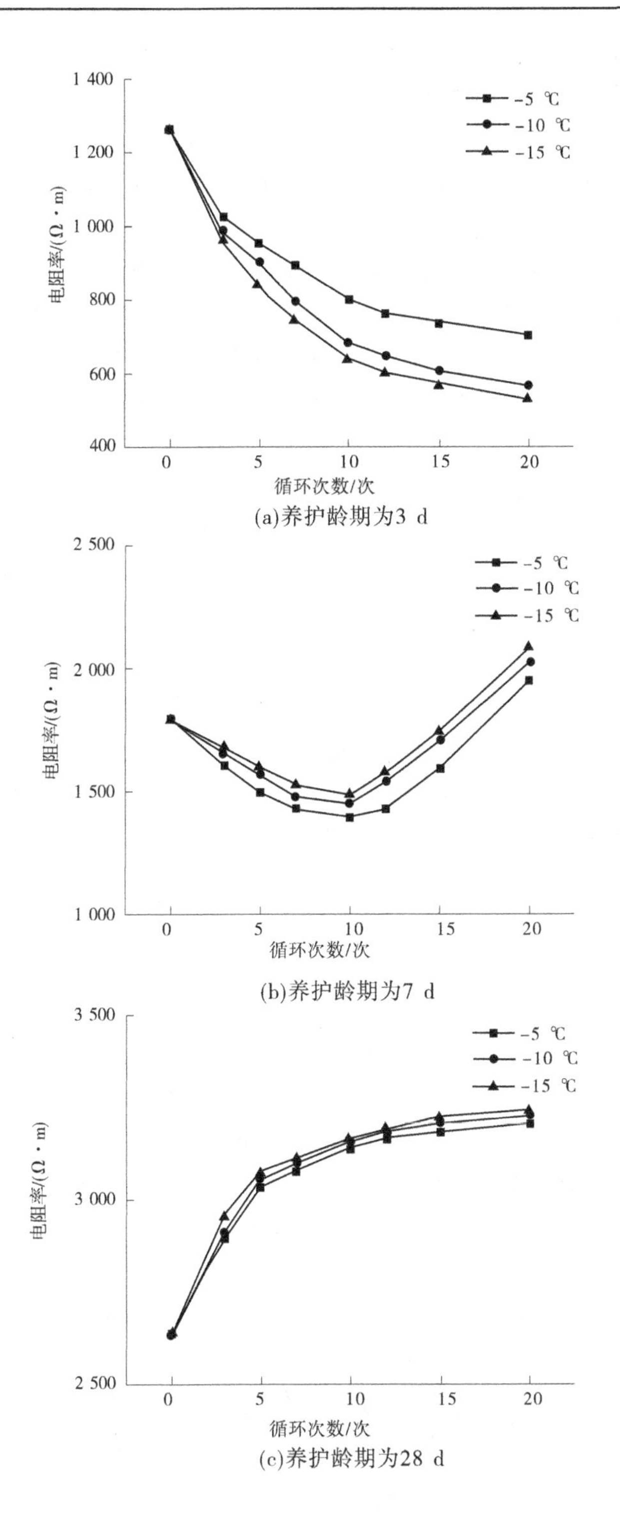

(a)养护龄期为3 d

(b)养护龄期为7 d

(c)养护龄期为28 d

图5-5　不同养护龄期的充填体电阻率与循环次数关系

阻率增幅较大，而后随着循环的继续，孔隙变化逐渐减小，循环对充填体导电路径的破坏程度也在减小，从而使其电阻率的增幅逐渐减小。

从图 5-5 中可以看到，温度和循环次数相同时，养护龄期越长，充填体的电阻率越大。这是因为养护时间越长，充填体内水分消耗越多，水化反应原料越少，所以溶液中的导电离子也越少，从而充填体的电阻率越大。

养护龄期和循环次数相同时，冻结温度越高，电阻率越大，原因和充填体超声波波速随冻结温度升高而增加的原因相同，冻结温度较高时，在每个循环过程中，融化阶段的时间就比较长，从而水化反应时间相对较长，所以相同条件下消耗的水分就多，产生了较多的水化产物填充在充填体孔隙中阻碍了导电路径的发展，从而其电阻率较大。

充填体的电阻率发展与其抗压强度的变化有所不同，从图 5-5 可以看出，充填体在养护 28 d 时两者相关度较高，而养护 3 d 的充填体电阻率没有抗压强度在循环初期的升高趋势，养护 7 d 的充填体电阻率既没有抗压强度在循环初期的升高趋势，也没有循环后期的减缓趋势。这种差异性与两者的测试原理不同有关，充填体的抗压强度主要受其骨架结构影响，水分的存在和孔隙的发育对其都是一种损伤作用；而电阻率主要受其内部溶液量和溶液中导电离子的浓度以及充填体内的导电通道影响，水化产物的产生过程和产生量对电阻率是一种损伤。养护龄期较长时由于充填体水化反应基本结束，水分剩余量也很少，温度循环对其电阻率的影响主要体现在充填体孔隙率的发展程度，这与养护龄期较长的充填体抗压强度受温度循环变化的原理相似，其相关度较高。在工程实践中可以用电阻率法表征养护龄期较长的充填体力学稳定性。

5.4.2　温度循环过程中循环次数对电阻率的影响研究

为得到温度循环过程中充填体电阻率与循环次数的关系，对不同养护龄期、不同温度的充填体电阻率与循环次数进行非线性拟合，建立充填体电阻率与循环次数的数学函数模型。图 5-6 为不同养护龄期的充填体在不同温度下进行循环时的拟合曲线。

从图 5-6 中可以看出，养护 3 d 的充填体电阻率随循环次数的增加逐渐减小且减小幅度不断变小；养护 7 d 的充填体电阻率随循环次数的增加先减小而后增加；养护 28 d 的充填体电阻率随循环次数的增加逐渐降低，且降幅逐渐减小。充填体电阻率与循环次数遵循二次函数关系，曲线拟合效果较好，拟合相关系数均在 0.92 以上，尤其是养护 28 d 的充填体，其相关系数都在 0.95 以上，能够较好地反映充填体电阻率与循环次数的关系。在明确循环次数和充填体电阻率的关系之后，工程实际中可以采用测量尾砂充填体电阻率的方法对充填体的循环损伤程度进行预测。

将图 5-6 中不同条件下充填体电阻率与循环次数的拟合方程式系数整理在表 5-4 中，可以看出其相关系数达 0.92 以上，回归效果显著。电阻率与循环次数的拟合曲线符合式(5-6)二次函数形式：

$$\rho = an^2 + bn + c \tag{5-6}$$

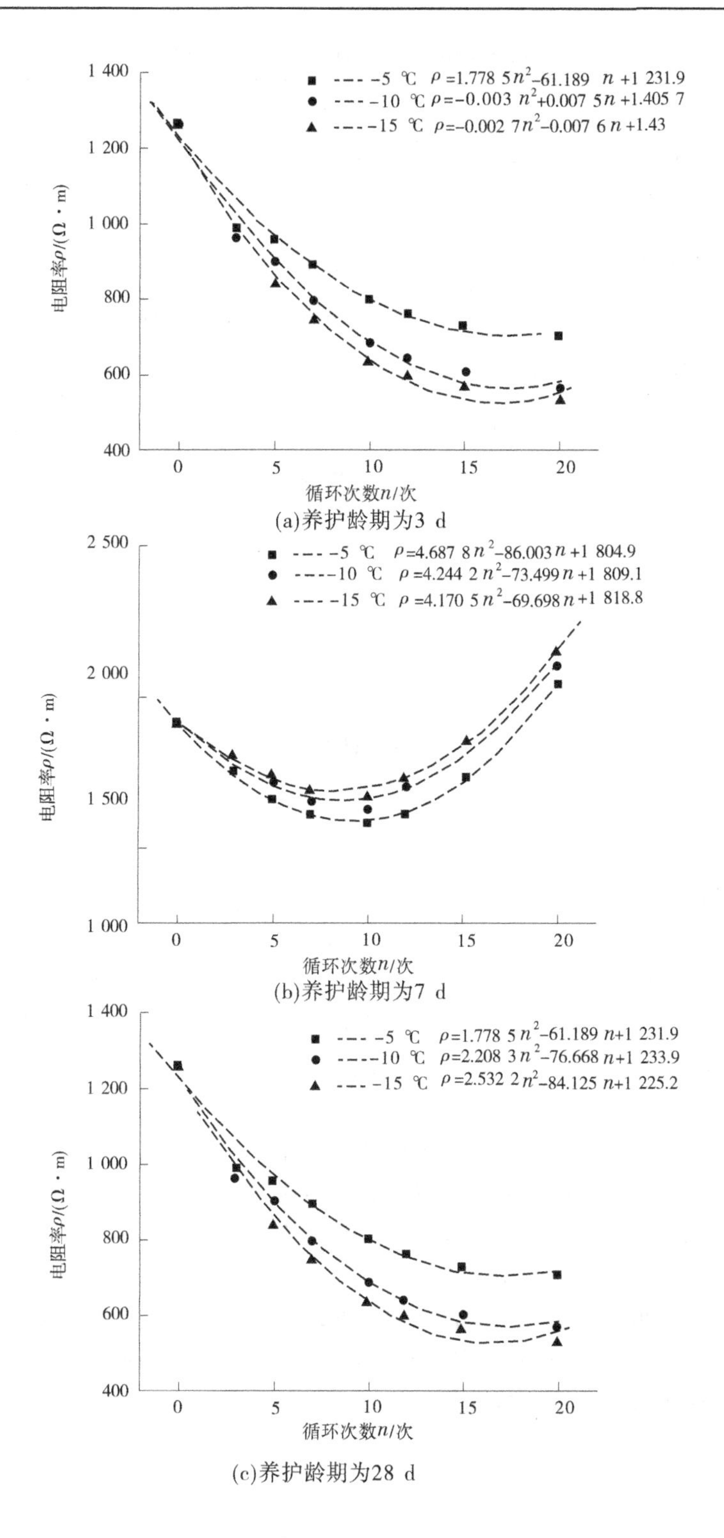

(a)养护龄期为3 d

(b)养护龄期为7 d

(c)养护龄期为28 d

图 5-6　充填体电阻率与循环次数拟合关系

表 5-4 充填体电阻率与循环次数的拟合曲线

养护龄期	温度	a	b	c	R^2
3 d	-5 ℃	1.778 5	-61.189	1 231.9	0.941 5
	-10 ℃	-0.003	0.007 5	1.405 7	0.927 8
	-15 ℃	-0.002 7	-0.007 6	1.43	0.979 4
7 d	-5 ℃	4.687 8	-86.003	1 804.9	0.943 7
	-10 ℃	4.244 2	-73.499	1 809.1	0.931 6
	-15 ℃	4.170 5	-69.698	1 818.8	0.967 1
28 d	-5 ℃	-2.240 1	69.392	2 685.4	0.976 3
	-10 ℃	2.208 3	-76.668	1 233.9	0.955 4
	-15 ℃	2.532 2	-84.125	1 225.2	0.962 8

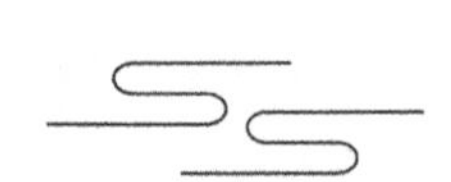

5.5 本章小结

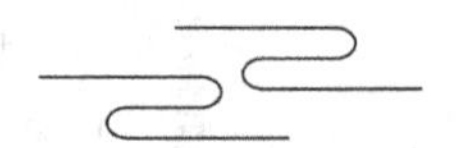

通过温度循环试验和超声波波速与电阻率测试试验,研究了不同养护龄期的全尾砂充填体在不同温度下经历循环时,循环次数对全尾砂充填体超声波波速和电阻率的影响,并将测试结果与充填体抗压强度进行对比,分析了超声波测试和电阻率测试在工程应用中的适用性和条件。得出了循环次数与超声波波速和电阻率的相关关系,具体结论如下:

(1)全尾砂充填体超声波波速随养护龄期的增长不断增大,随温度的升高而升高。养护龄期相同时,充填体超声波波速变化特性与其抗压强度变化特性相似,可以用超声波测试方法测试不同龄期的充填体波速以表征其稳定性。

(2)全尾砂充填体电阻率随养护龄期的增长不断增长,随温度的升高而升高。养护28 d的充填体电阻率变化规律与其抗压强度变化特性相似,可以用电阻率法测试养护龄期较长的充填体电阻率以表征其稳定性。

(3)不同养护龄期的全尾砂充填体在不同温度下进行循环时其超声波波速和电阻率与循环次数均呈二次函数关系,曲线拟合度都在0.9以上,可以很好地表征充填体超声波波速和电阻率随循环次数的变化特性。

第 6 章　全尾砂充填体多场耦合过程数值模拟与分析

充填体中热-流-力(THM)多场耦合作用是指温度场、渗流场与应力场三个物理场的相互作用,真实地反映了充填体在多物理场复杂条件下的物理行为。从 20 世纪 80 年代以来,随着地下能源的开发、石油开采和核废料贮存等问题的出现,对多场耦合问题的研究已经取得了重要进展,也是目前岩土工程、石油工程、采矿工程与环境工程等领域的研究热点之一。而 THM 多场耦合理论的关键与核心取决于其耦合的数学模型及其求解的研究,这也是多场耦合机制研究定量化的重要手段。基于线性热弹性理论,本章主要推导并阐述充填体 THM 多场耦合作用各个物理过程及其数学模型,包括热力学方程、渗流方程、力学平衡方程;同时采用偏微分方程求解软件 COMSOL Multiphysics 对这一组复杂的方程进行有限元分析,实现了温度场、渗流场、应力场完全耦合的数值求解。

6.1　多场耦合作用下全尾砂充填体 THM 耦合模型建立

多场耦合作用是指系统中的一个物理场影响着另一个物理场,包括其起始状态和整个过程。在全尾砂充填体的温度循环过程中,存在着温度场、渗流场和应力场的多场耦合现象。循环过程中存在着温度的变化,而温度的变化引起充填体中水系的相变,从而引起充填体中孔隙的变化,由此引起渗流作用的改变和应力的改变,三者作用关系如图 6-1 所示。

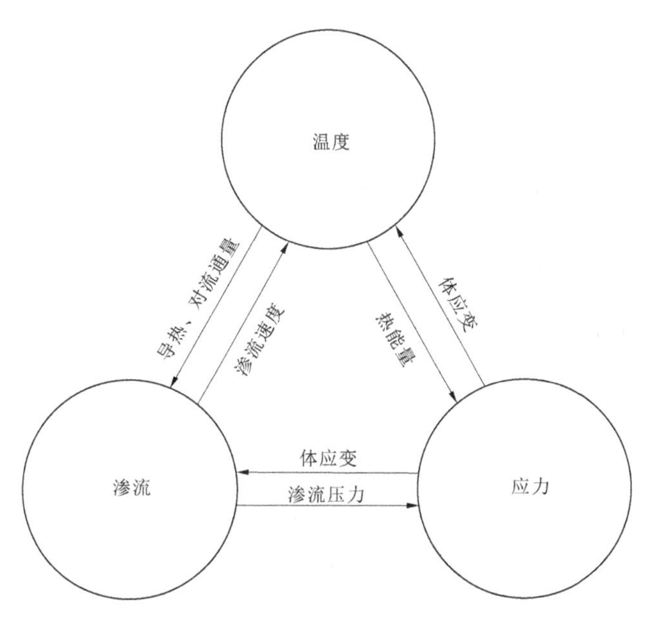

图 6-1　THM 耦合相互作用机制

为定量描述循环过程中 THM 耦合作用关系,结合数值模拟软件 COMSOL Multiphysics,分别对各个场的数学表达式进行推导。

6.1.1 温度场分析

在 COMSOL Multiphysics 软件中给出了一般描述多孔介质内部传热过程的数学表达式：

$$C_{eq}\frac{\partial T}{\partial t}+\rho_q C_q \vec{u}_q\cdot\nabla T=\nabla\cdot(k_{eq}\nabla T)+Q \tag{6-1}$$

对其进行变形得：

$$C_{eq}\frac{\partial T}{\partial t}+\rho_q C_q \vec{u}_q\cdot\nabla T+\rho_q\lambda\frac{\partial\theta_q}{\partial t}+\nabla\cdot(-k_{eq}\nabla T)=Q_T \tag{6-2}$$

$$C_{eq}=\frac{\theta_s\rho_s C_s+\theta_q\rho_q C_q+\theta_i\rho_i C_i}{\theta_s+\theta_q+\theta_i} \tag{6-3}$$

$$\vec{u}_q=-\frac{\mu}{\eta}\nabla\left(p+\rho_q gH_g+\frac{SP_0}{\mu}T\right) \tag{6-4}$$

式中，C_{eq} 为充填体的等效体积热容；T 为温度；ρ_s、ρ_q、ρ_i 分别为固体、流体、气体的密度；C_q 为常压下流体的热容；Q 为热源项；t 为变化温度；λ 为单位质量的水变为冰时释放的潜热值；θ_s、θ_q、θ_i 分别为固体、液态水、气体的含量；k_{eq} 为充填体的等效导热系数；$\vec{u}_q$ 为流体的相对速度矢量；Q_T 为热源项；C_s、C_q、C_i 分别为充填体骨料、水、冰的比热；μ 为渗透率；η 为水的黏滞系数；g 为重力加速度；H_g 为重力水头高度。

$$k_{eq}=\Phi_s k_s+\Phi_q k_q+\Phi_i k_i \tag{6-5}$$

式中，Φ_s 为充填体中固体相的体积分数；Φ_q 为充填体中液体相的体积分数；Φ_i 为充填体中冰的体积分数；k_s 为充填体中固体相的热传导系数；k_q 为充填体中液体相的热传导系数；k_i 为充填体中冰的热传导系数。

$$C_{eq}=\Phi_s\rho_s C_s+\Phi_q\rho_q C_q \tag{6-6}$$

$$\Phi_s+\Phi_q=1 \tag{6-7}$$

式中，ρ_s 为充填体中固体相的密度；C_s 为充填体中固体相的热容；其他符号含义同前。

由于充填体的渗透系数很小，可以假设在充填体内部没有显著的空气流动，因此式(6-6)中忽略由于空气对流发生的热传递。

6.1.2 应力场分析

对于多孔介质体系有：

$$\sigma=\sigma'-aP\delta_{ij} \tag{6-8}$$

式中，σ 为应力；σ' 为有效应力；P 为平均孔隙压力，$P=SP_w$，S 为孔隙液饱和度，P_w 为孔隙液压力；δ_{ij} 为 Kronecker 张量符号；a 为 Biot 有效应力系数，可定义为 $a=1-E_b/E_s$，E_b 和 E_s 分别为多孔介质体系和骨架的体积弹性模量。

有效应力与应变的关系为：

$$\sigma'=H\varepsilon_e=H(\varepsilon-\varepsilon_{th}) \tag{6-9}$$

$$\varepsilon_{th}=\alpha_L(T-T_{ref}) \tag{6-10}$$

式中，H 为刚度矩阵；ε 为总应变；ε_e 为弹性应变；ε_{th} 为温度应变；α_L 为线膨胀系数；T 为

温度；T_{ref} 为 $\varepsilon_{th}=0$ 时的参考温度。

力学平衡微分方程为：

$$\nabla\cdot\sigma+F=0 \tag{6-11}$$

式中，F 为体力。

6.1.3　渗流场分析

充填体修正后的 Darcy 渗透方程可用压力形式表示为：

$$\rho_q S_s\frac{\partial p}{\partial t}+\nabla\cdot\left[-\frac{\mu}{\eta}\nabla\left(p+\rho_q g H_g+\frac{SP_0}{\mu}T\right)\right]=Q_H \tag{6-12}$$

式中：ρ_q 为流体密度；S_s 为储水系数；p 为渗透压力；t 为变化温度；μ 为渗透率；η 为水的黏滞系数[0.001 kg/(m·s)]；H_g 为重力水头高度；SP_0 为分凝势，其在温度低于冰点时为正，高于冰点为 0；T 为温度；Q_H 为渗流场的源或汇。

$$S_s=\rho g[\alpha(1-n)+\beta n] \tag{6-13}$$

式中，α 为充填体骨架压缩系数；β 为流体压缩系数；n 为介质孔隙率。

储水系数 S_s 表示流体压力水头下降(升高)一个单位时，多孔介质孔隙体积压缩(扩大)和流体体积膨胀(压缩)时，从单位多孔介质体积中释放(储存)的流体总体积，量纲为[L^{-1}]。从式(6-13)可以看出，当介质孔隙率发生变化时，储水系数也会随之变化。

$$\nabla\cdot\rho_q[k\cdot\nabla P]=\frac{\partial}{\partial x}\left(\rho_q\cdot k\frac{\partial P}{\partial x}\right)+\frac{\partial}{\partial y}\left(\rho_q\cdot k\frac{\partial P}{\partial y}\right)+\frac{\partial}{\partial z}\left(\rho_q\cdot k\frac{\partial P}{\partial z}\right) \tag{6-14}$$

根据以上分析，式(6-2)、式(6-11)、式(6-12)表达了尾砂充填体循环过程中温度场、应力场和渗流场耦合模型的非线性物理过程，也即是求解这一复杂多物理场应力、温度、水压力等物理量变化规律的完整方程组。水存在相变，造成各项物理量在冻结区和融化区不连续，因此本章主要通过引入 Heaviside 二阶阶跃平滑函数，使得各项物理参数在方程上有一致的表示形式。

Heaviside 函数为：

$$H(T-T_m,\Delta T)=\begin{cases}0 & 当\ T-T_m<-\Delta T\\ 1 & 当\ T-T_m>\Delta T\end{cases} \tag{6-15}$$

式中，T_m 为冻结面温度，在本章中取水的相变点温度，即为 0 ℃；ΔT 为步宽，本章取 $\Delta T=0.5$ ℃。

由于充填体存在冻结区、未冻区和冻结缘带，在移动界面 $s(t)$ 上必须满足连续条件和能量守恒条件，即

$$T_f=T_u(s(t),t)=T_m \tag{6-16}$$

$$k_f\frac{\partial T_f}{\partial\vec{n}}-k_u\frac{\partial T_u}{\partial\vec{n}}=\lambda\frac{ds(t)}{dt} \tag{6-17}$$

式中，下标“f”“u”表示冻结区和未冻区，$\vec{n}$ 表示法向向量。

对温度场还需满足边界条件：

$$T = T_a, \qquad \frac{\partial T}{\partial n} = A(T_a - T) \tag{6-18}$$

式中,T 为充填体温度;A 为常数;T_a 为环境温度。

初始条件:

$$T(x,y,z,t) = T_0(x,y,z,0) \tag{6-19}$$

对渗流场还需满足:

$$p = p_0 \tag{6-20}$$

$$-n \cdot \frac{k}{\eta} \nabla(p + \rho_f g H_g) = N \tag{6-21}$$

初始条件:

$$p(x,y,z,t) = p_0(x,y,z,0) \tag{6-22}$$

充填体在井下会受到多种物理场的影响,由于受到料浆内部(如胶结剂)的水化反应和外部如高寒高海拔的影响,充填体会表现出复杂的多物理场耦合的现象。本章建立的胶结充填体热-流-力耦合数学模型,用于在数值模拟软件中建立几何模型模拟实验室试验和某多金属矿体的力学行为。建立的多场耦合模型主要包括以下几个方面:

(1)热学过程。料浆充入采场之后,胶结剂与水发生水化反应产生热量,这部分热量会在充填体之间以及外界发生热传递现象,本章主要运用傅里叶定律和 COMSOL 内置的导热公式阐明热传递过程。在热传递过程中,充填体中的一些力学参数会随着温度的变化而发生改变,本章也阐述了充填体力学参数(如流体密度)与温度的关系变化。

(2)渗流过程。料浆中的水由于充填体水化反应后的密实过程挤出充填体,水在流动过程中,受到胶结剂水化反应热的影响,水的黏度等参数会发生改变,在本章中作出了介绍。

(3)力学过程。充填体中的总应力由有效应力以及水和空气的压力组成,本章对空气的密度和温度、总压力矢量等作出介绍,并基于 Drucker-Prager 屈服准则的演化屈服函数定义了初始屈服和荷载函数。充填体的力学过程受到热学过程和流体过程的双重影响,胶结剂水化反应放出的热量造成了充填体的热膨胀效应,而流体的流动带动了热量的分布,进而影响充填体的力学行为,最终充填体力学行为的改变又会反过来影响热学过程和流体过程,如充填体孔隙度的降低影响流体的流动,进而影响热量的分布,三场相互作用、相互影响,需要将三场进行耦合,达到模拟实际情况的充填体变化情况。

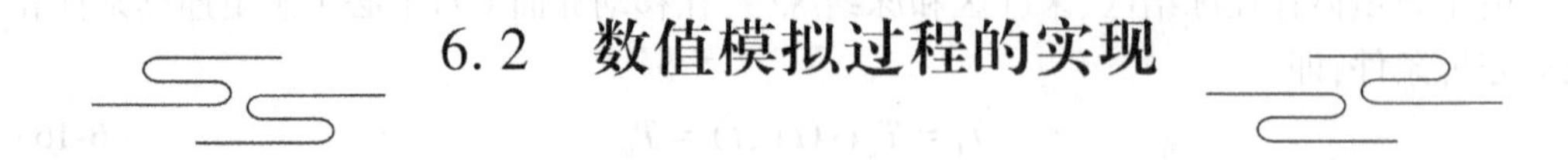

6.2　数值模拟过程的实现

6.2.1　模拟软件简介

由于 THM 耦合方程组既考虑了不同物理场的相互作用又是时间的物理函数,具有典型的非线性,一般需要用数值方法进行求解。近年来对这一问题求解的数值方法有很大进展,如连续模型的有限元法、离散化模型的分离元法及无网格伽辽金法等。本章采用专门针对偏微分方程组求解的有限元分析软件 COMSOL Multiphysics,该软件具有以下特征:

(1)它含有一些内嵌的经典物理模型,包括单物理场和多物理场模型,可以直接用于分析。

(2)其功能强大,最灵活的还是其偏微分方程组模式:系数形式、通式与弱形式。

(3)对于不同物理场中交叉耦合项的处理简单有效。一方面,在各物理场的偏微分方程中考虑了不同场的影响;另一方面,各物理场中的计算变量可以直接用于耦合关系的定义。

(4)该软件带有 Script 语言并兼容 MATIAB 语言,具有强大的二次开发功能,对于创新性理论研究尤为合适。

此外,COMSOL Multiphysics 还有强大的后处理功能,可以用多种方式来表达求解结果,如等势线、曲线、图像及动画等。

6.2.2 基本操作流程

(1)构思好需要仿真的模型,列出所需要的偏微分方程组,写出已知的参数和必要的边界条件。

(2)打开 COMSOL Multiphysics,选择合适的物理场,物理场的选择依据所采用的具体偏微分方程。

(3)由拟定仿真模型的尺寸设定好工作空间的大小。

(4)设定计算中所需的常数,即模型中的已知常数。

(5)利用工具条菜单和鼠标画出建模的几何图案。

(6)设定边界条件和各物理参数。

(7)网格的划分,选择好合适的网格大小按照菜单选项进行划分。

(8)求解计算。

(9)后处理。利用计算所得的基本物理变量来计算派生产生分析所需其他相关物理变量。

6.2.3 模拟过程

运用 COMSOL Multiphysics 进行充填体循环过程模拟包括以下几个步骤:

(1)选择分析模块。

模拟充填体循环过程选择的模块有固体力学模块(3-D)、热传模块和达西定律模块。

(2)建立几何模型。

本书采用的有限元分析对象为圆柱体模块(充填体试件):5 cm×10 cm(见图 6-2)。将模型计算结果与抗压强度试验结果作比较,用于验证本数值模拟方法的合理性。

(3)模拟参数设置。

模型所需主要参数设置如表 6-1 所示。

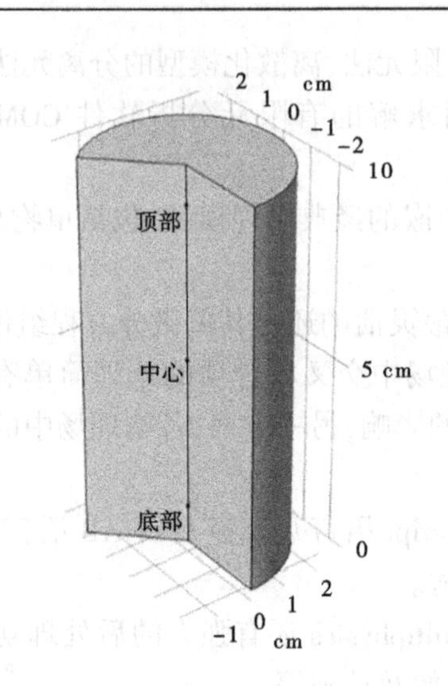

图 6-2　试块几何模型

表 6-1　数值模拟参数

名称	数值	名称	数值
充填体密度/(g/cm^3)	2.4	Biot 系数	0.46
水密度/(g/cm^3)	1	充填体导热系数/[W/(m·K)]	2.8
冰密度/(g/cm^3)	0.916	水导热系数/[W/(m·K)]	0.55
冰点/℃	0	冰导热系数/[W/(m·K)]	2.2
泊松比	0.25	充填体比热容/[J/(g·K)]	1.2
充填体骨架弹性模量/MPa	变量	水比热容/[J/(g·K)]	4.2
充填体孔隙率	试验测定	冰比热容/[J/(g·K)]	2.1
充填体膨胀系数/(1/K)	4.4×10^{-6}	水相变潜热/(J/g)	333.5
冰膨胀系数/(1/K)	5.2×10^{-5}	冰水界面张力系数/(N/m)	3.9×10^{-2}
渗透率/(m/s)	变量	初始温度/℃	20

试件弹性模量 E 与孔隙骨架弹性模量 E_s 和孔隙率 q 有以下关系：

$$E = E_s(1-q)^3 \tag{6-23}$$

充填体渗透系数 K_p 与孔隙率 q 有以下关系：

$$K_p = 3.55q^{3.6} \times 10^{-18} \tag{6-24}$$

(4)物理场设置。

应力场底部边界为固定约束，其余边界均为自由边界。渗流场底部边界为无流动边界，其余边界为标准大气压。温度场底部边界依据试验条件设定。

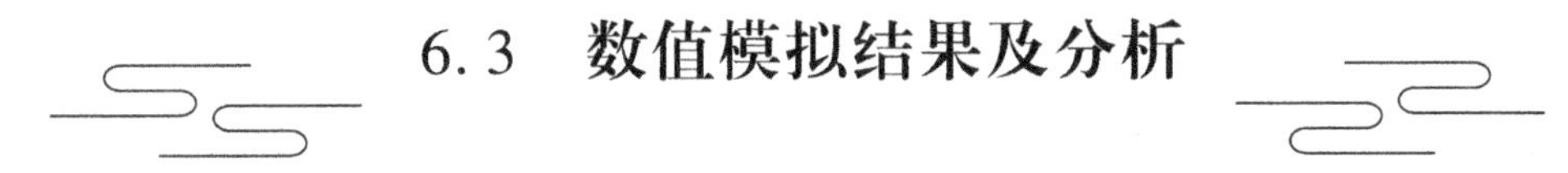

6.3　数值模拟结果及分析

全尾砂充填体温度循环过程中受到不同条件的影响，其温度、应力及渗透系数都在发生变化，对不同的变化条件进行数值模拟，探究充填体温度循环过程中在多场耦合影响下的物理量变化情况。

6.3.1　模拟验证

选取不同养护龄期下循环0次(0 h)、5次(120 h)、10次(240 h)、15次(360 h)和20次(480 h)节点的模型分别进行单轴抗压强度模拟，并与试验结果进行对比，验证模拟方法的有效性。图6-3中图例3-5-0表示养护龄期为3 d，温度为-5 ℃，循环0次，其余编号以此类推。

(1)养护龄期为3 d时(见图6-3)。

从图6-3可以看出，不同冻结温度和循环次数的全尾砂充填体应力-应变曲线趋势相近，在开始阶段应力-应变曲线呈线性增加，此时充填体处于线弹性阶段，随着循环次数的增加，应变增长速度加快，应力增长变缓，此时充填体处于蠕变阶段。此外，不同的冻结温度下，循环次数相同时达到相同的应变所需的应力也不一样，应力越大表明此时充填体越坚固，稳定性越好。冻结温度为-5 ℃时，达到同样的应变所需应力，循环次数依次为5次、10次、0次、20次、15次；冻结温度为-10 ℃时，达到同样的应变所需应力，循环次数依次为5次、0次、10次、15次、20次；冻结温度为-15 ℃时，达到同样的应变所需应力，循环次数依次为5次、0次、10次、15次、20次。造成这种结果的原因是养护龄期为3 d的充填体内部有大量的水化反应原料，在充填体融化时，水化反应进行比较剧烈，生成的水化反应产物填充在充填体裂隙中，此时水化反应对充填体的影响程度大于温度循环对其的破坏程度，所以在最初阶段其应力-应变曲线较高，但是随着循环的进行，循环对其破坏程度逐渐累积，使得循环的破坏程度大于水化反应对其愈合程度。这与3.3节中单轴抗压强度的实验室试验分析基本一致。

(2)养护龄期为7 d(见图6-4)。

从图6-4可以看出，养护龄期为7 d的充填体应力-应变曲线与养护龄期为3 d时的应力-应变曲线趋势相近，都是在开始阶段呈弹性形变，经过一段时间后呈蠕变特征，不同的是从弹性形变到蠕变过渡阶段对应的应力，养护龄期为7 d的充填体比养护3 d时的大。在不同冻结温度下，达到同样的应变所对应循环次数相同，依次为0次、5次、10次、15次、20次。这是因为经过一段时间的水化反应，水化反应消耗了大量的水分，冰晶膨胀

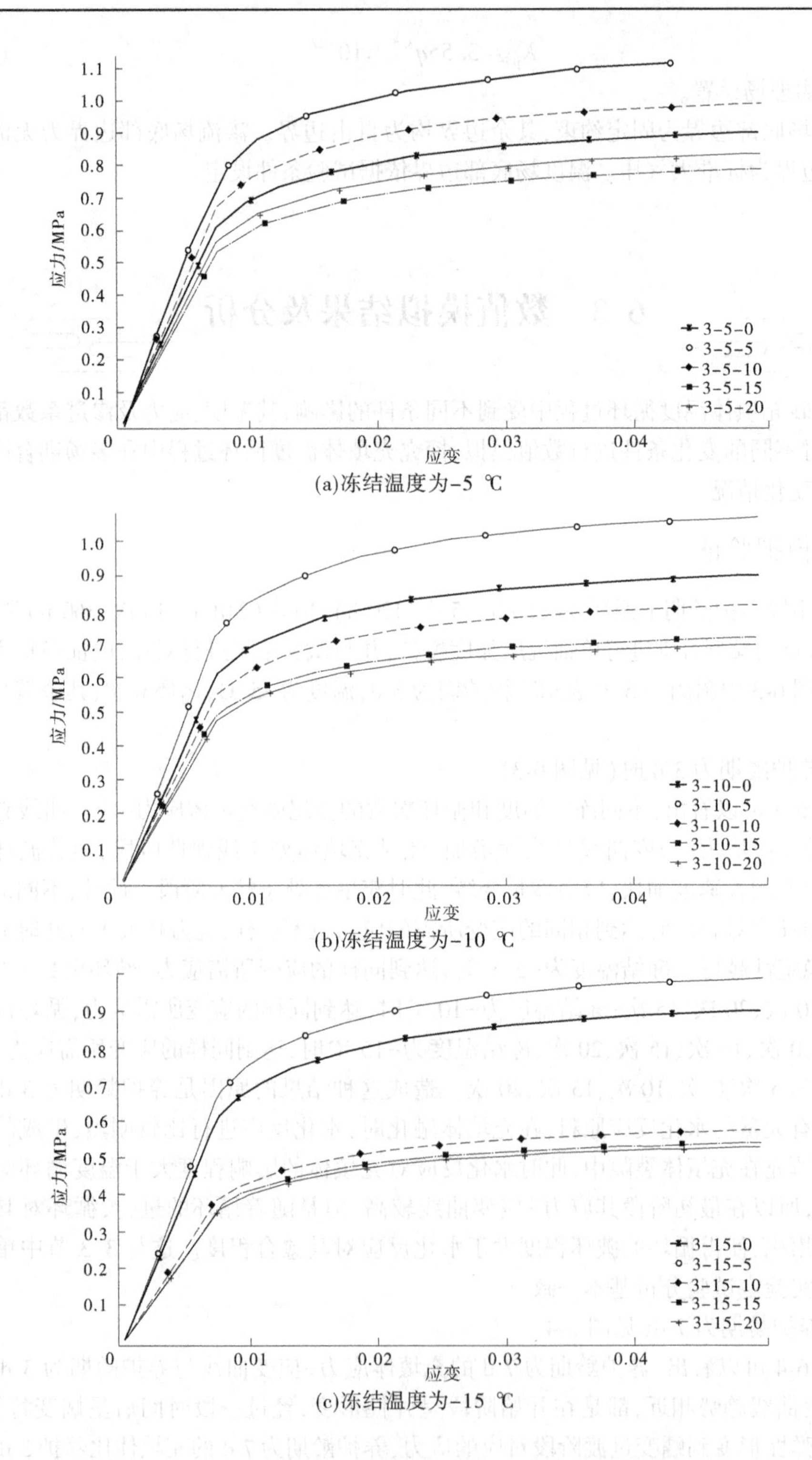

(a)冻结温度为-5 ℃

(b)冻结温度为-10 ℃

(c)冻结温度为-15 ℃

图 6-3　养护龄期为 3 d 的充填体在不同冻结温度下经历不同循环次数时的应力-应变曲线

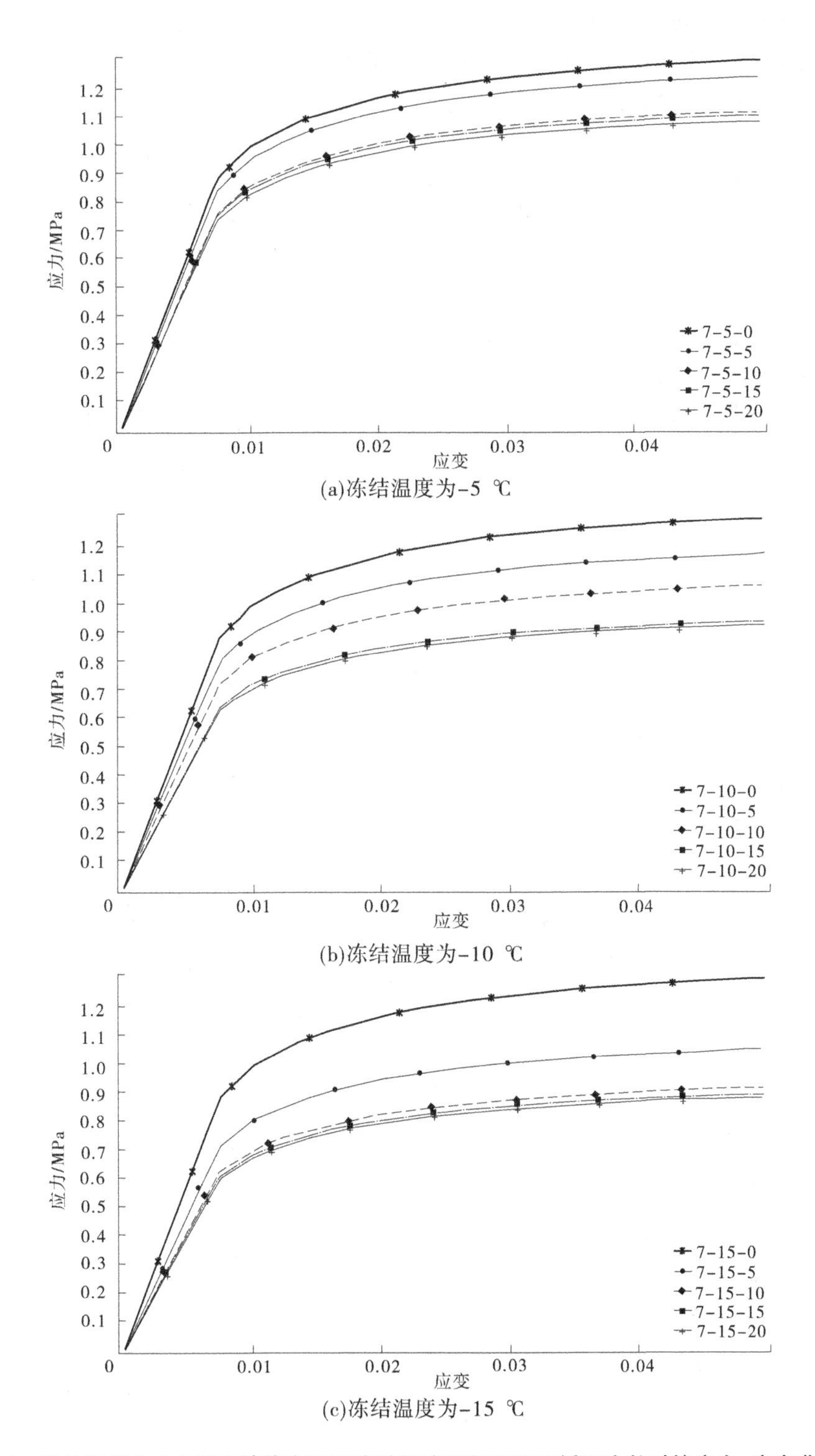

(a)冻结温度为-5 ℃

(b)冻结温度为-10 ℃

(c)冻结温度为-15 ℃

图6-4　养护龄期为7 d的充填体在不同冻结温度下经历不同循环次数时的应力-应变曲线

对充填体的损伤程度已经没有养护龄期为 3 d 时大，并且充填体内部已经形成较为稳定的骨架结构，在一定程度上可以抵御循环对其的破坏。

(3)养护龄期为 28 d(见图 6-5)。

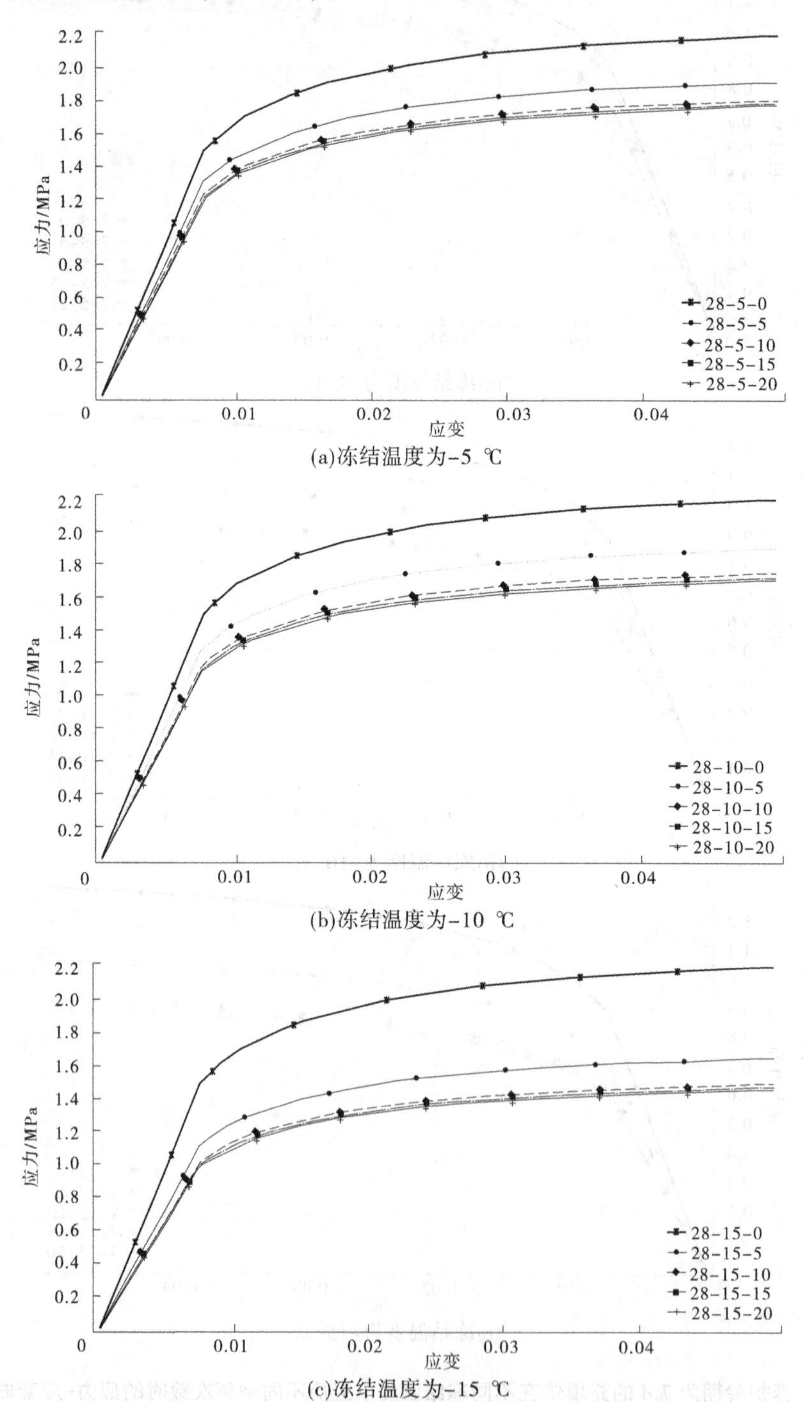

(a)冻结温度为-5 ℃

(b)冻结温度为-10 ℃

(c)冻结温度为-15 ℃

图 6-5　养护龄期为 28 d 的充填体在不同冻结温度下经历不同循环次数时的应力-应变曲线

从图6-5可以看出,养护龄期为28 d的充填体不同冻结温度的应力-应变曲线趋势相近,并且与养护7 d的充填体类似,不同的是弹性阶段至蠕变阶段变化处对应的应力比养护7 d的充填体大,这是由于养护28 d的充填体水化反应已经基本结束,充填体剩余的水分已经很少,内部生成了大量的水化产物填充在孔隙中,使其更加致密,生成的C-S-H等凝胶附着在尾砂颗粒表面使其形成了稳定的骨架结构,可以在更大程度上抵御循环对其造成的破坏。在不同的冻结温度下达到同样的应变所需循环次数相同,分别为0次、5次、10次、15次、20次,这与养护龄期为7 d的充填体变化规律一样。

6.3.2　温度分析

由于循环过程中水相不断发生变化,冰与水的比例不断改变,导致充填体中的饱和度不断变化,对不同冻结温度下的全尾砂充填体进行模拟分析。

6.3.2.1　冻结温度为-5 ℃时不同养护龄期的充填体温度变化特性

对养护龄期为3 d、7 d和28 d的全尾砂充填体进行温度为-5 ℃条件下的温度循环模拟试验,以开始冻结前12 h为0点,每2 h取一个节点并截图,模拟结果如图6-6~图6-8所示。

(1)养护龄期为3 d的全尾砂充填体温度随温度循环的变化。

图6-6表示养护龄期为3 d时全尾砂充填体温度在冻结温度为-5 ℃条件下一个循环周期的变化过程。从图6-6中可以看出,充填体温度随着循环的进行在室温20~-5 ℃周期性变化。在冻结阶段,充填体中心处温度降低速率没有表面处温度降低快,而融化阶段中心处温度没有表面处升高快。原因是充填体的水化反应是一个放热过程,在冻结初始阶段,中心处积蓄了大量的热量,而充填体是热的不良导体,与外界进行热量传递需要一定的时间;在融化阶段由于中心处处于冷冻状态,水化反应不明显,表面处容易受到外界影响而达到快速水化反应的临界温度,水化反应的进行加速了表面处热量的聚集,而充填体从外到内的温度传递也需要一定的时间,所以内部温度变化没有表面温度变化快。

(2)养护龄期为7 d的全尾砂充填体温度随循环的变化。

图6-7表示养护龄期为7 d的全尾砂充填体在温度为-5 ℃条件下一个循环周期内的温度变化情况。从图6-7中可以看出,养护龄期为7 d的全尾砂充填体温度的变化过程与养护龄期为3 d时的变化情况类似,不同的是养护7 d的充填体在冷冻阶段内部温度下降速度没有养护3 d的充填体快,这是因为养护7 d的充填体体内聚集了更多的热量,在冻结过程中达到环境温度需要的时间更长。在融化阶段养护7 d的充填体温度升高速度比养护3 d的充填体快,这是因为养护7 d的充填体经过一段时间的水化反应消耗的水分比养护3 d的充填体多,所以此时充填体中的水分比养护3 d的充填体中少,水分的减少加速了充填体内部和外部的热交换。

(3)养护龄期为28 d的全尾砂充填体温度的变化。

图6-8表示养护龄期为28 d的全尾砂充填体温度在冻结温度为-5 ℃条件下一个循环周期内的变化过程。从图6-8中可以看出,在冻结阶段,养护28 d的充填体温度比养护3 d和7 d的充填体温度降低速度快,这是因为充填体养护28 d后其体内的水化反应已经基本结束,一方面内部热量已经基本耗散,另一方面此时充填体内的水分剩余较少,众所

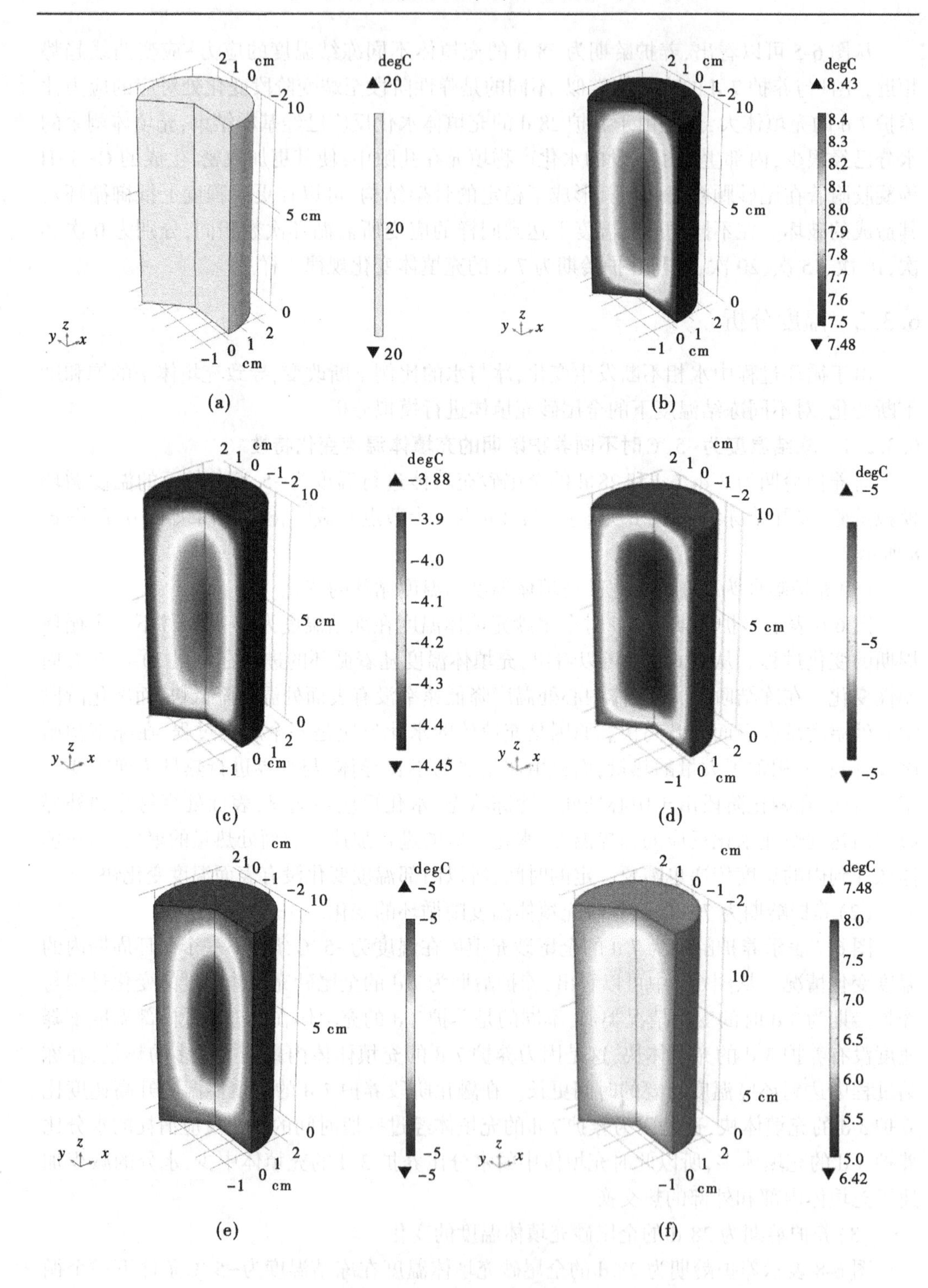

图 6-6　冻结温度为−5 ℃养护 3 d 时充填体温度变化过程

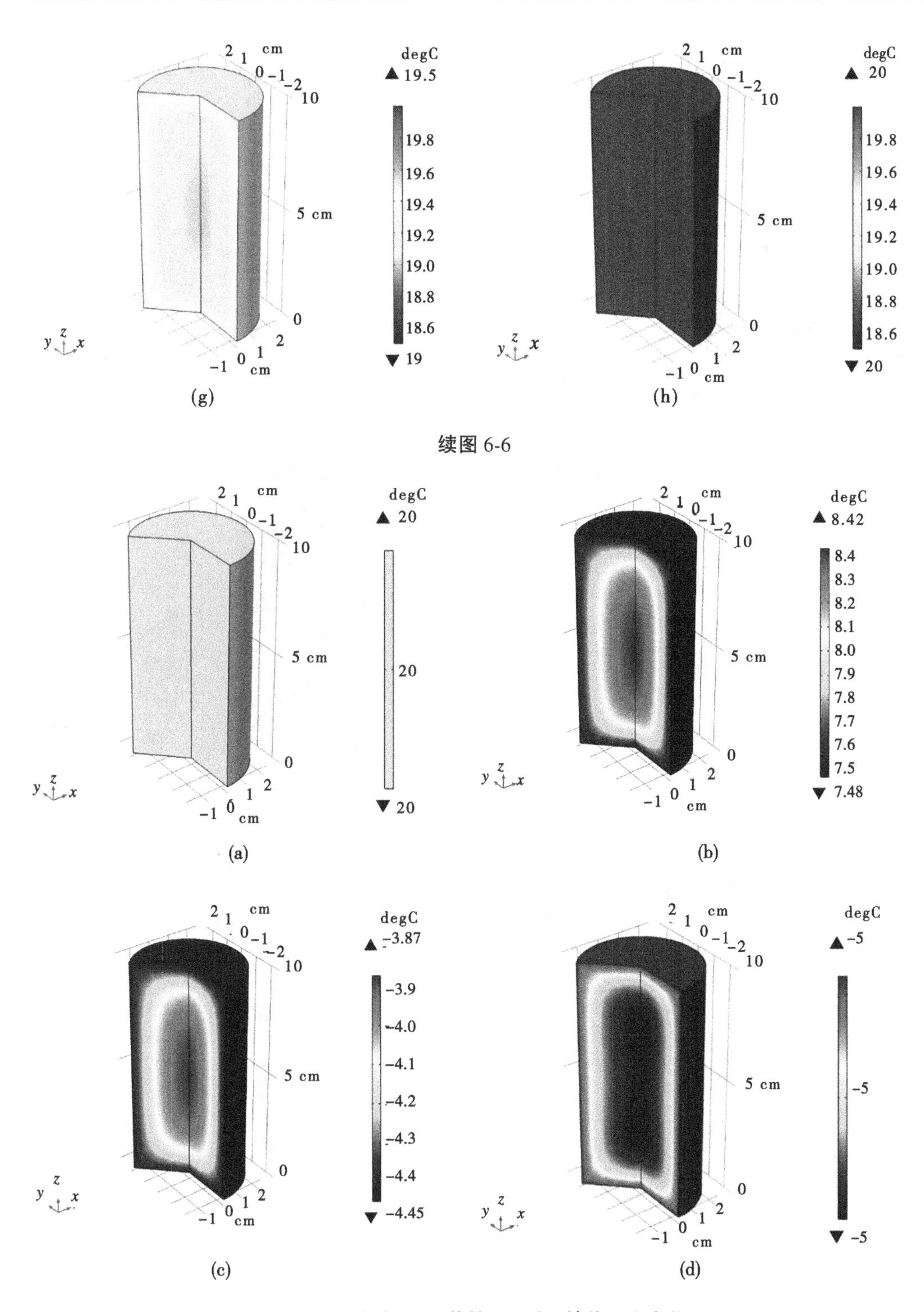

续图 6-6

图 6-7　温度为-5 ℃养护 7 d 时充填体温度变化

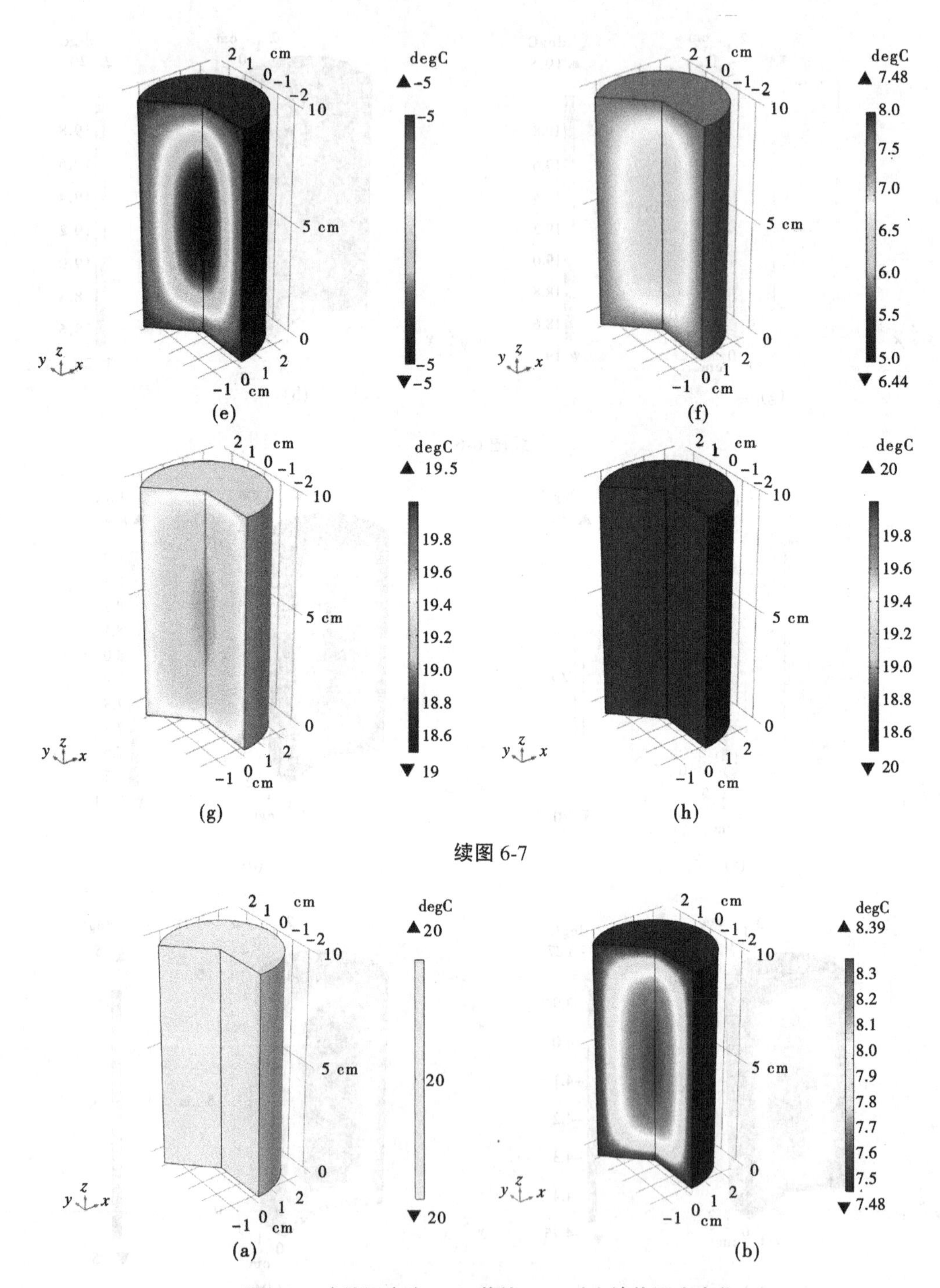

续图 6-7

图 6-8　冻结温度为-5 ℃养护 28 d 时充填体温度变化

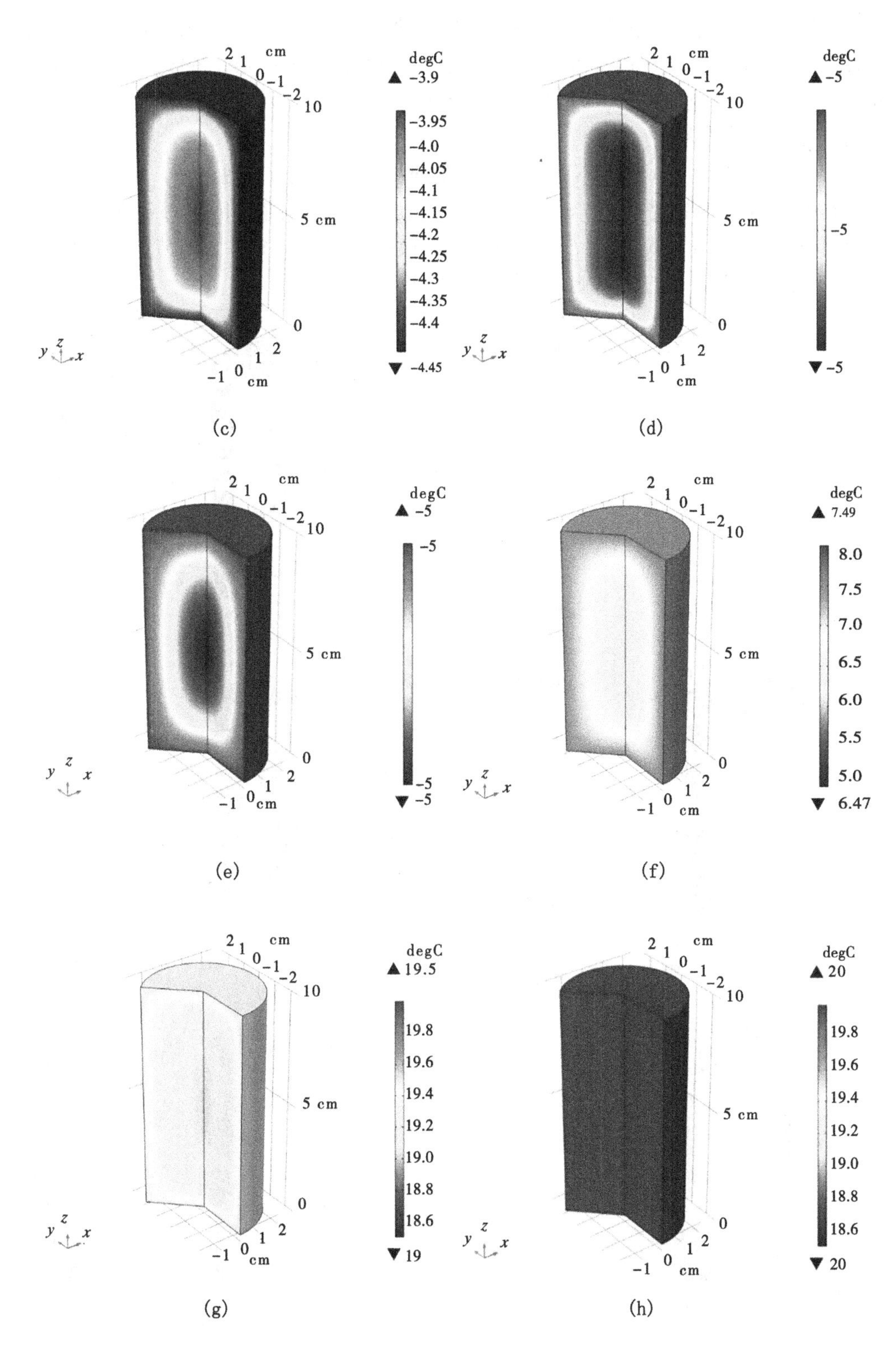

degC
▲ -3.9
-3.95
-4.0
-4.05
-4.1
-4.15
-4.2
-4.25
-4.3
-4.35
-4.4
▼ -4.45
5 cm
cm
(c)
degC
▲ -5
-5
▼ -5
5 cm
cm
(d)
degC
▲ -5
-5
-5
▼ -5
5 cm
cm
(e)
degC
▲ 7.49
8.0
7.5
7.0
6.5
6.0
5.5
5.0
▼ 6.47
5 cm
cm
(f)
degC
▲ 19.5
19.8
19.6
19.4
19.2
19.0
18.8
18.6
▼ 19
5 cm
cm
(g)
degC
▲ 20
19.8
19.6
19.4
19.2
19.0
18.8
18.6
▼ 20
5 cm
cm
(h)

续图 6-8

周知,水的结冰过程是一个放热过程,水分的减少加速了充填体内部和外界环境的热交换,所以养护 28 d 的充填体内部温度降低较快。在融化阶段养护 28 d 的充填体升温速度比养护 3 d 和 7 d 的充填体快,这也是因为此时充填体中的水分较少,充填体内部与外界环境的热交换速度较大。

6.3.2.2　冻结温度为-10 ℃时不同养护龄期的充填体温度变化特性

图 6-9~图 6-11 分别是养护 3 d、7 d 和 28 d 的全尾砂充填体在-10 ℃冷冻条件下一个循环周期内温度的变化情况。与-5 ℃的冻结温度模拟一样,初始条件为冻结开始前 12 h。

(1)养护龄期为 3 d 的全尾砂充填体温度的变化。

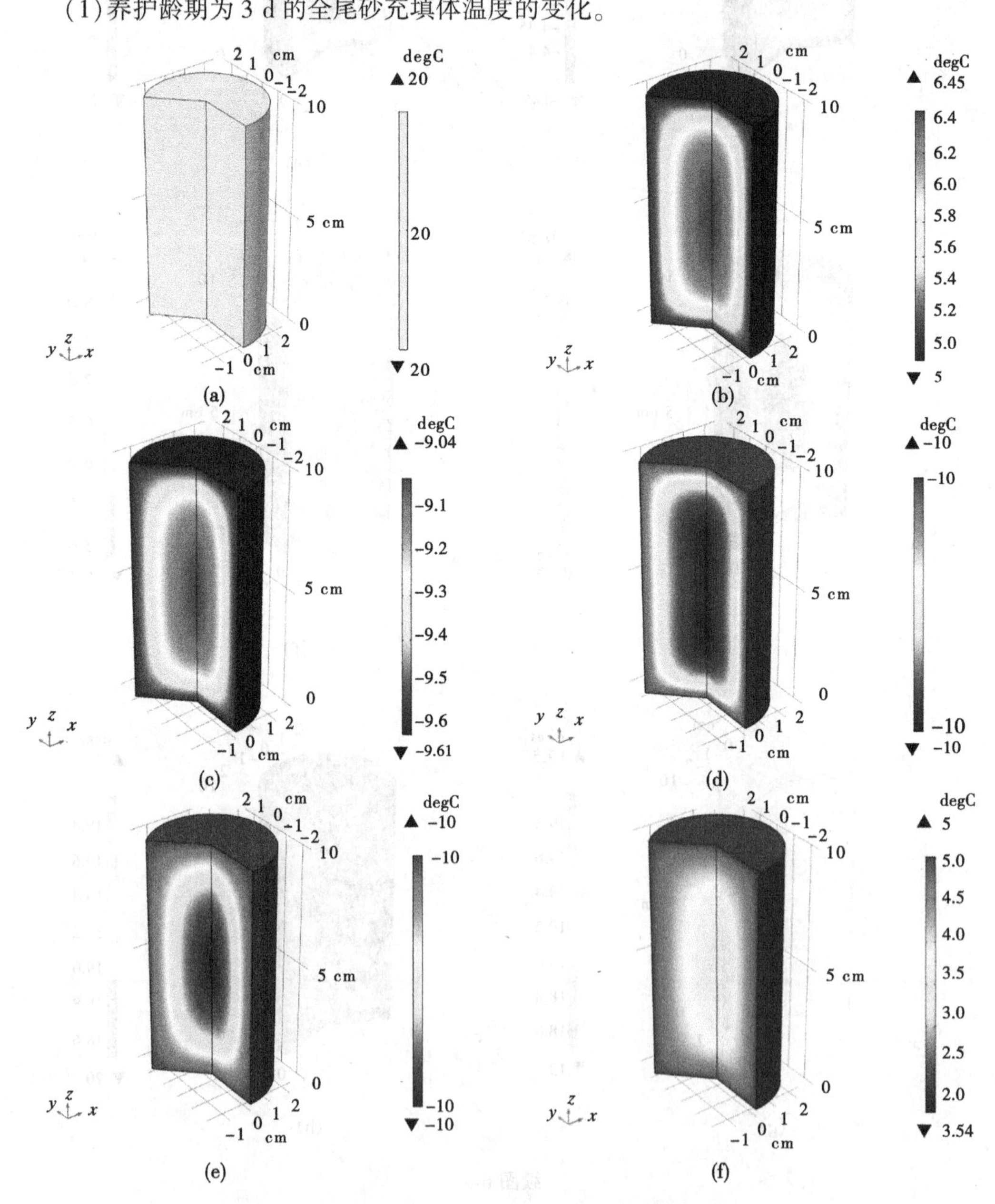

图 6-9　冻结温度为-10 ℃养护 3 d 时充填体温度变化

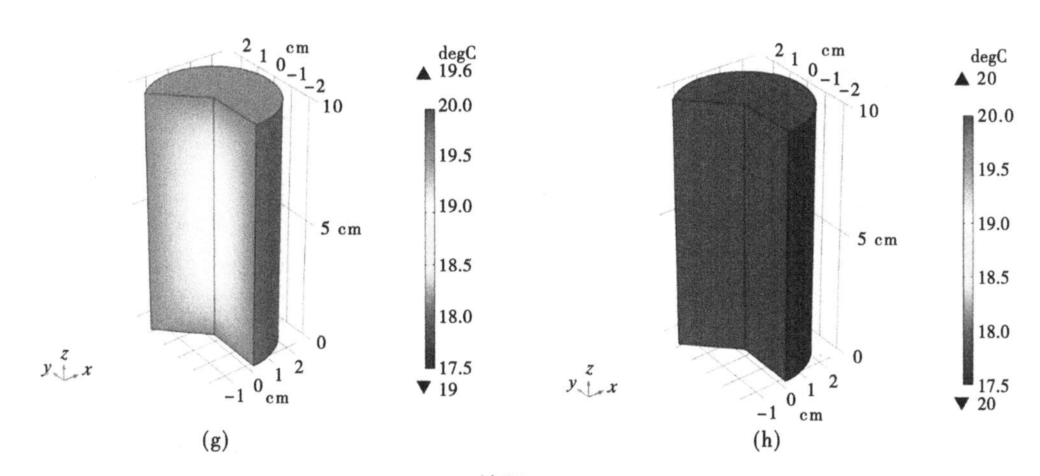

续图 6-9

(2)养护龄期为7 d的全尾砂充填体温度的变化。

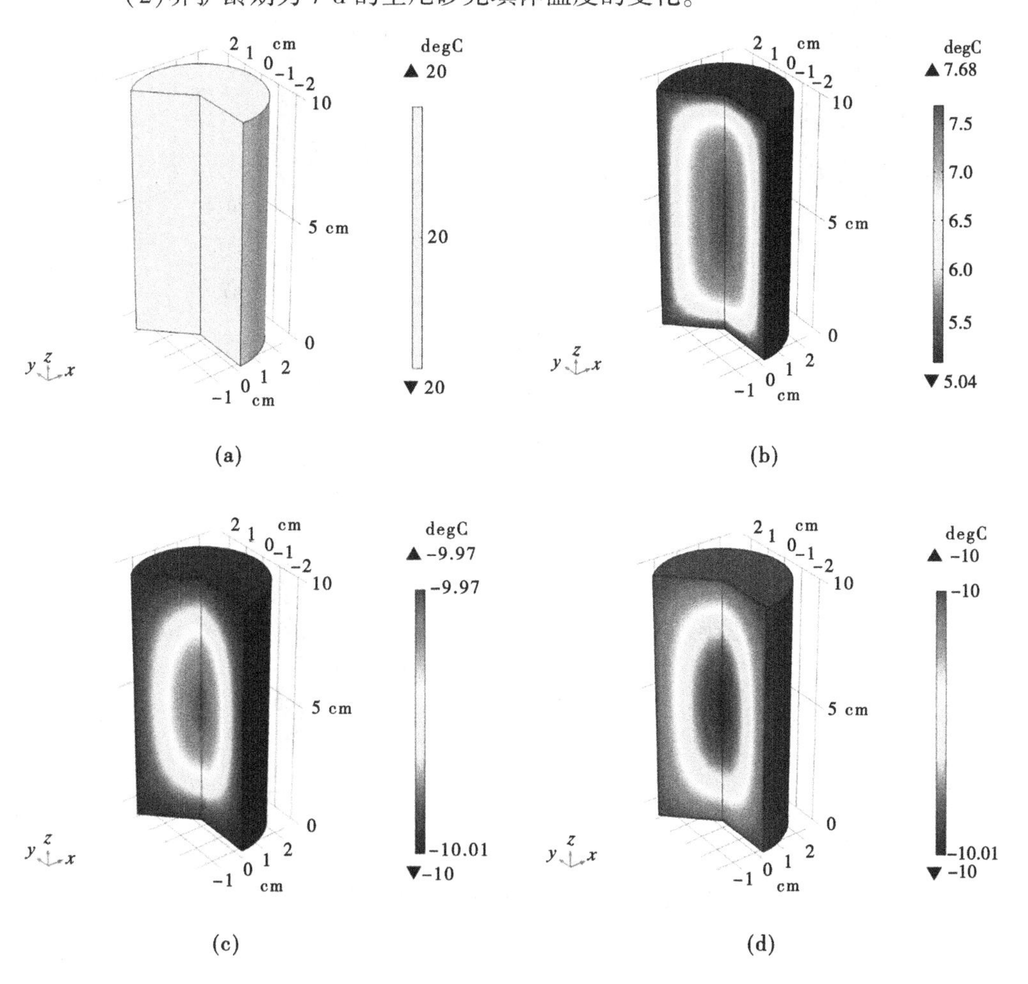

图 6-10　冻结温度为-10 ℃养护7 d时充填体温度变化

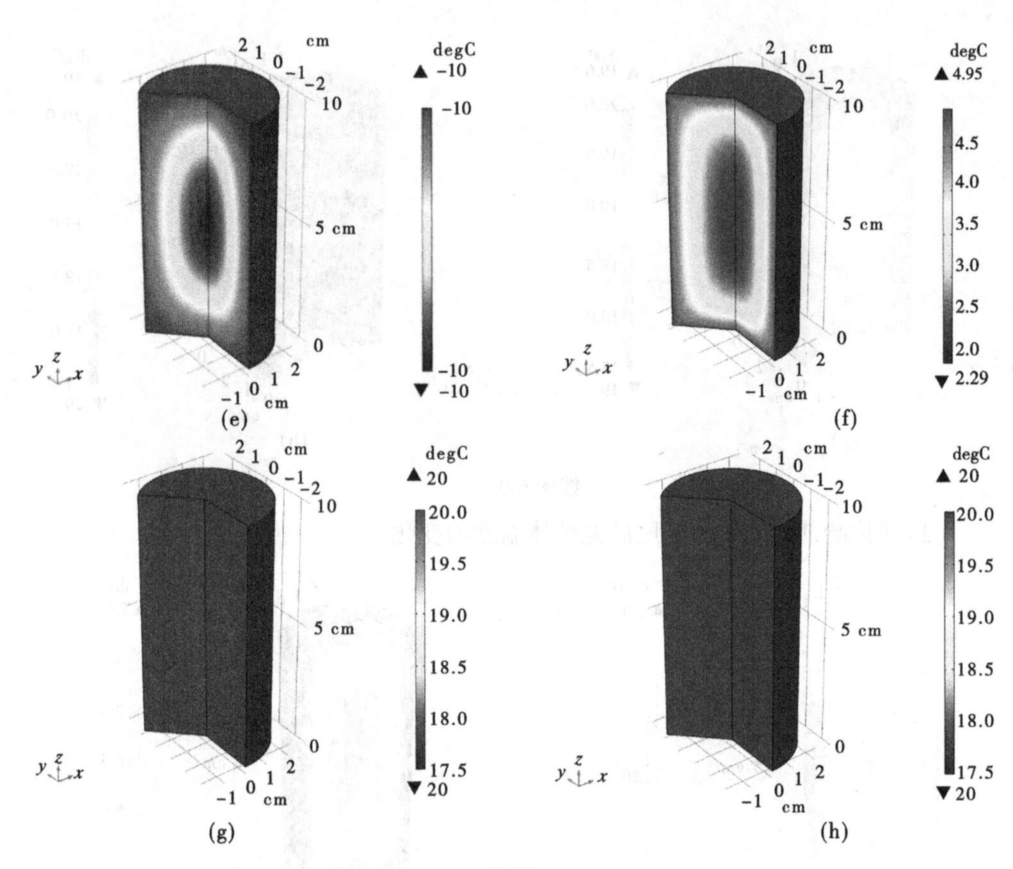

续图 6-10

(3)养护龄期为 28 d 的全尾砂充填体温度的变化。

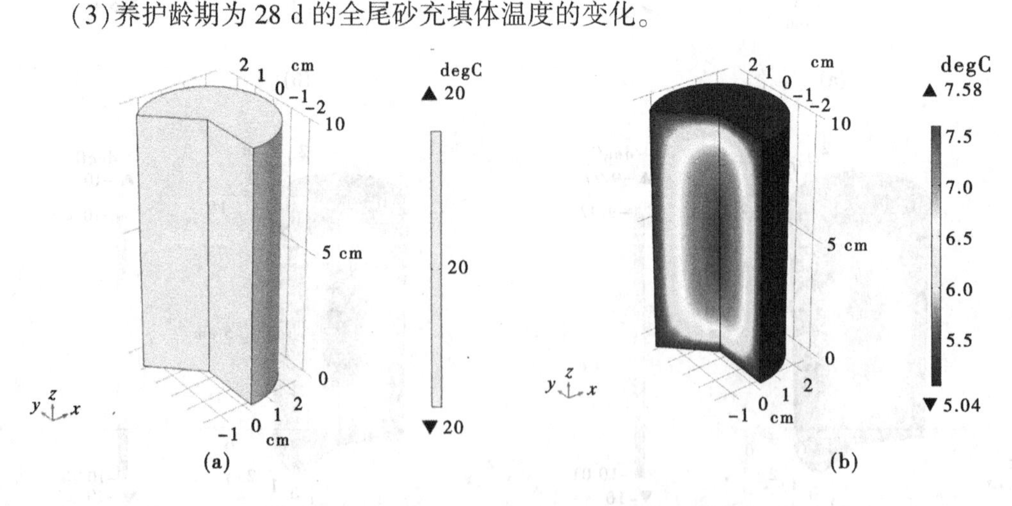

图 6-11　冻结温度为-10 ℃养护 28 d 时充填体温度变化

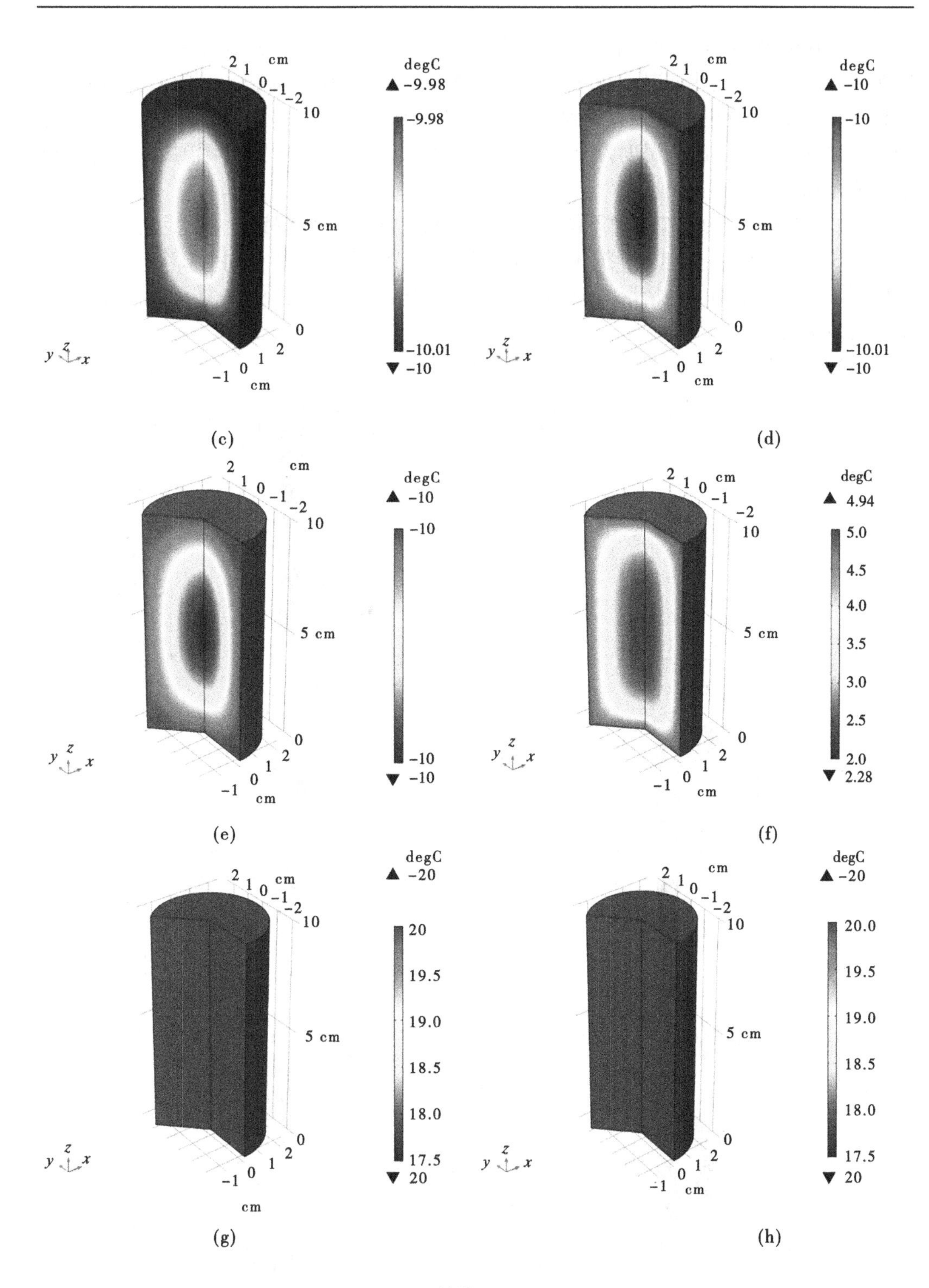

degC
▲ -9.98
-9.98
-10.01
▼ -10
5 cm
cm
(c)
degC
▲ -10
-10
-10.01
▼ -10
(d)
degC
▲ -10
-10
-10
▼ -10
(e)
degC
▲ 4.94
5.0
4.5
4.0
3.5
3.0
2.5
2.0
▼ 2.28
(f)
degC
▲ -20
20
19.5
19.0
18.5
18.0
17.5
▼ 20
(g)
degC
▲ -20
20.0
19.5
19.0
18.5
18.0
17.5
▼ 20
(h)

续图 6-11

从图 6-9～图 6-11 中可以看出，冻结温度为-10 ℃时不同养护龄期的全尾砂充填体温度在循环过程中的变化情况和在冻结温度为-5 ℃时类似，在冻结阶段充填体温度逐渐降低到环境温度，融化阶段逐渐升温到室温。不同的是同时期内充填体温度在冻结温度为-10 ℃时下降程度比冻结温度为-5 ℃时下降程度大，这是因为外界环境温度的降低加速了充填体和外界的热量交换。

6.3.2.3　冻结温度为-15 ℃时不同养护龄期的充填体温度变化特性

图 6-12～图 6-14 分别是养护 3 d、7 d 和 28 d 的全尾砂充填体在-15 ℃冷冻条件下一个循环周期内温度的变化情况。与-5 ℃和-10 ℃冻结温度时的模拟一样，初始条件为冻结开始前 12 h。

(1)养护龄期为 3 d 的全尾砂充填体温度的变化。

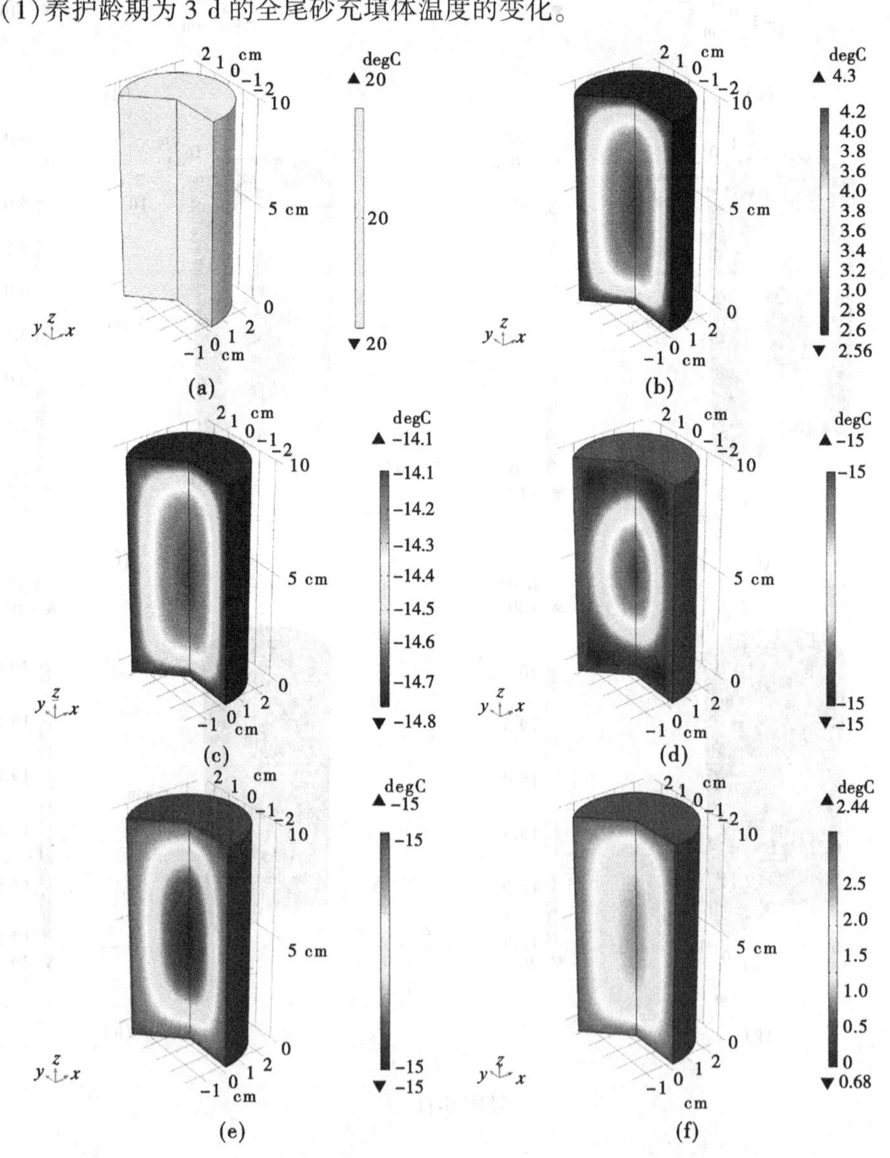

图 6-12　冻结温度为-15 ℃养护 3 d 时充填体温度变化

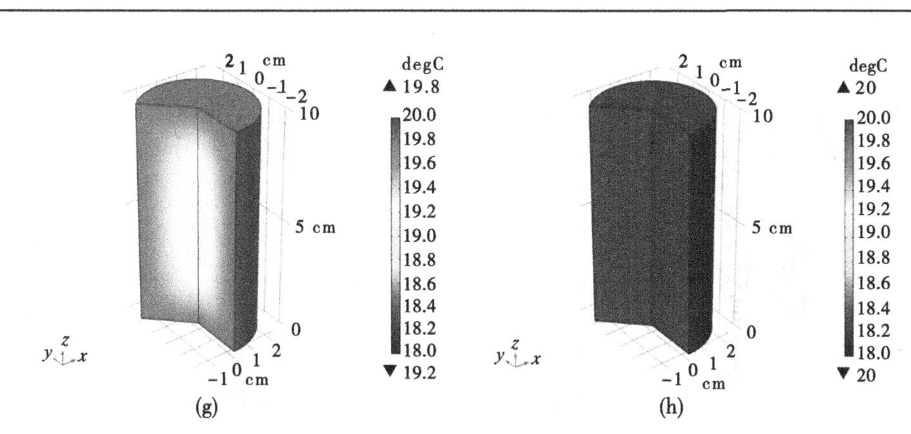

(g)　(h)

续图 6-12

(2)养护龄期为 7 d 的全尾砂充填体温度的变化。

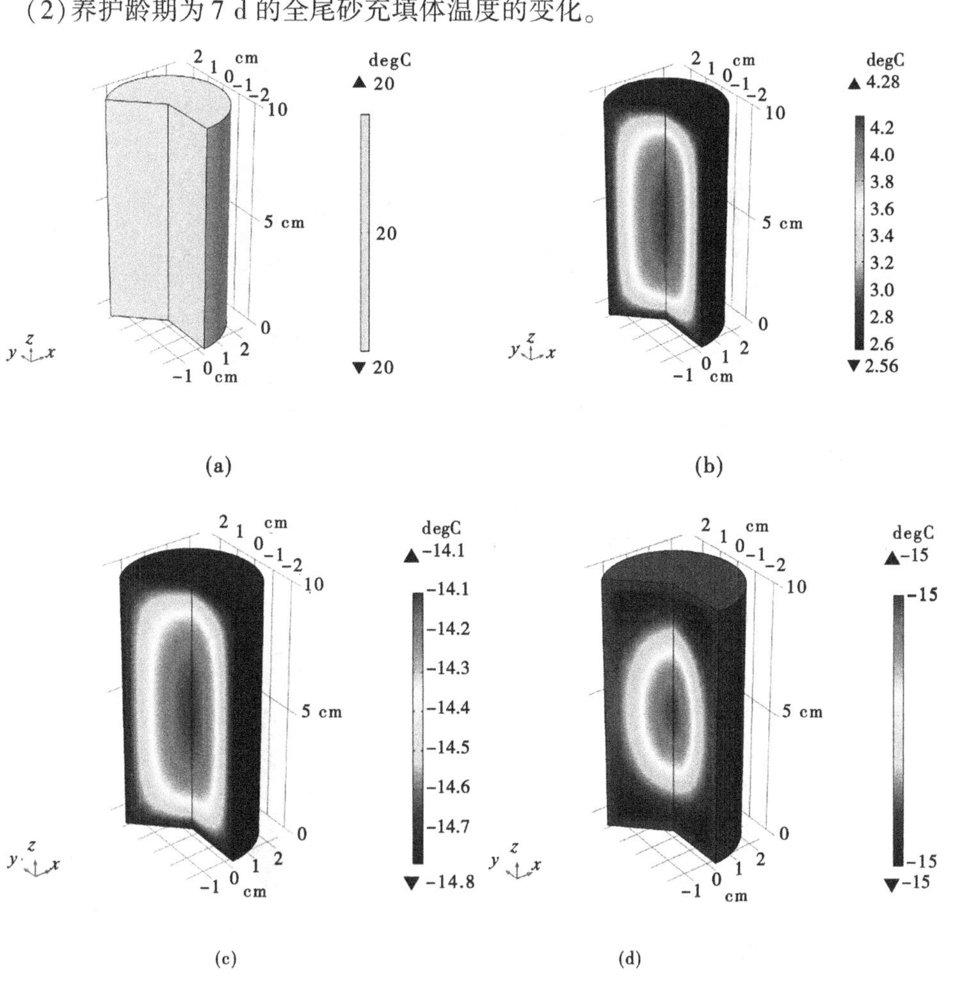

图 6-13　冻结温度为-15 ℃养护 7 d 时充填体温度变化

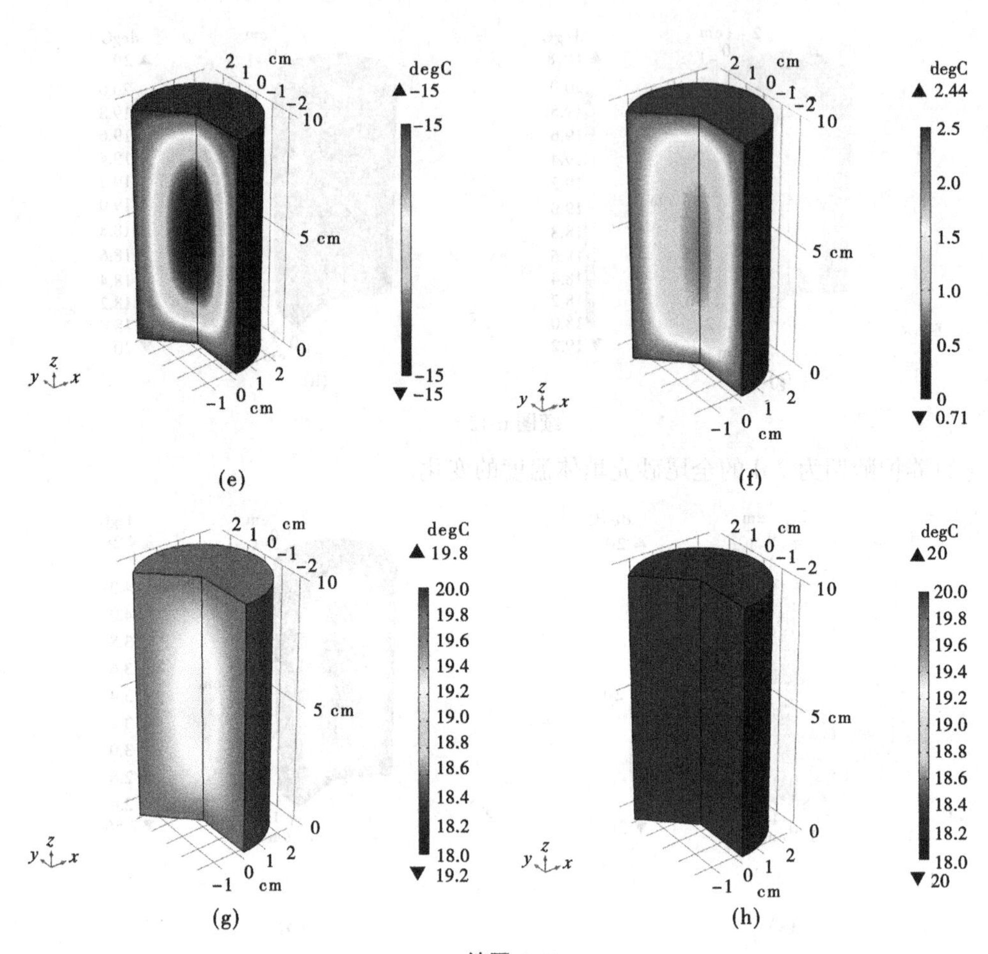

续图 6-13

(3)养护龄期为 28 d 的全尾砂充填体温度的变化。

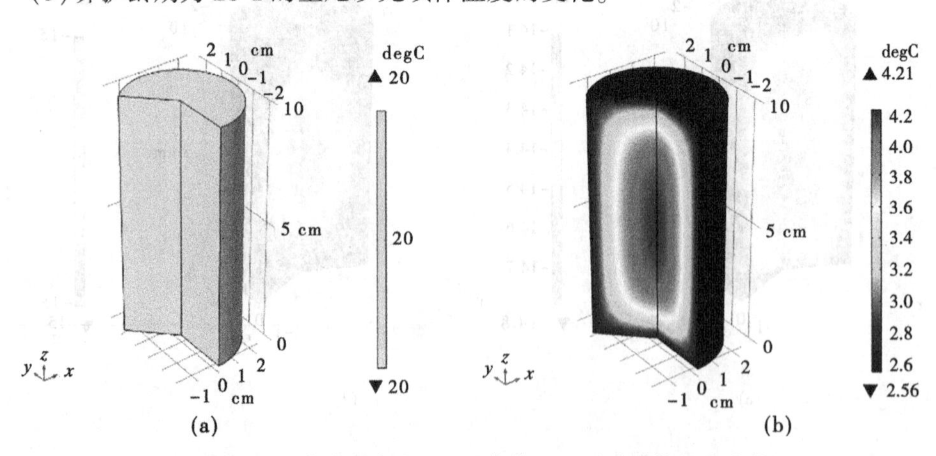

图 6-14　冻结温度为-15 ℃养护 28 d 时充填体温度变化

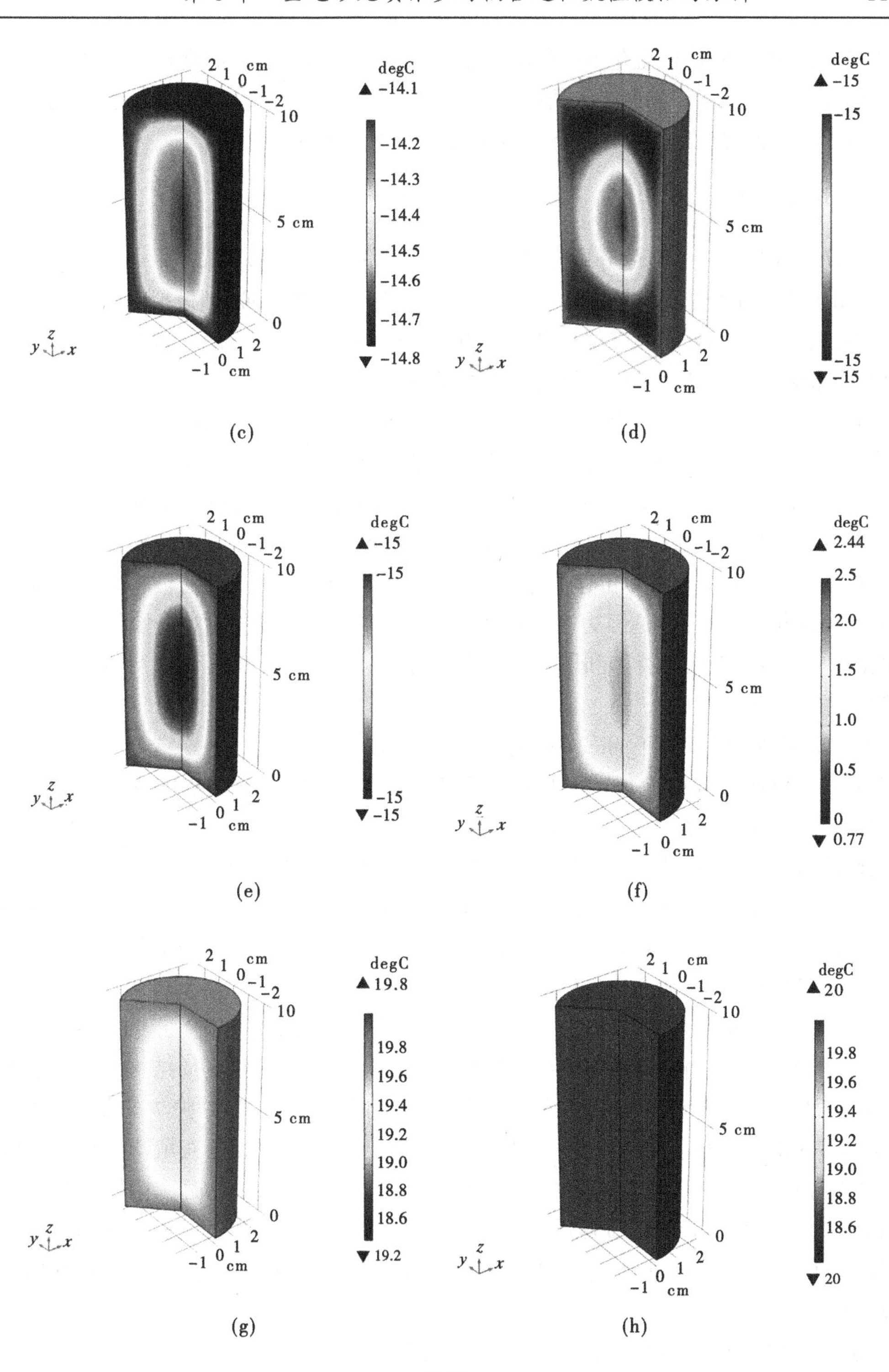

(c)　(d)

(e)　(f)

(g)　(h)

续图 6-14

从图 6-12～图 6-14 中可以看出，冻结温度为-15 ℃时不同养护龄期的全尾砂充填体温度在循环过程中的变化情况和在冻结温度为-5 ℃和-10 ℃时类似，在冻结阶段充填体温度逐渐降低到环境温度,融化阶段逐渐升温到室温。不同的是同时期内充填体温度在冻结温度为-15 ℃时下降程度比冻结温度为-5 ℃和-10 ℃时下降程度都要大,这也是因为外界环境温度的降低加速了充填体和环境温度的热量交换。

6.3.3 应力分析

对全尾砂充填体应力场的分析通过不同条件下充填体的位移量来表征。对养护龄期为 3 d、7 d 和 28 d 的充填体进行不同冻结温度下的 20 次循环模拟,即模拟时间为 480 h,并对充填体顶部、中心处和底部位移进行监测,模拟结果如图 6-15~图 6-17 所示。

(1)养护龄期为 3 d 时不同冻结温度下经历 20 次循环。

图 6-15 为养护 3 d 的全尾砂充填体循环 20 次时位移随循环次数的变化情况。从图 6-15 中可以看出,随着循环次数的增加,各个冻结温度下的充填体总位移量变化趋势相似,经过 120 h 的模拟,即循环 5 次之后充填体顶部、中心处和底部位移都开始呈线性增加。同时可以看出经过 20 次循环后,冻结温度为-5 ℃的充填体各处的位移量比冻结温度为-10 ℃和-15 ℃的充填体位移量小,而冻结温度为-10 ℃时各处的位移量与冻结温度为-15 ℃时相差不大,这是因为温度降低到-10 ℃以后,冻结温度对充填体的温度传导、水化反应影响以及内部骨架和尾砂颗粒之间的重新排列影响差别不大,导致此时充填体位移量的变化规律相似。

(2)养护龄期为 7 d 时不同冻结温度下经历 20 次循环。

图 6-16 为养护 7 d 的全尾砂充填体循环 20 次的位移随循环次数的变化情况。从图 6-16 中可以看出,随着循环次数的增加,各个冻结温度下的充填体总位移量变化相似,在开始阶段都有一个缓慢降低的趋势,之后随着循环次数的增加,充填体顶部、中心处和底部位移都开始呈上升趋势,达到一定值之后位移量趋于稳定。这是因为经过 7 d 的养护,充填体内部已经形成一定的稳定结构,温度降低,充填体收缩导致位移量减小,然而随着循环次数的增加,充填体的损伤累积逐渐显现出来,循环加深了内部裂隙的发育,最终导致充填体位移量增大。还可以看出各个冻结温度下的充填体在达到一定的循环次数后位移量趋于稳定,这是由于充填体内部尾砂颗粒重新排列形成了稳定的结构。需要说明的是,对比图 6-16(a)和图 6-16(b),在相同冻结温度和循环次数下,养护 7 d 的充填体位移量比养护 3 d 的充填体位移量小一个数量级,这是因为养护 3 d 的充填体内部水分较多,温度循环造成充填体内有更多的冰晶形成和融化,从而加大了此时充填体的孔隙发育,同时增加了充填体各处的位移量。而养护 7 d 的充填体由于经过一段时间的水化反应,消耗了大量的水分,并且此时充填体已经形成了稳定的骨架结构,温度循环对其损伤相对较小。

(3)养护龄期为 28 d 时不同冻结温度下经历 20 次循环。

图 6-17 为养护 28 d 的全尾砂充填体循环 20 次的位移随循环次数的变化情况。从图 6-17 中可以看出,随着循环次数的增加,各个冻结温度下的充填体总位移量变化相似,随着循环次数的增加,充填体顶部、中心处和底部位移都呈上升趋势,到达一定值之后位

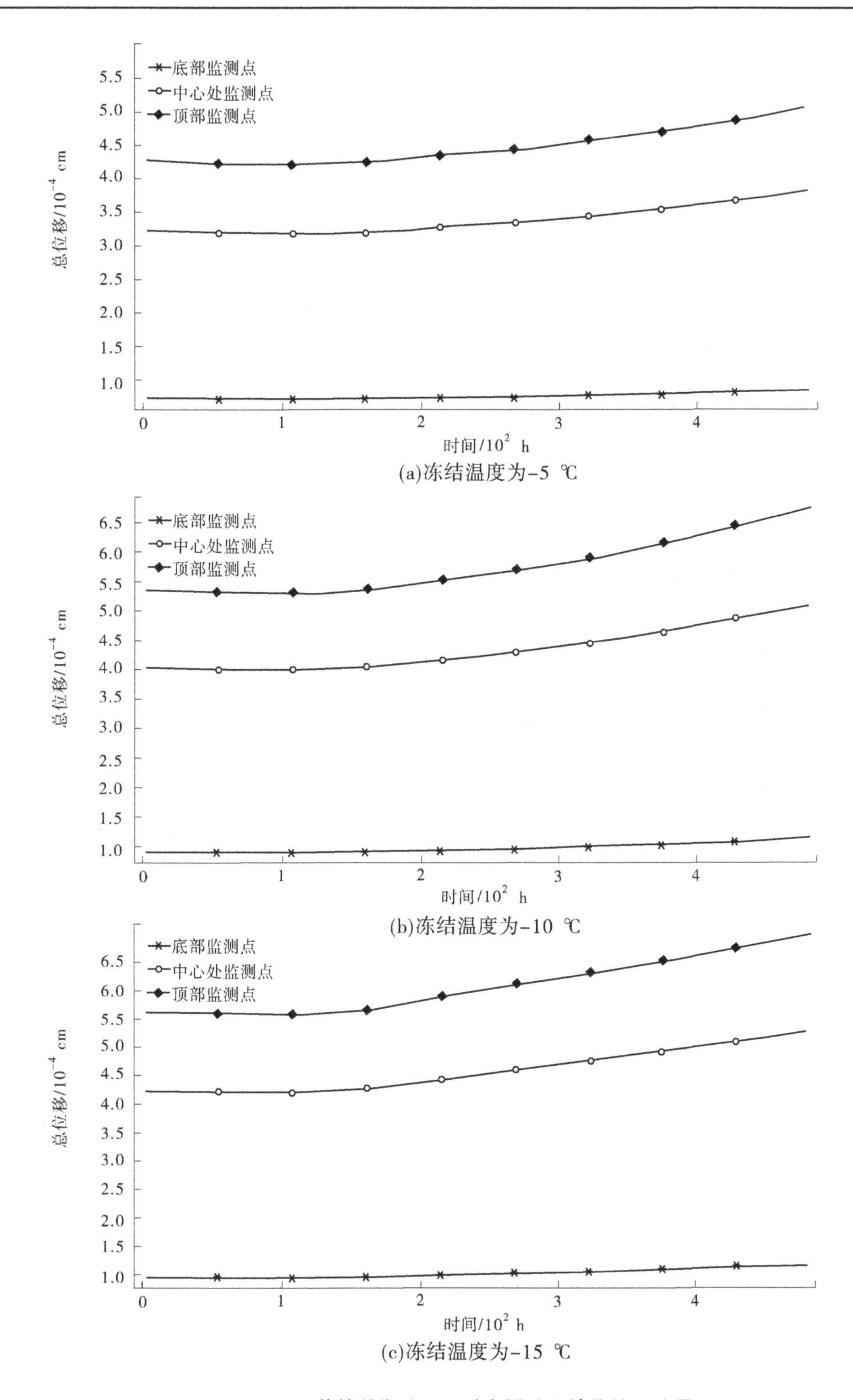

(a)冻结温度为-5 ℃

(b)冻结温度为-10 ℃

(c)冻结温度为-15 ℃

图6-15　养护龄期为3 d时全尾砂充填体的位移量

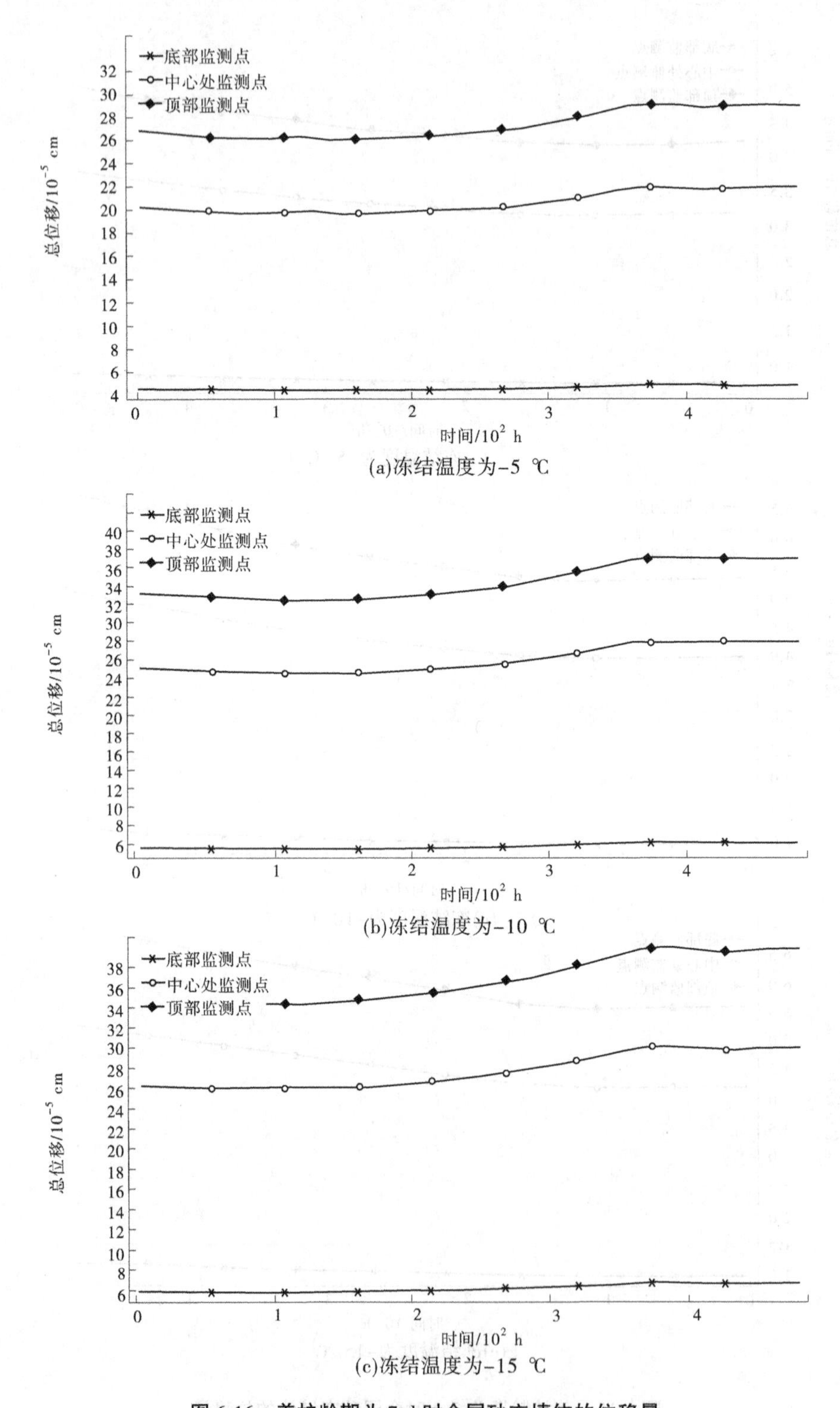

(a)冻结温度为-5 ℃

(b)冻结温度为-10 ℃

(c)冻结温度为-15 ℃

图 6-16　养护龄期为 7 d 时全尾砂充填体的位移量

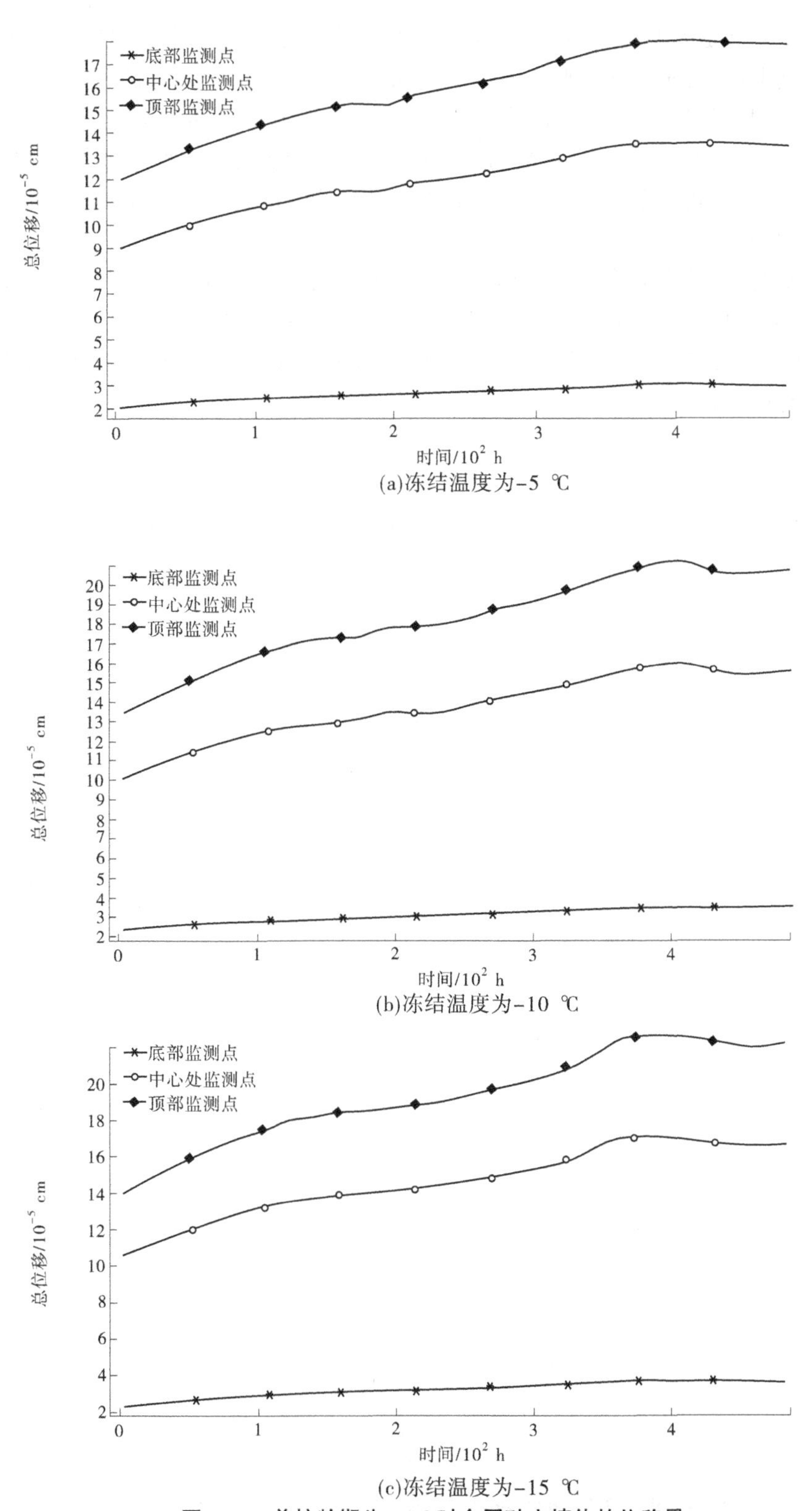

(a)冻结温度为-5 ℃

(b)冻结温度为-10 ℃

(c)冻结温度为-15 ℃

图 6-17　养护龄期为 28 d 时全尾砂充填体的位移量

移量趋于稳定。这是因为经过 28 d 的养护，充填体内部已经形成稳定的骨架结构，且此时水化反应基本结束，充填体内水分剩余较少，水化产物填充在充填体的孔隙中增加了其致密性。所以剩余部分的水随着循环次数的增加在开始阶段对充填体有一定的损伤作用，造成位移量的增加，经过一定次数的循环后，由冰晶膨胀的影响而造成的裂隙发育已经形成并趋于稳定，此时充填体内部颗粒重新排列形成新的稳定结构，造成位移量不再随循环次数的增加而增加。

还需说明的是，无论是养护 3 d、7 d 还是 28 d 的充填体在不同冻结温度下进行循环时，充填体顶部、中心处、底部位移量的变化趋势虽然相似，但是在数值上顶部比中心处大，中心处比底部大，这主要是因为在底部受到充填体重力作用，限制了位移量的发展，而在顶部却没有这种影响。

6.3.4　渗流分析

对全尾砂充填体渗流场的分析通过孔隙水压力的变化来表征。将不同养护龄期的充填体在一个循环周期内的孔隙水压力变化曲线绘制在图 6-18 中。

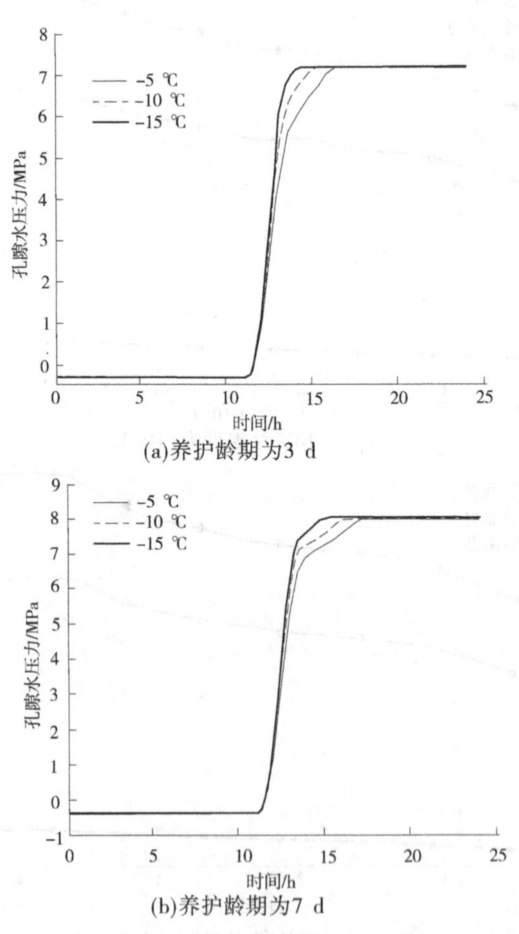

图 6-18　不同养护龄期的充填体一个循环周期内的孔隙水压力变化曲线

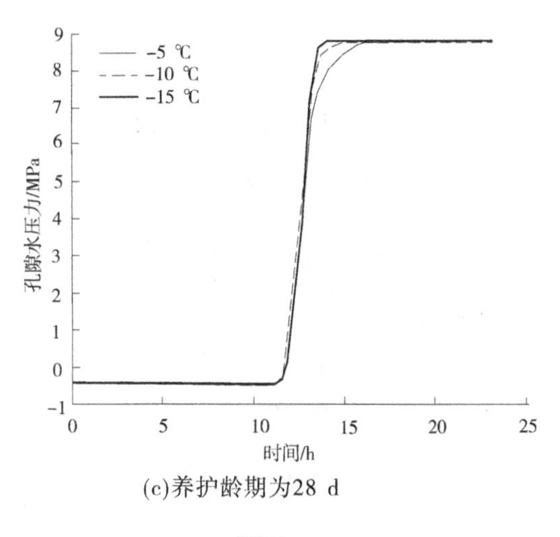

(c)养护龄期为28 d

续图 6-18

从图 6-18 可以看出,不同养护龄期的充填体随温度循环的进行其变化趋势相近。在 0~12 h 内,即室温养护阶段,孔隙水压力为负,且养护龄期越长,孔隙水压力越大,养护 3 d 时为 0.3 MPa,养护 7 d 和 28 d 时为 0.4 MPa。降至 0 ℃以后,由于大孔隙中的水开始结冰,孔隙水迁移,引起孔隙水压急剧上升,养护 3 d 孔隙水压力最大值为 7.3 MPa,养护 7 d 时孔隙水压力最大值为 8.2 MPa,养护 28 d 时孔隙水压力最大值为 8.7 MPa。这是由于养护龄期越长,充填体内部水化反应产物越多,渗透系数越小,由达西定律可知,孔隙水压力与渗透系数成反比,继而孔隙水压力越大,这与 Powers 静水压力理论一致。

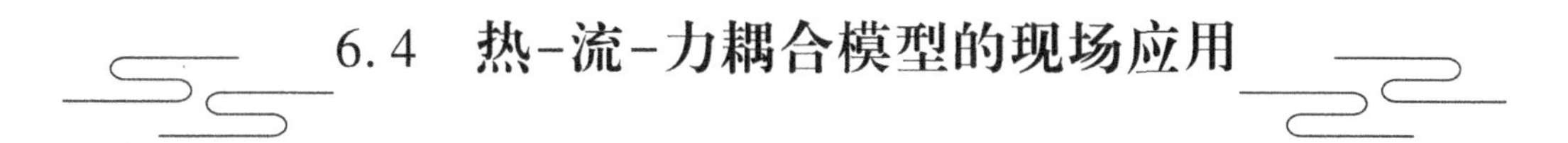

6.4　热-流-力耦合模型的现场应用

6.4.1　充填体在数值模拟软件中的建立

如图 6-19 所示为采场充填示意图。充填体在上覆岩体应力荷载作用下,会出现应力变化,导致其发生变形及性能的改变(如孔隙率等),进而影响水的渗流作用,导致挡墙排水量发生改变,胶结剂中的水泥发生水化反应产生的热量通过充填体中的孔隙流动,渗流作用和充填体变形导致的孔隙率改变会直接影响热传递速率的改变,而热传递速率的改变又会引起充填体热膨胀和水化反应率发生改变。这三者的变化过程便达成了充填体热-流-力耦合机制。

利用数值模拟软件 COMSOL Multiphysics 进行数值模拟,对高海拔环境下的充填体进行模拟研究,并与现场原位测量数据及实验室数据进行对比(数值模拟具有高效率、高准确度、低成本、容易改变研究参数和适应性强的优点),进而验证模拟数据的有效性。

利用数值模拟软件时,一个关键问题便是模型的边界条件施加,以采场充填示意图为基础,对其施加边界条件,如图 6-20 所示,根据各边界的主要受控因素施加不同的边界条

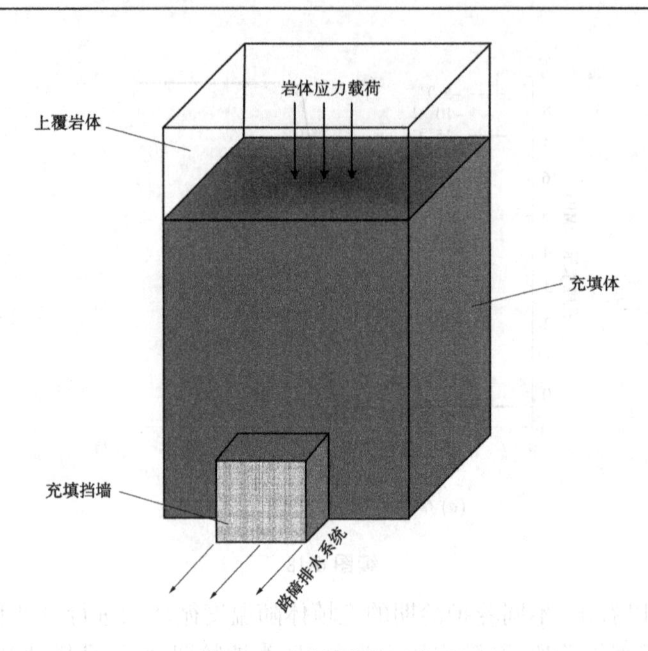

图 6-19　采场充填示意图

件。如上覆岩体顶板,对其施加固体力学中的边界荷载,而充填体顶端及出水口路障处施加流体边界,并在充填体域施加不同的温度条件,以此达到热-流-力的耦合目的。而且在其中布置二维截点和三维截点,来监测模拟过程中应力及应变变化,进而研究充填体在热-流-力耦合作用下性能的响应规律,可根据需要设置一系列水平空间或垂直空间监测点,进行充填体不同空间区域的应力应变响应研究。

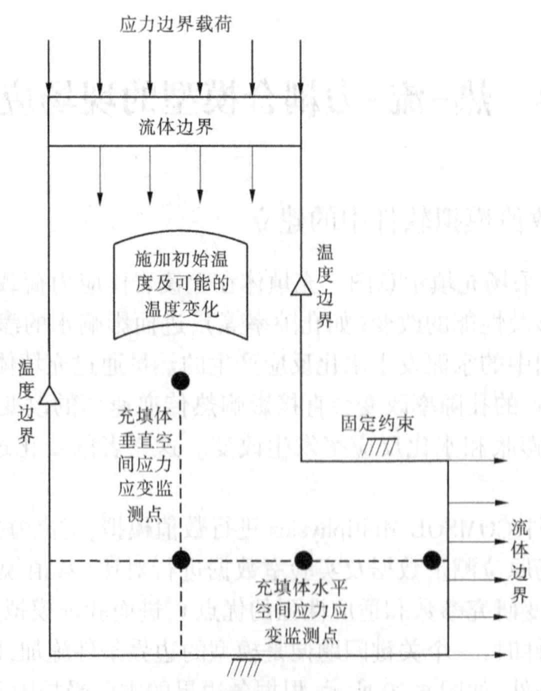

图 6-20　模型边界条件示意图

在模型验证的基础上，对热-流-力耦合模型进行应用。建立几何模型的过程，包括添加物理场接口、建立几何模型、添加初始条件、设置边界条件、材料添加、网格剖分和后处理。应用环节所选用的物理场接口为"固体力学模块""达西定律"和"热传模块"，由于模拟结果是随着时间变化的，因此选择"瞬态"模拟。首先根据所选的3-2-20采场的平面及剖面图（见图6-21），将其简化后保存。在数值模拟软件中，选择两个工作平面，分别为*XY*平面和*ZX*平面，将平面图和剖面图分布导入两个工作平面中，并根据采空区实际长度进行拉长，拉伸的长度应大于采空区实际长度。之后通过改变坐标使两个拉伸实体进行重合，最终通过布尔操作中的交集得到最终符合实际的充填体模型。建立的几何模型网格剖分结果如图6-22所示。

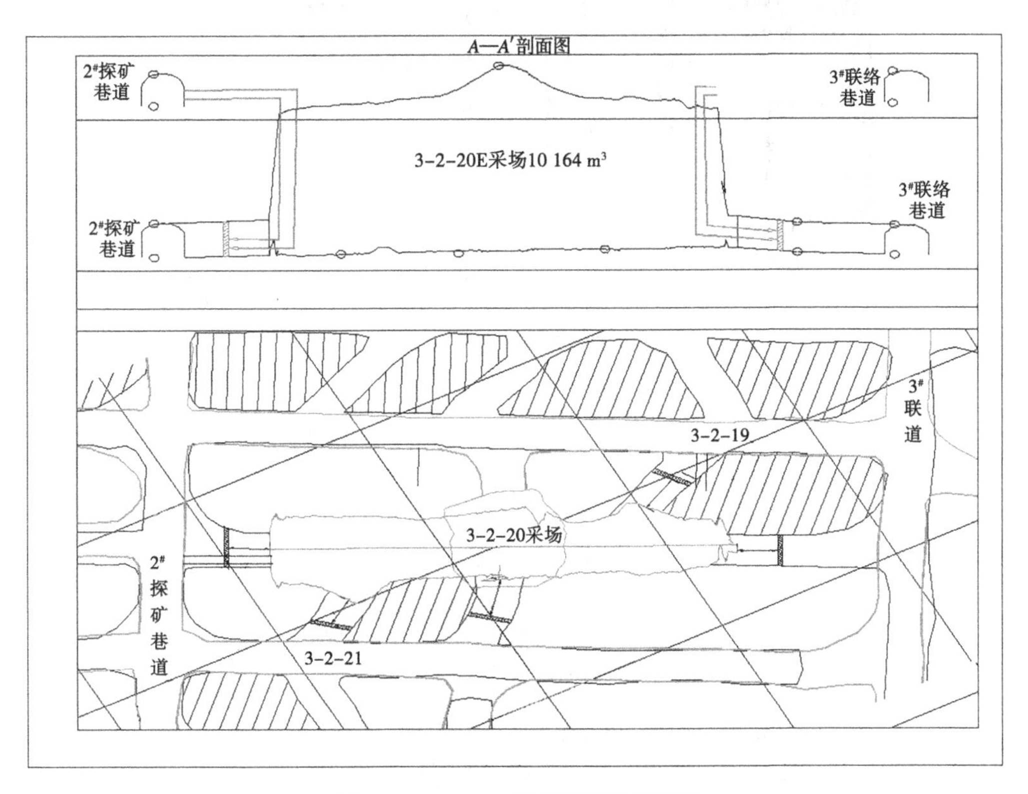

图6-21　3-2-20采场平面及剖面图

6.4.2　模型断面划分及初步三维模拟结果

为了方便后续更直观地观测分析充填体应力及位移的分布，在充填体几何模型中布置了纵断面及横断面两个断面，纵断面距离*Y*轴零点坐标6 m，横断面距离充填体底面边界10 m，断面布置如图6-23所示。

图6-24为模型模拟28 d后的应力及位移分布云图。根据现场实际充填情况，料浆浓度为64%，砂灰比为6:1，模拟时间为28 d。从模型的应力分布可以看出，由于模型四周边界受到围岩的支撑作用以及底部边界的支撑作用，在模型的边界条件设定中分别为辊支撑和固定约束，所以其表面的应力分布并不明显，模型的上表面由于是自由面，其应力

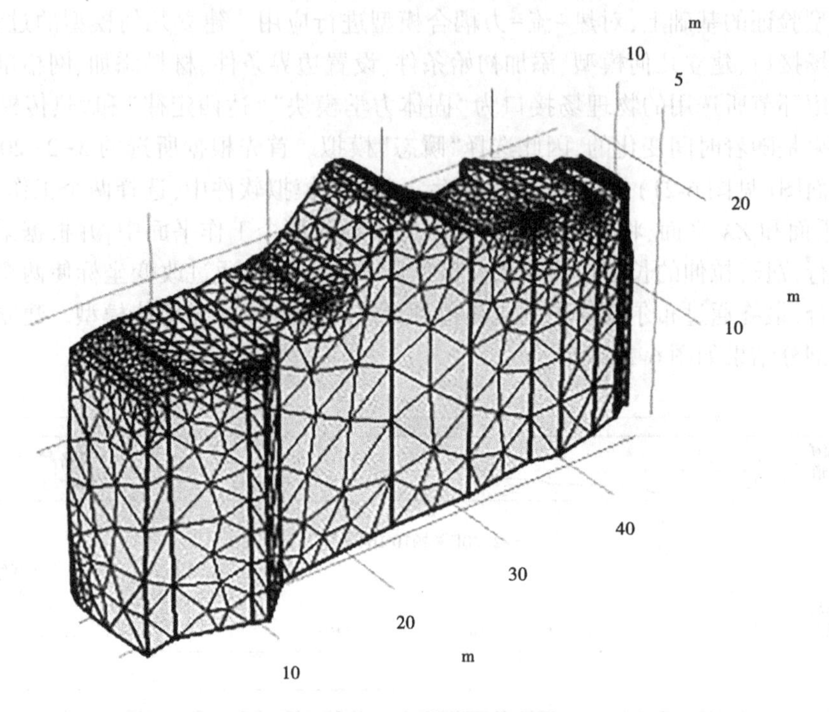

图 6-22　几何模型网格剖分

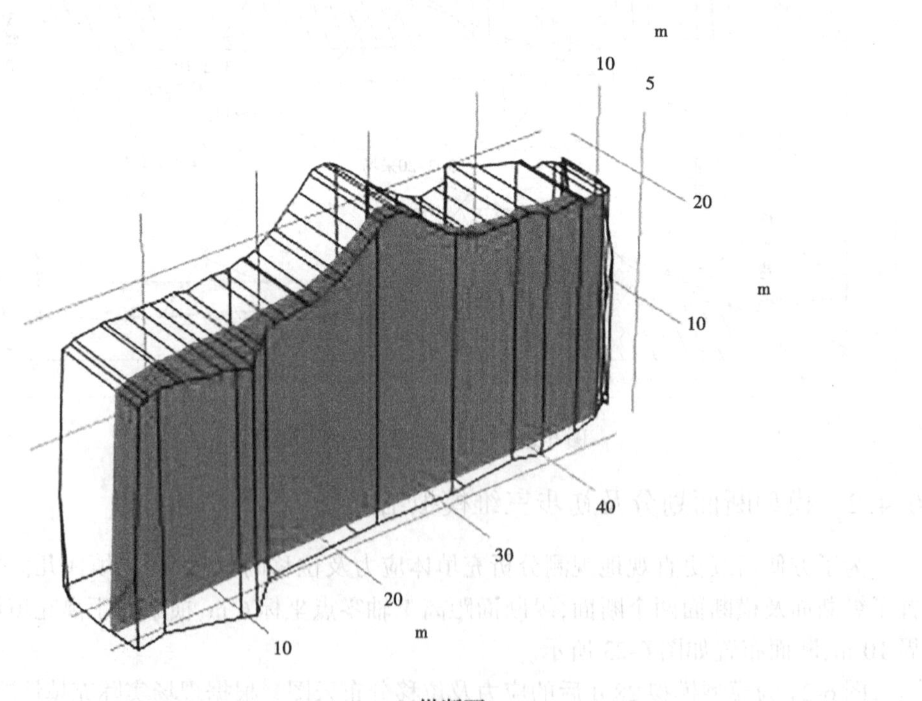

(a)纵断面

图 6-23　模型断面图

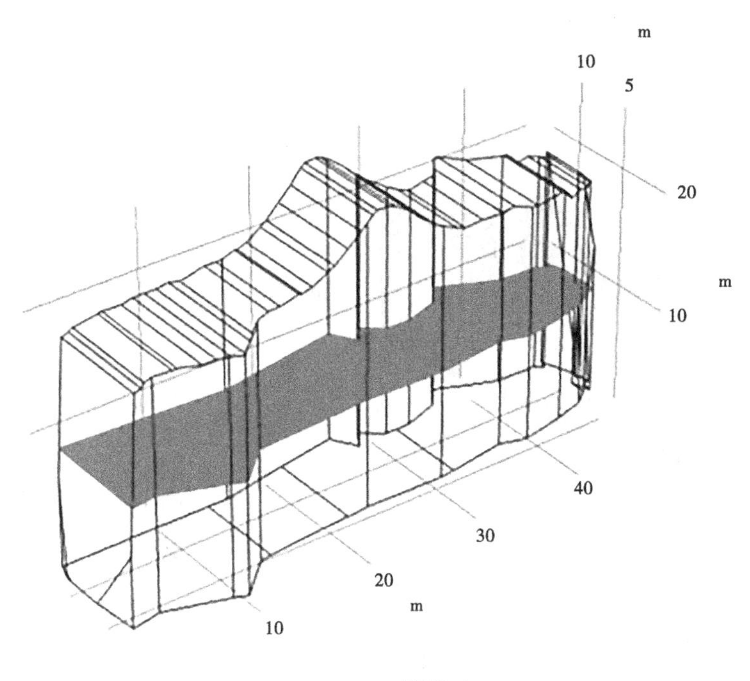

(b)横断面

续图 6-23

分布也不明显,所以该模型的应力主要集中在模型内部,需要后续从断面分析模型的应力分布情况。从模型的位移分布可以看出,模型的位移自上而下逐渐降低为0,模型的上表面由于是自由面,反映在实际中为料浆的不断沉降,所以上表面的位移最大,而底部由于受到底板的支撑作用,其位移为0。

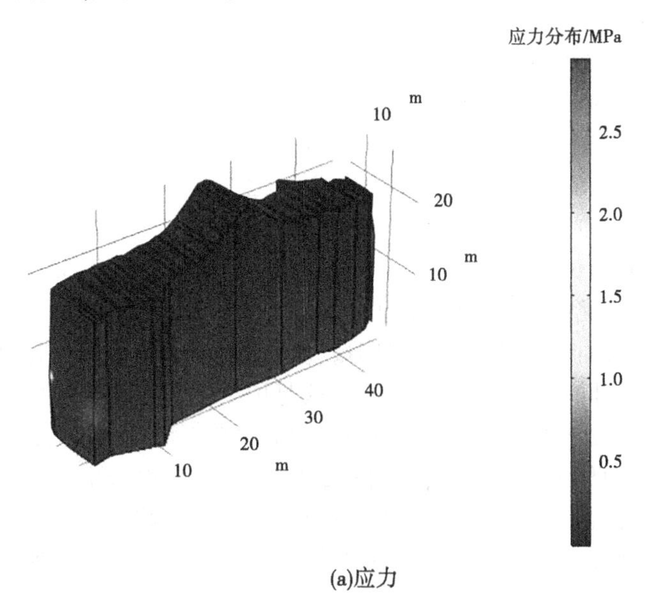

(a)应力

图 6-24　模型初步模拟云图

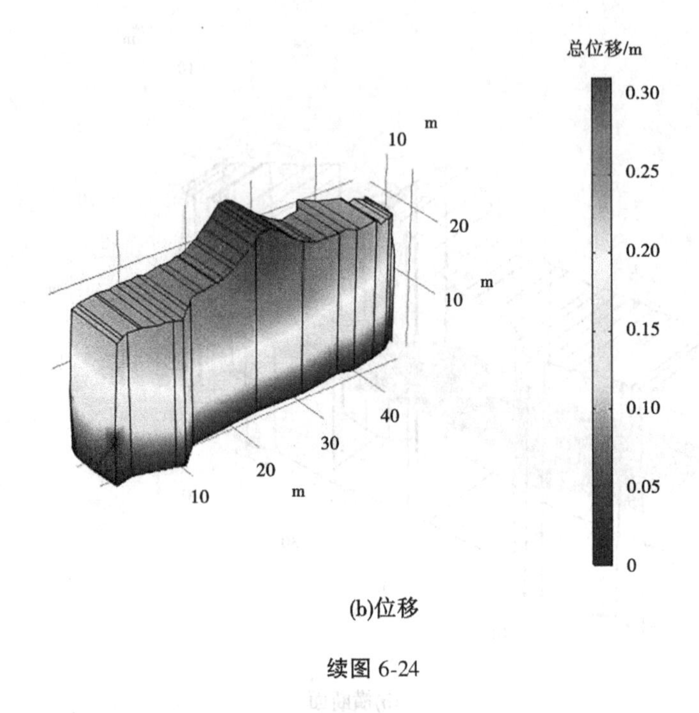

(b)位移

续图 6-24

6.4.3 充填体纵断面应力-位移变化

6.4.3.1 充填体纵断面应力变化

图 6-25 为充填体模型模拟后的纵断面应力变化。图 6-25(a)~(d)分别为模拟 1 d、7 d、14 d 和 28 d 后的结果,从中可以看出,随着模拟时间的增加,充填体应力也在增加,这是因为随着时间的增加,充填体中胶结剂的水化反应越充分,水化反应产生的化学键越多,导致充填体更加稳定,应力分布更加集中。分析单个截面应力分布云图,如图 6-25(a)所示,充填体的应力分布自上而下是逐渐增加的,原因之一是料浆中的水是自下而上排出的,下方充填体的黏结强度更大导致强度增加;原因之二是上表面是自由面,与外界发生热传递现象更加强烈,下方充填体由于封闭作用,水化反应产生的热量积聚加速了水化反应的进行,这导致下方充填体的强度更大;原因之三是料浆的自重作用,加大了下方充填体的应力分布。

6.4.3.2 充填体纵断面位移变化

图 6-26 为充填体模型模拟后的纵断面位移变化。图 6-26(a)~(d)分别为模拟 1 d、7 d、14 d 和 28 d 的结果,对比模拟的 4 个时间段充填体纵断面的位移变化可以看出,随着模拟时间的增加,充填体发生的位移逐渐加大,这是因为随着水化反应的不断进行,消耗了料浆中的部分水分,胶结剂的不断黏结将料浆中的水自下而上排挤而出,导致料浆的下沉现象。分析单个充填体的位移分布,如图 6-26(a)所示,可以看出,由于料浆的自重作用,充填体上部向下部沉降,故而充填体的位移自上而下逐渐降低,且由于充填体下方受到底板的支撑作用,很难发生位移现象,所以位移为 0,充填体上方与外界接触,为自由面,位移为最大。

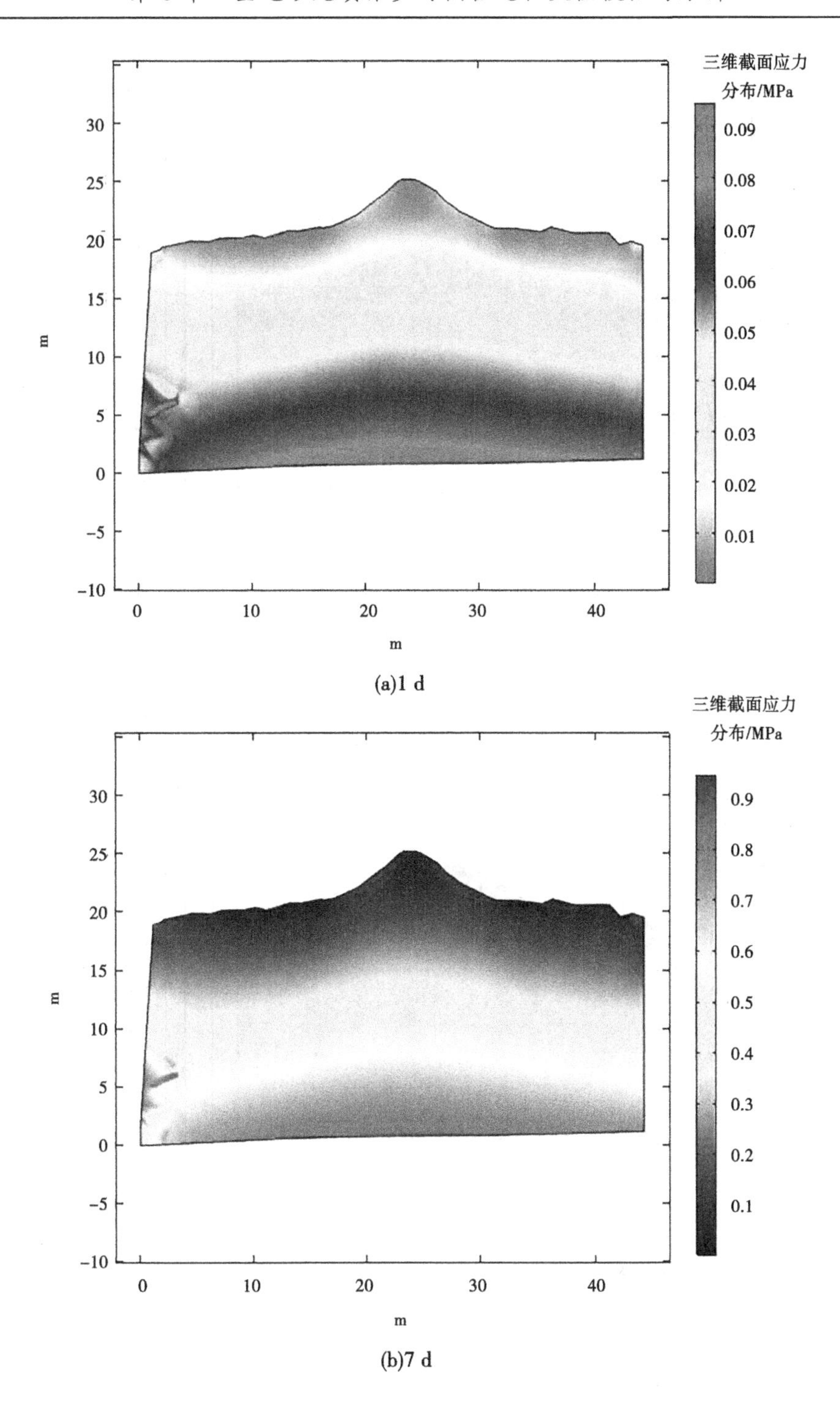

图6-25　充填体纵断面应力分布

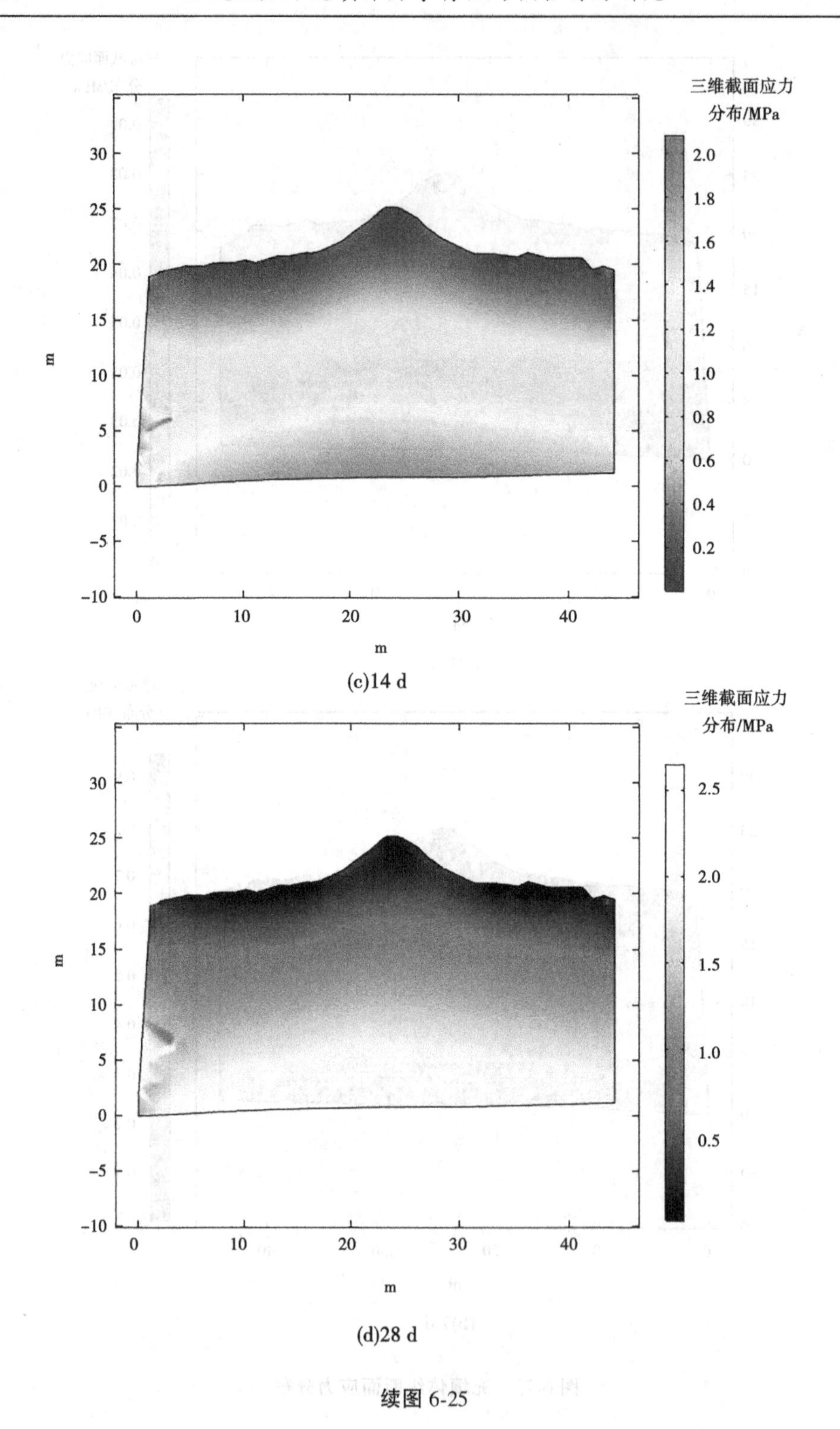

(c)14 d

(d)28 d

续图 6-25

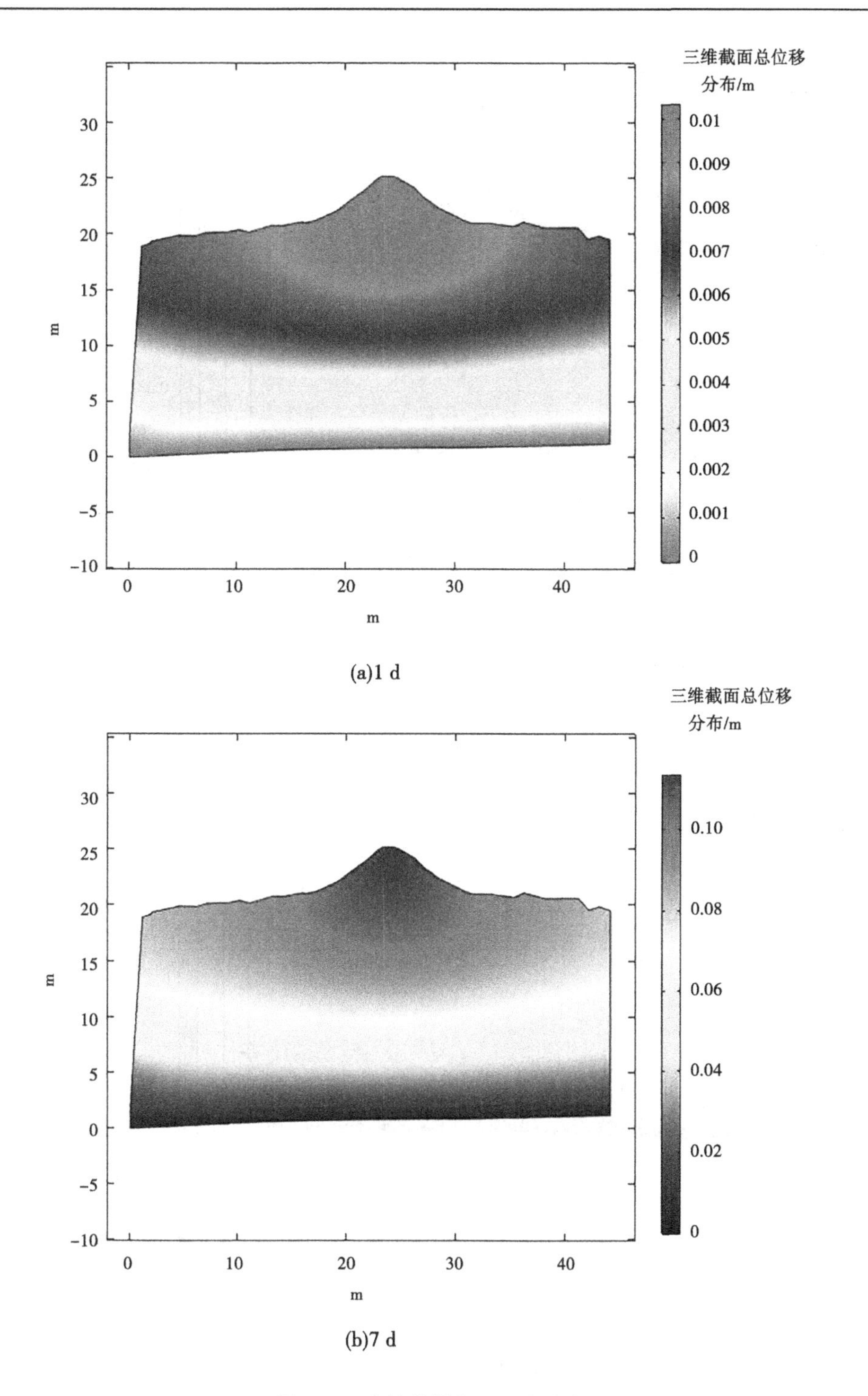

(a)1 d

(b)7 d

图 6-26　充填体纵断面位移分布

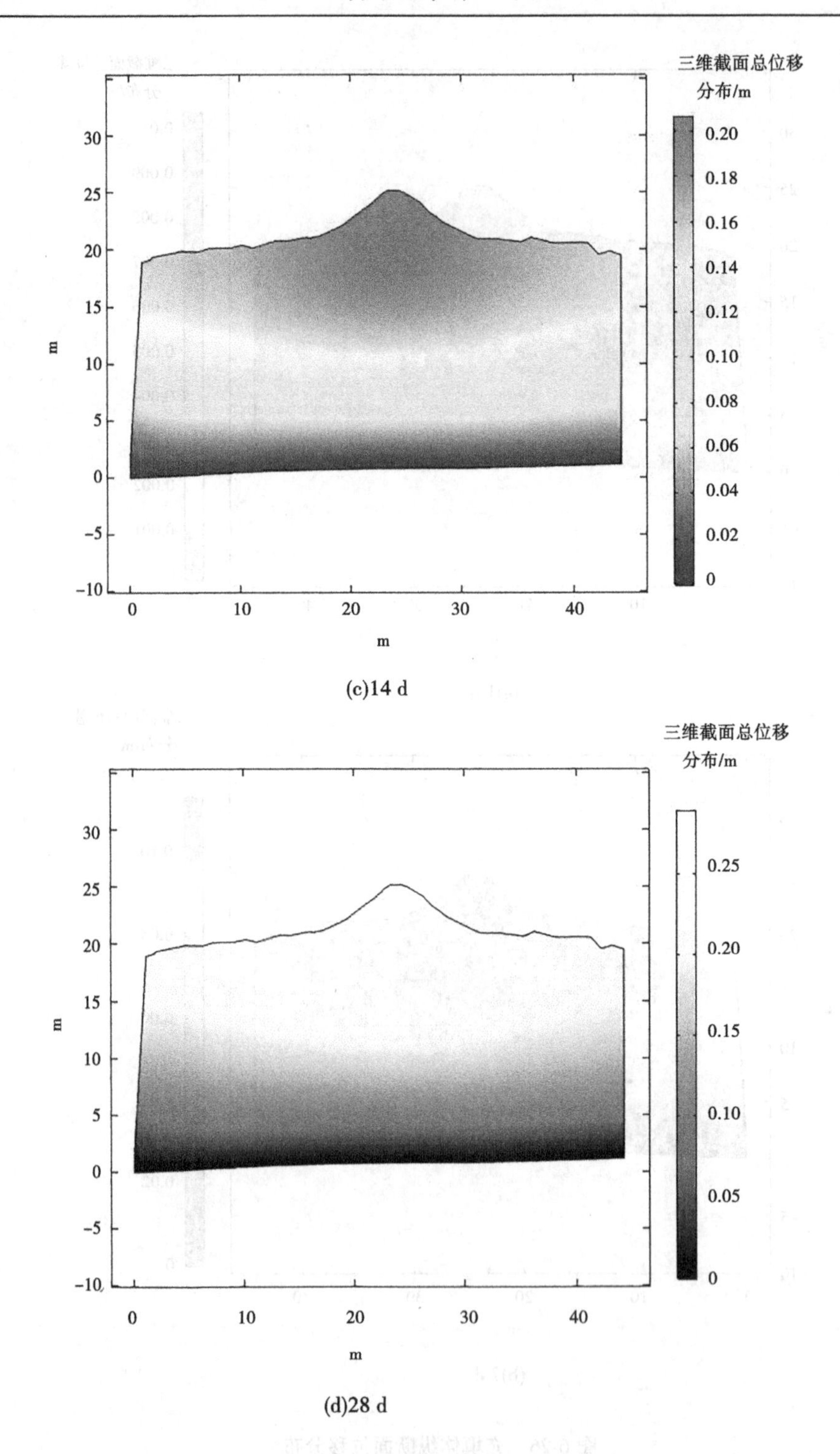

(c)14 d

(d)28 d

续图 6-26

6.4.3.3　充填体水平方向应力变化

为了研究充填体沿 X 轴方向上的水平应力及位移变化，在后处理过程中设置了 3 条三维截线，如图 6-27 所示。3 条三维截线分别距底板 3 m、10 m 和 20 m，所处的 Y 轴坐标与充填体纵断面一致。

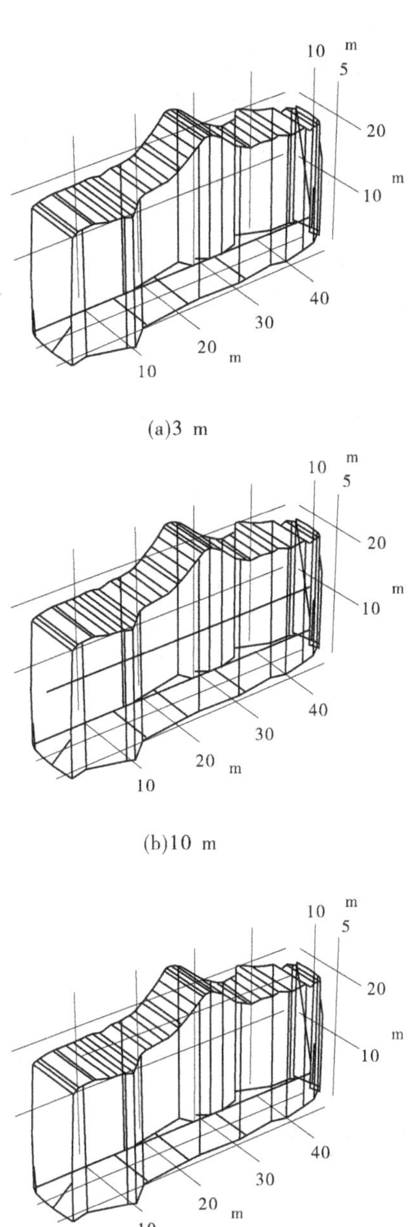

(a)3 m

(b)10 m

(c)20 m

图 6-27　几何模型水平方向三维截线布置

图 6-28 为布置的 3 条三维截线各个位置的应力分布。横坐标为三维截线的长度，纵坐标为三维截线应力，每一条不同线型及标记的线代表模拟的养护时间。在模拟时间与位置一致的条件下，距离底板最近的图 6-28(a)中三维截线的应力最大，如对比图 6-28(a)和图 6-28(b)在养护 10 d 后的 10 m 位置处，图 6-28(a)中三维截线的应力约为 0.21 MPa，图 6-28(b)中三维截线的应力约为 0.12 MPa，这与前文所得出的结论一致。在其余两个参数一致的条件下，养护时间越长，其应力越大，这也与前文得出的结论一致。单独分析图 6-28(a)，由于三维截线 0 点坐标处受到边界条件的支撑作用，其应力分布较低，随着向线的中心位置推进，应力不断增加，这是因为中心受到两侧充填体的挤压作用，使其应力增加明显。而线的终端位置出现了明显的应力集中现象，这可能是因为所建立的几何模型为不规则体，边界的不规则性导致了应力集中的现象，图 6-28(b)三维截线的基本情况与其类似。图 6-28(c)三维截线由于边界较为规则，线的两端并没有出现应力集中的现象，出现应力集中现象的位置为线的中心位置，这可能是因为充填体的顶部为拱结构，拱的两侧位置的料浆对线中心处产生挤压作用，导致了其中心位置的应力集中现象。

6.4.3.4　充填体水平方向位移变化

图 6-29 为布置的 3 条三维截线各个位置的位移分布。与前文结论一致的是，与底板距离最高的图 6-29(c)三维截线的位移大于图 6-29(b)三维截线和图 6-29(a)三维截线，且同一条线同一位置处，养护时间越长，位移越大。分析图 6-29(b)和图 6-29(c)可知，三维截线中心位置的位移较两端更大，这是由于在几何模型边界条件的设定中，四周边界为辊支撑，使两端发生的位移并不明显，而线的中心位置由于受到两侧的挤压和上覆料浆的重力作用，产生的位移更大。而图 6-29(a)三维截线产生此种形态可能是几何模型的不规则性导致的，0 点坐标处几何模型边界的不规则性使其发生了更加明显的位移现象。

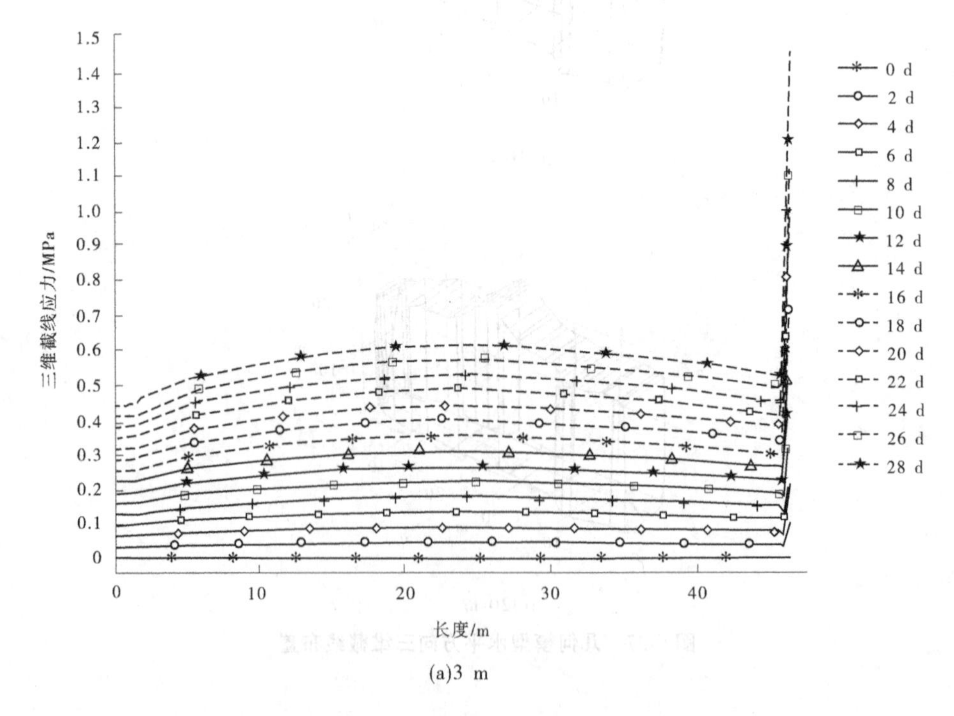

(a)3 m

图 6-28　充填体水平方向应力变化

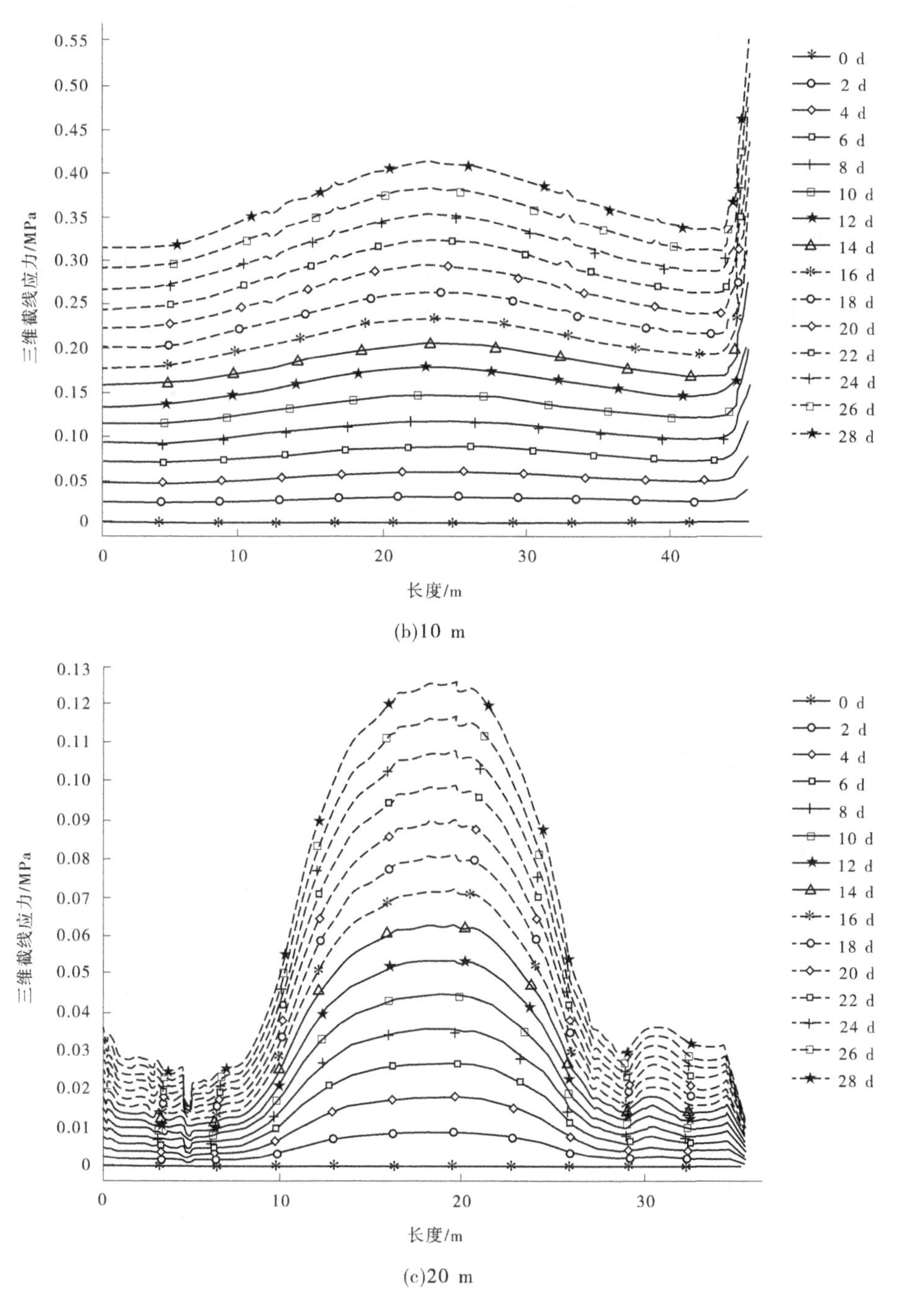

(b)10 m

(c)20 m

续图 6-28

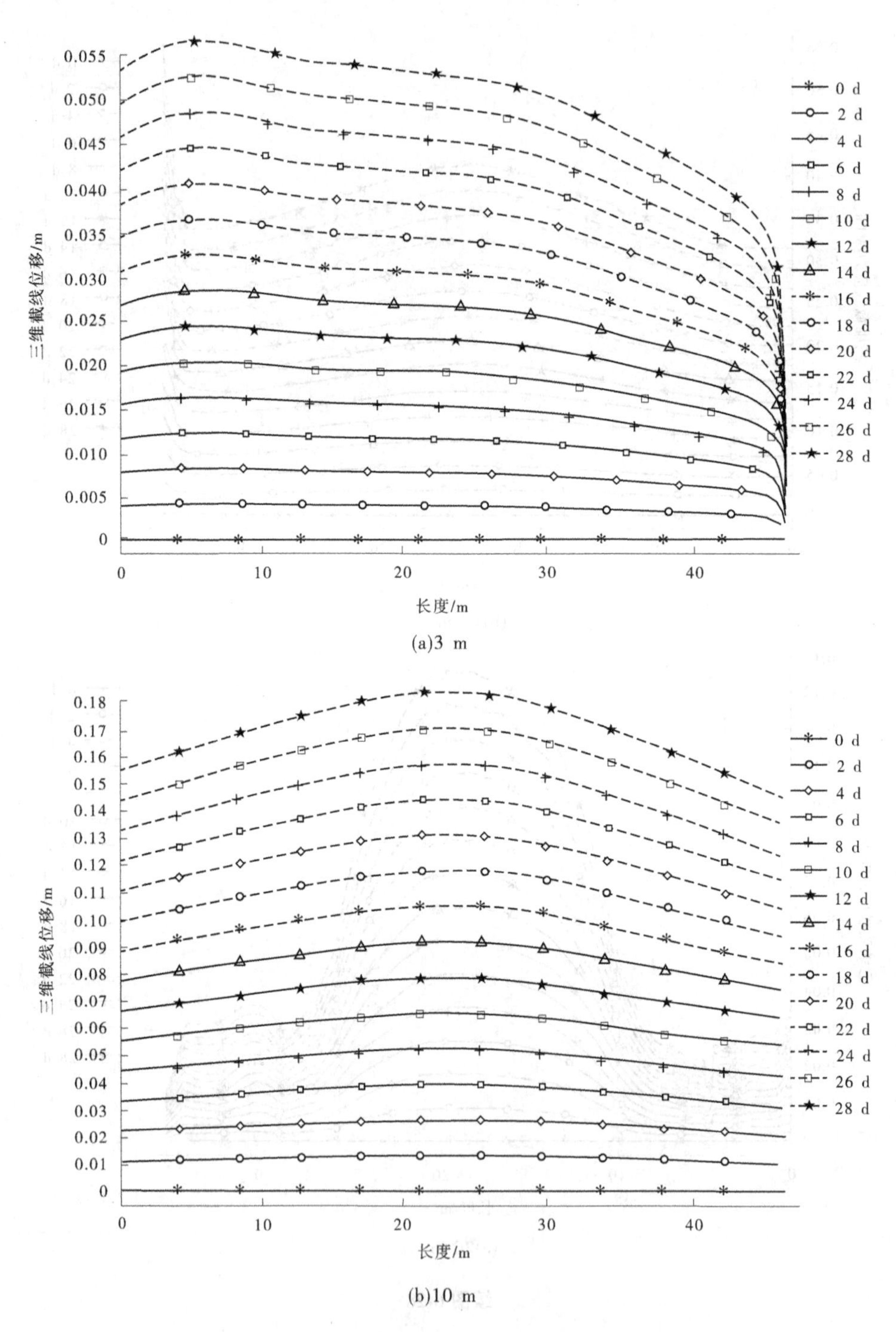

(a)3 m

(b)10 m

图 6-29　充填体水平方向位移变化

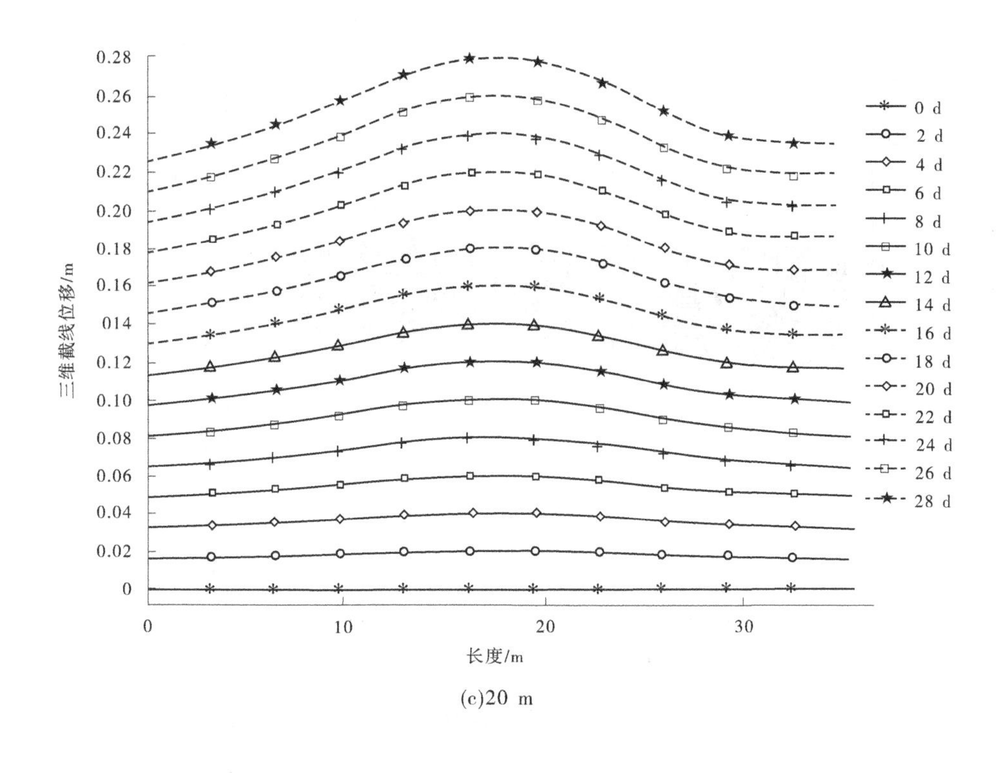

(c)20 m

续图 6-29

6.4.4 充填体横断面应力-位移变化

6.4.4.1 充填体横断面力学行为变化

图6-30为模拟时间为28 d的充填体横断面应力分布。由于在横断面中,充填体应力变化并不明显,不同模拟时间产生的变化仅为应力数值的变化,所以仅展示出模拟时间28 d的应力分布图。从图6-30中可以看出,在横断面中应力的最大值分布在横断面最右端的不规则空间中,而其余空间应力分布较为均匀,由此可分析得知,影响横断面应力分布的主要因素为采场横断面的几何形状。几何形状越狭窄不规则,越容易发生应力集中的现象。

图6-31为模拟时间分别为1 d、7 d、14 d和28 d的充填体横断面的位移分布。从图6-31中可以看出,在横断面同一位置处,模拟时间越长,其位移越大,这与前文所得结论一致。分析单个位移分布图,如图6-31(a)所示,可以看出,在横断面中,位于断面中心方向的位移要大于两端位移,断面位移自中心向两端逐渐降低,这是由于两端受到边界条件支撑的影响,不易发生位移,而中心位置受到应力影响及两侧的挤压,更容易发生位移现象,且由于料浆自重作用在断面中心位置更明显,故而出现位移自中心向两端不断降低的现象。

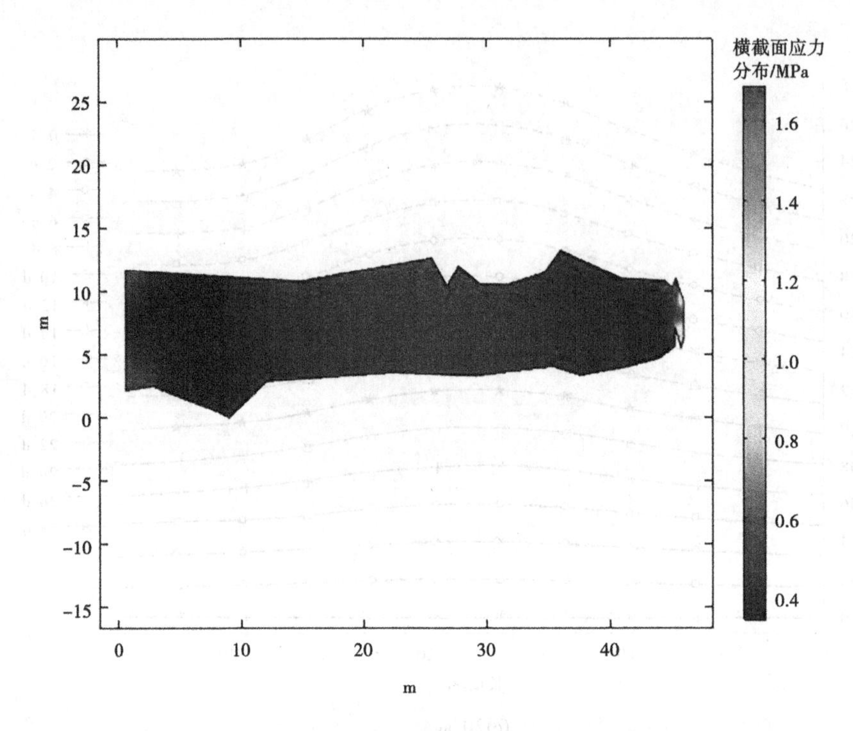

图 6-30　充填体横断面应力分布(28 d)

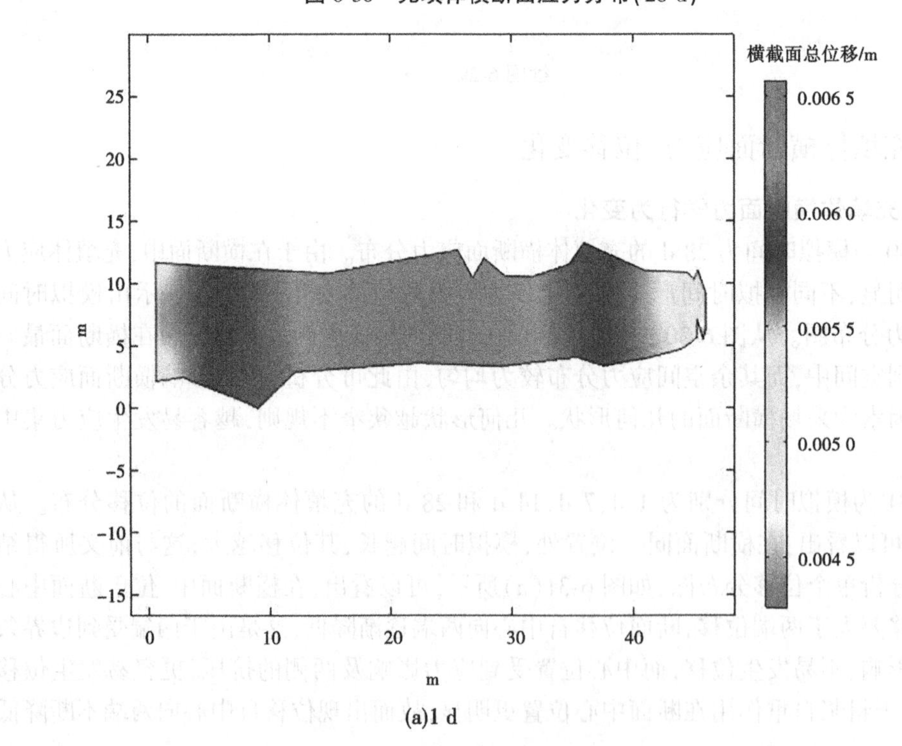

(a)1 d

图 6-31　充填体横断面位移分布

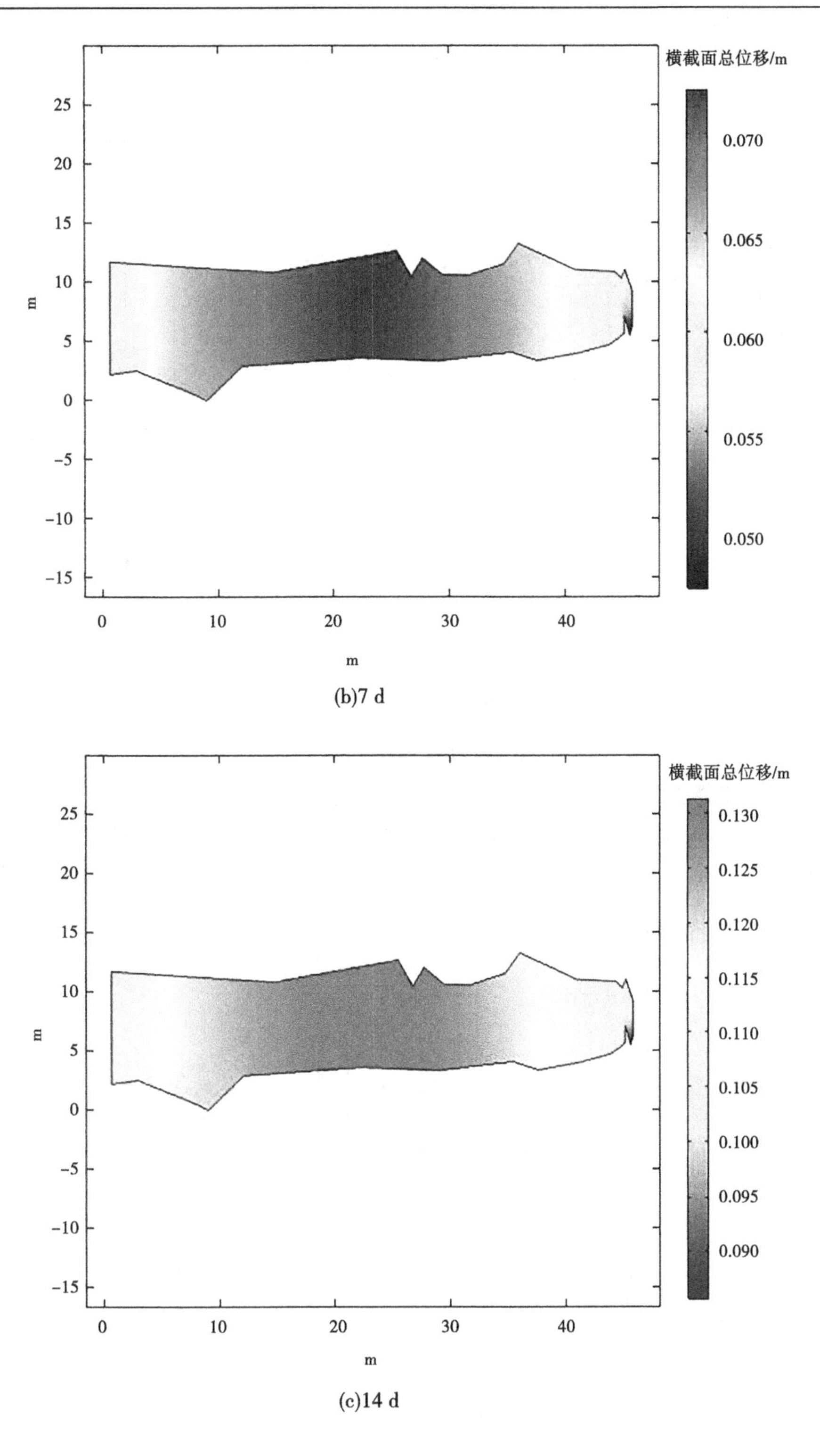

(b)7 d

(c)14 d

续图6-31

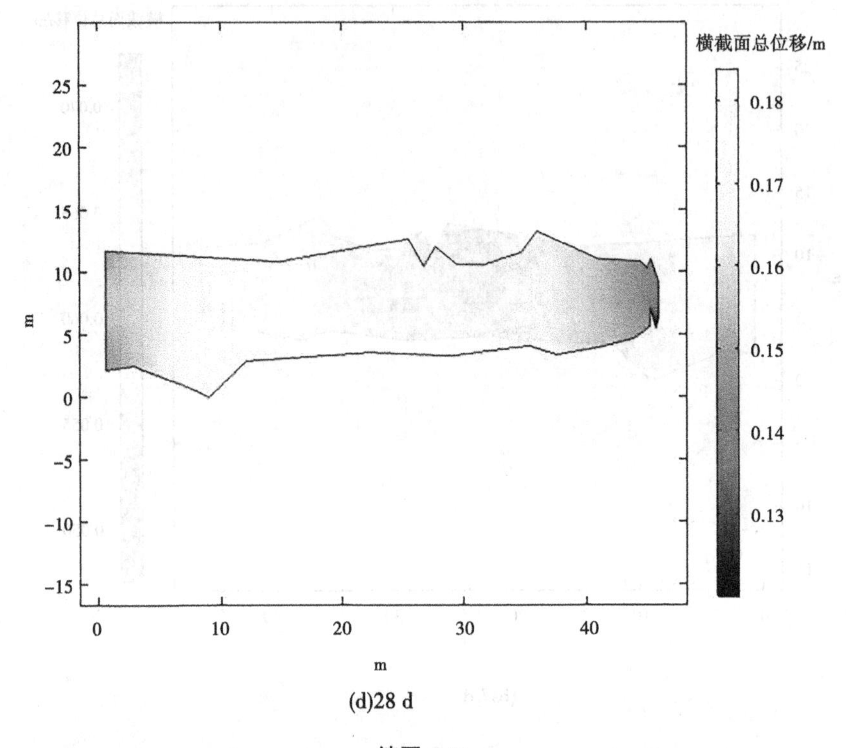

(d)28 d

续图 6-31

6.4.4.2 充填体竖直方向应力变化

为了研究充填体沿 Z 轴方向上的应力及位移变化，在几何模型中布置 3 条竖直方向的三维截线，如图 6-32 所示。其中 6-32(a)～(c) 3 条三维截线分别距 X 轴零点坐标 10 m、25 m 和 40 m。

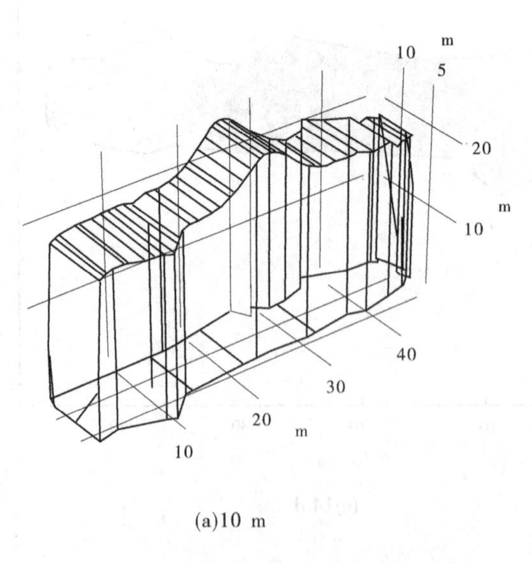

(a)10 m

图 6-32 几何模型竖直方向三维截线布置

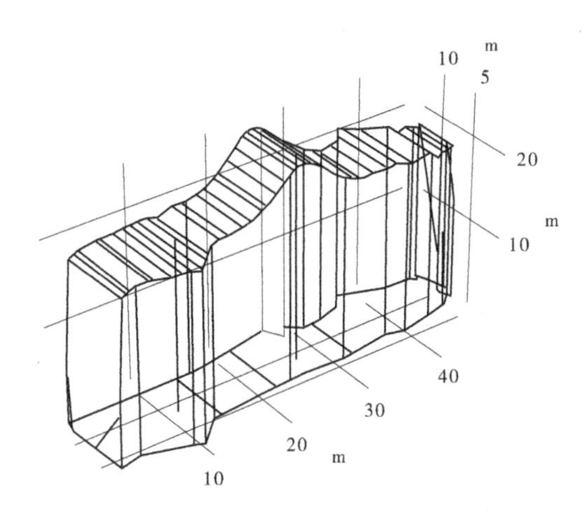

(b)25 m

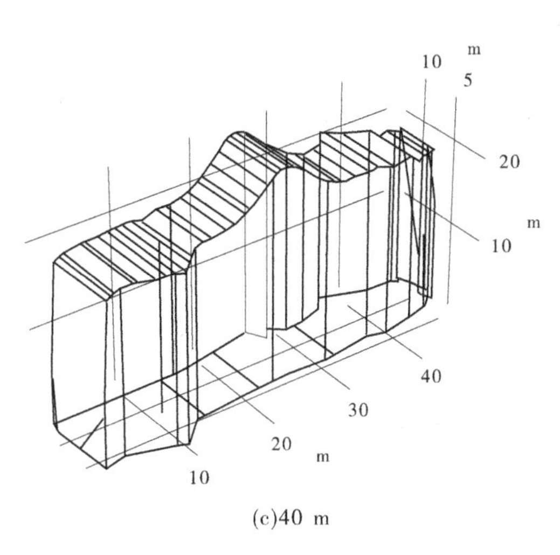

(c)40 m

续图 6-32

图 6-33(a)～(c)为 3 条三维截线所对应的应力分布。横坐标代表三维截线的高度,纵坐标代表三维截线应力大小,各个图中不同线型及标记的线代表模拟时间。对比 3 条线相同高度、相同模拟时间所对应的应力大小,如高度为 10 m、模拟时间为 10 d,图 6-33(a)三维截线的应力约为 0. 12 MPa,图 6-33(b)三维截线的应力约为 0. 14 MPa,图 6-33(c)三维截线的应力约为 0. 115 MPa,这与前文所得结论一致,同一高度上,应力从中心向两端逐渐降低。分析单条三维截线上的应力分布,如图 6-33(a)所示,可以看出,在同一高度上,养护时间越长,其应力越大,这是由于养护时间越久,充填体中胶结剂的水化反应越充分。养护时间固定时,距离底板距离越远,应力越低,这在前文分析中已提到,是充填体下部封闭,热量的集中加速了胶结剂的水化反应以及料浆自重作用导致的。

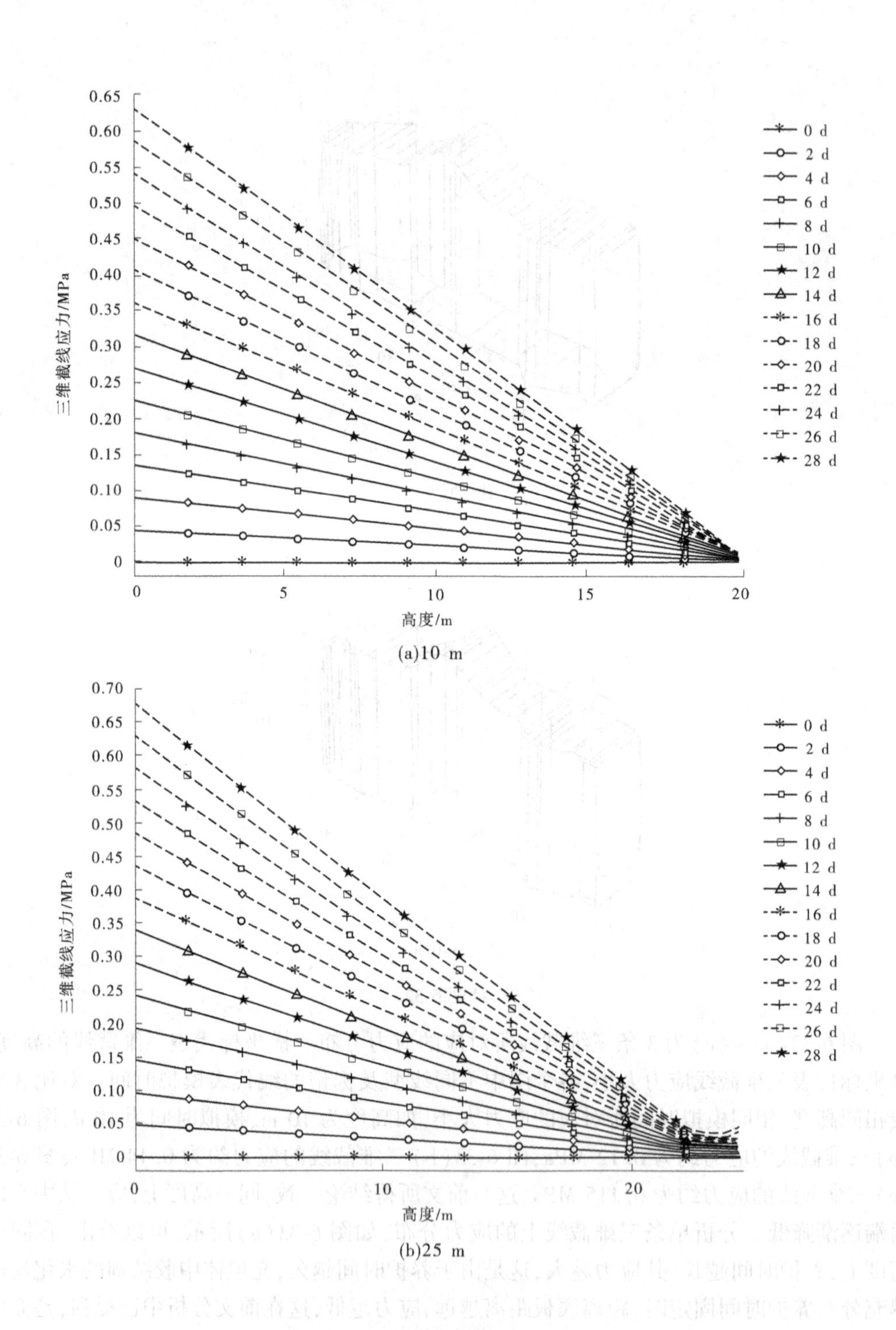

(a)10 m

(b)25 m

图 6-33　充填体竖直方向应力变化

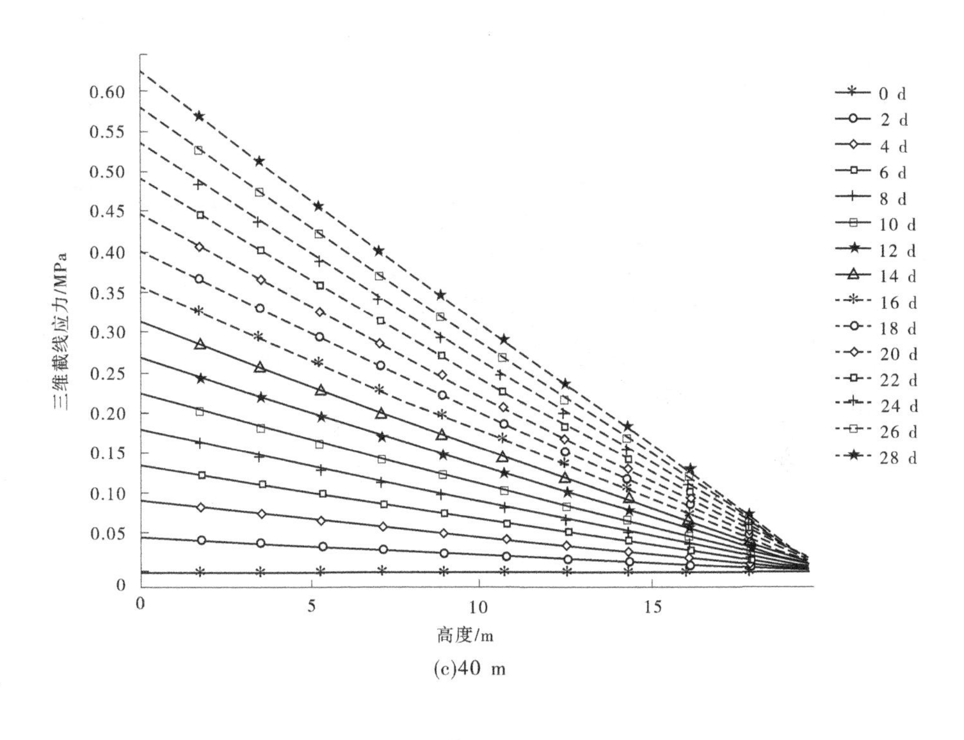

(c)40 m

续图 6-33

6.4.4.3 充填体竖直方向位移变化

图 6-34 为 3 条三维截线不同高度、不同模拟时间的位移变化。对比 3 条三维截线相同高度、相同模拟时间的位移情况,如高度为 10 m、模拟时间为 10 d,图 6-34(a)三维截线的位移约为 0.061 m,图 6-34(b)截线的位移约为 0.07 m,图 6-34(c)三维截线的位移约为 0.06 m,这与前文所得结论一致。相同高度、相同养护时间的条件下,充填体的位移自中心向两端递减,这是边界条件的限制作用影响以及采场几何拱两端挤压导致的。分析单条三维截线,如图 6-34(a)所示,可以看出,同一高度条件下,充填体养护时间越久,其位移越大,这是料浆中胶结剂水化反应不断消耗水分以及料浆自重作用导致的。当养护时间一致时,距底板距离越远,其位移越大,这是料浆中的水自下而上排出,压缩了料浆以及料浆自重作用导致的。

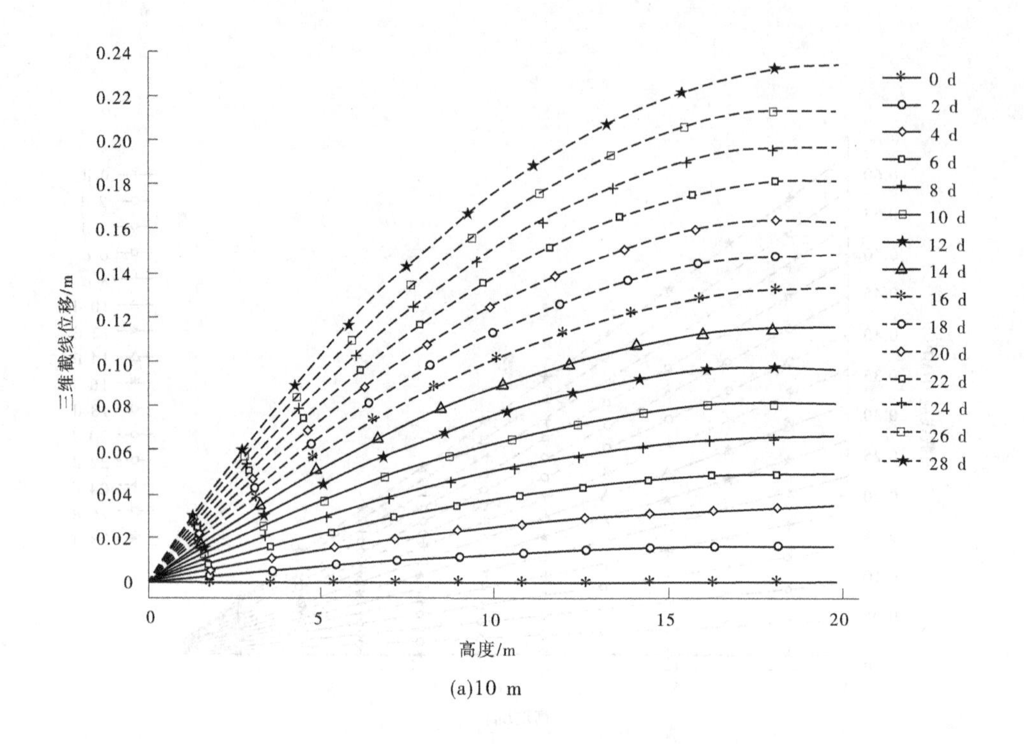

(a)10 m

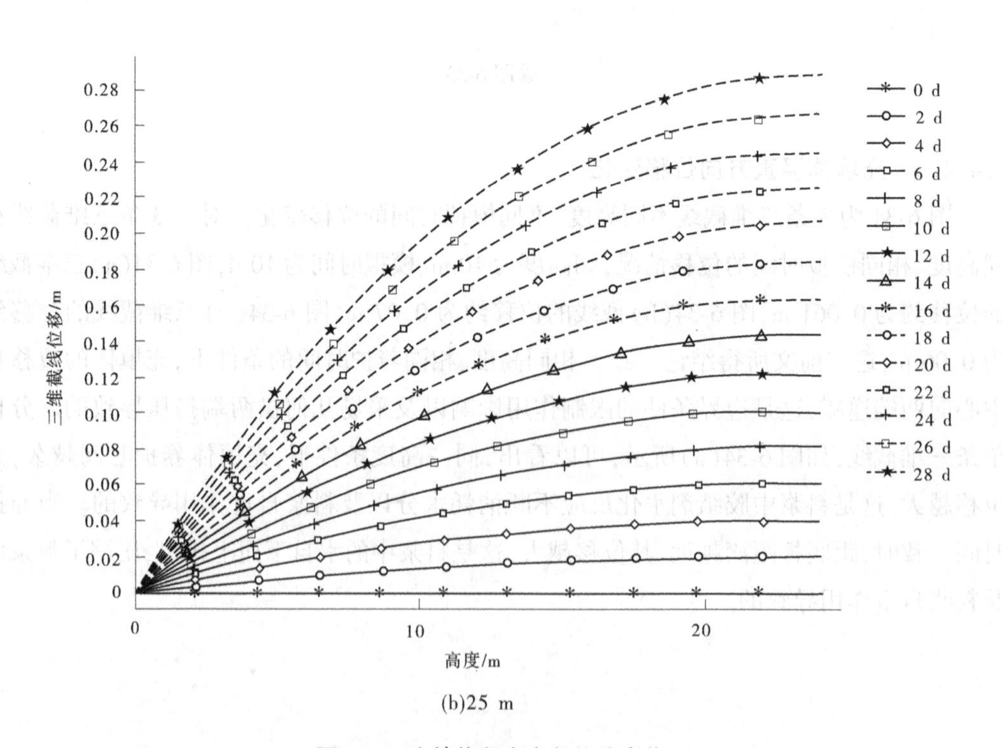

(b)25 m

图 6-34　充填体竖直方向位移变化

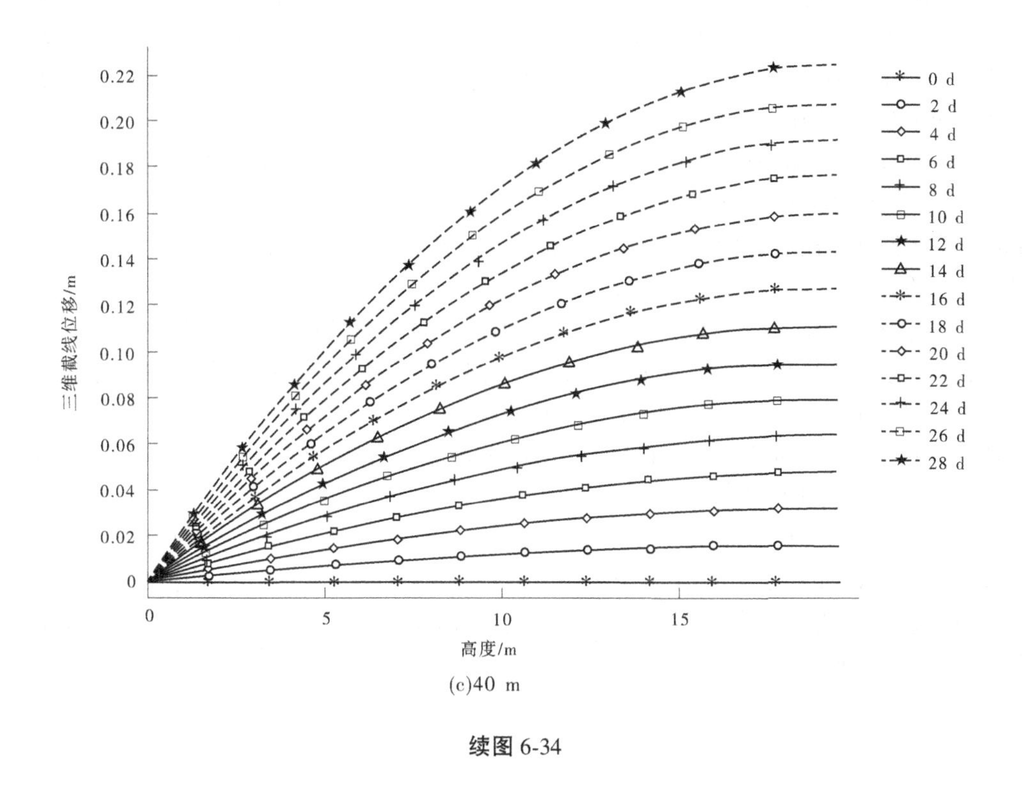

(c)40 m

续图 6-34

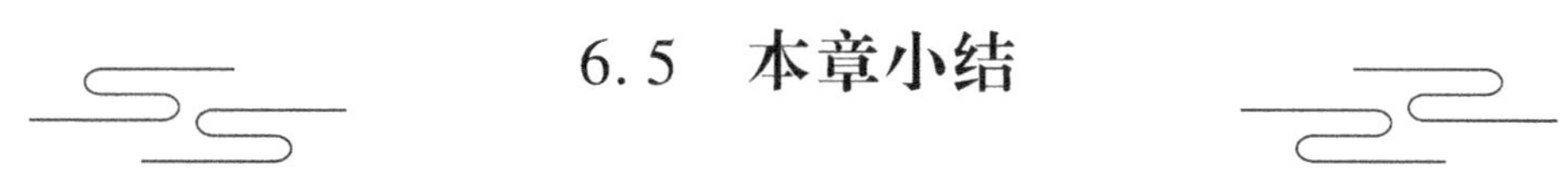

6.5　本章小结

本章通过对温度循环过程中各物理量的分析,建立了 THM 耦合模型,并用 COMSOL Multiphysics 有限元分析软件进行了不同冻结温度下各养护龄期的全尾砂充填体在循环过程中的温度变化模拟,温度循环过程中顶部、中心处和底部的位移量模拟,不同养护龄期的全尾砂充填体在一个循环周期内的孔隙水压力模拟,循环过程中全尾砂充填体的应力-应变模拟,并与实验室试验结果进行了对比,计算结果与试验结果吻合较好,说明建立的数值模拟方法合理。具体结论如下:

(1)各个养护龄期的全尾砂充填体温度在循环过程中随环境温度周期性变化,充填体中心处温度变化没有表面处温度变化快。养护 28 d 的充填体在冻结阶段和融化阶段温度变化比养护 3 d 和 7 d 的充填体快。养护 7 d 的充填体在冻结阶段温度下降速度比养护 3 d 的充填体慢,而融化阶段升温速度比养护 3 d 的充填体快。

(2)各养护龄期的充填体随冻结温度的降低,其顶部、中心处和底部的位移随循环次数的增加整体呈增大趋势,冻结温度为-5 ℃的充填体各处的位移量比冻结温度为-10 ℃和-15 ℃的充填体位移量小,而冻结温度为-10 ℃时各处的位移量与冻结温度为-15 ℃时相差不大;同一条件下的充填体顶部位移量比中心处大,中心处位移量比底部大。

(3) 标准养护时充填体孔隙水压力为负，且养护龄期较长的孔隙水压力较小；充填体冻结时孔隙水压力为正且养护龄期较长的孔隙水压力较大。养护 3 d 的充填体中心处孔隙水压力最大可达 7.3 MPa，养护 7 d 时中心处孔隙水压力最大可达 8.2 MPa，养护 28 d 时中心处孔隙水压力最大可达 8.7 MPa。

(4) 各养护龄期的充填体在不同冻结温度作用下其循环过程的应力应变曲线走向类似，随着养护龄期的增长，循环次数相同时达到相同应变时所需的应力逐渐变大。养护 3 d 的充填体循环 5 次时其内部应力最大；养护 7 d 和 28 d 的充填体随循环次数的增长，内部应力逐渐减小。

(5) 采场中的应力自充填体上表面至底板是逐渐增加的。这是由于料浆充入采场后，胶结剂与水发生水化反应，水化反应产生的热量在采场下部封闭区域积聚，这反过来加速了胶结剂的水化反应，使充填体下部充填体强度更大。而水的自下而上的渗出使充填体上部积聚了更多水分，降低了上部料浆的浓度，使上部充填体强度难以进一步提高。而且由于料浆的自重作用，加大了下部充填体的应力分布。

(6) 采场中的位移自充填体上表面至底板是逐渐减小的。这是由于在模拟软件中，采场模型的上表面为自由面，而其余面由于围岩的支撑作用，表现在模型中为辊支撑和固定约束，这使得充填体边界难以发生位移变化，且由于自重作用，充填体上部不断发生沉降现象，而下部沉降现象并不明显，因此位移自上而下逐渐减小。

第 7 章　原位充填体力学特性研究

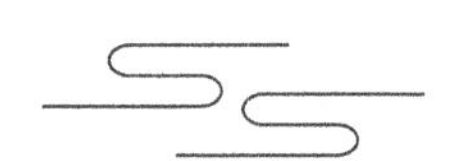

7.1　结构面发育特征

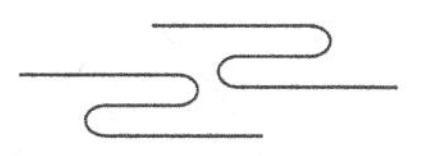

7.1.1　结构面发育特征

(1)角岩:灰-暗灰色,致密坚硬,块状构造,多穿插石英脉、硅化及绿泥石条带。节理、裂隙一般为压性,极少量为压扭性,闭合,宽度一般小于 1 mm,胶结较好,局部有滴水。调查区域结构面绝大多数发育为Ⅴ级结构面。

(2)矽卡岩:节理、裂隙以压性为主,宽度一般小于 1 mm,胶结条件好,水分含量极低。

7.1.2　结构面统计分析

7.1.2.1　**角岩**

角岩结构面产状优势结构面共有 4 组,如图 7-1 所示。

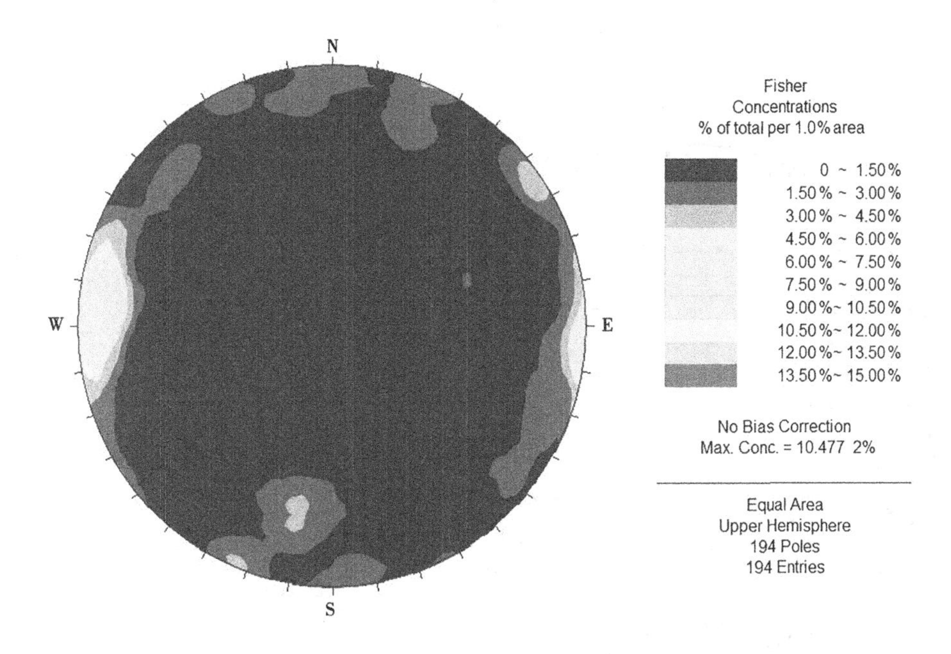

(a)结构面极点等密度图

图 7-1　角岩结构面统计分析结果

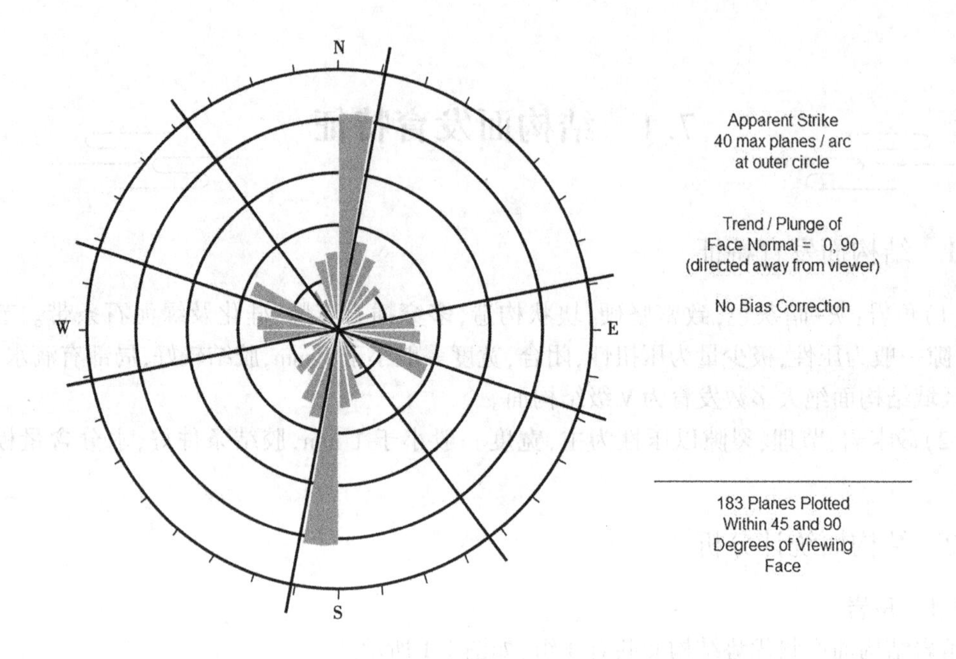
N
W
E
S
Apparent Strike
40 max planes / arc
at outer circle
Trend / Plunge of
Face Normal = 0, 90
(directed away from viewer)
No Bias Correction
183 Planes Plotted
Within 45 and 90
Degrees of Viewing
Face

(b)结构面走向图

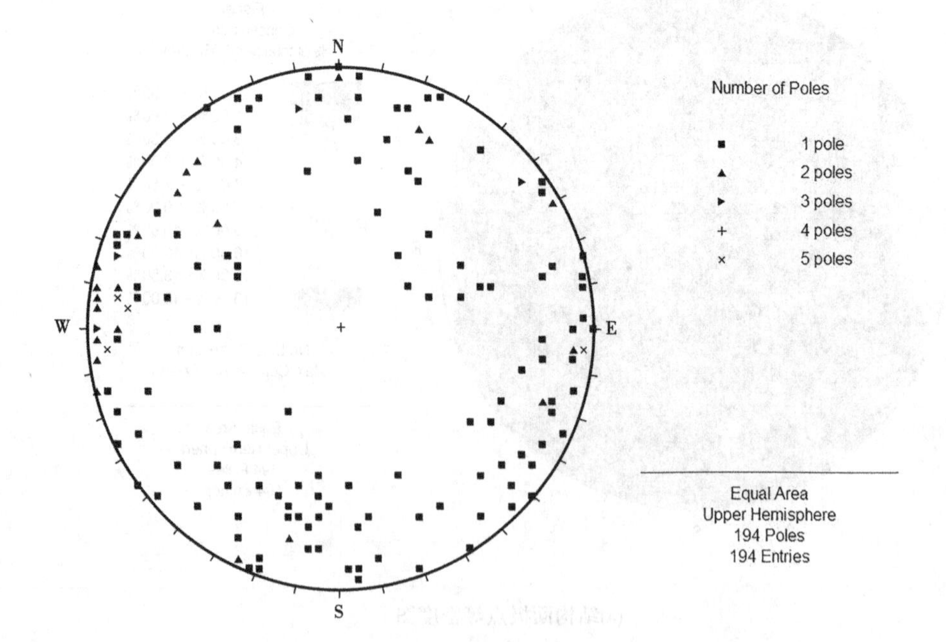
N
W
E
S
Number of Poles
1 pole
2 poles
3 poles
4 poles
5 poles
Equal Area
Upper Hemisphere
194 Poles
194 Entries

(c)结构面等面积极点分布图

续图 7-1

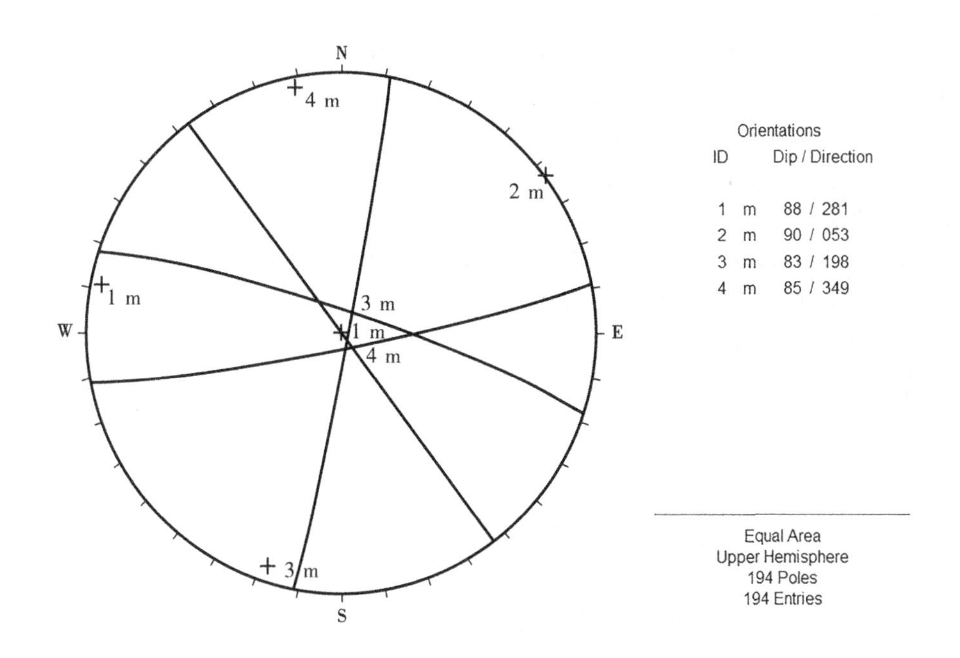

(d)优势结构面产状图

注：Fisher Concentrations % of total per 1.0% area—费舍尔浓度占总量的百分比(每1.0%面积)；

No Bias Correction Max. Conc. = 10.477 2%—无偏差修正最大浓度 = 10.477 2%；

Equal Area Upper Hemisphere 194 Poles 194 Entries—等面积上半球194个极点、194个条目；

Apparent Strike 40 max planes / arc at outer circle—表面走向最大平面/弧在外圈为40；

Trend/Plunge of Face Normal = 0.90 (directed away from viewer)—面法线的趋势/倾角 = 0.90(朝向观察者的方向)；

No Bias Correction—无偏差修正；

183 Planes Plotted Within 45 and 90 Degrees of Viewing Face—在观察面内绘制的183个平面,倾斜角度在45°~90°；

Number of Poles—极点数量；

1 pole、2 poles、3 poles、4 poles、5 poles—极点1、极点2、极点3、极点4、极点5；

Equal Area Upper Hemisphere 194 Poles 194 Entries—等面积上半球194个极点、194个条目；

Orientations—方向；

Dip/Direction—倾角/倾向；

Equal Area Upper Hemisphere 194 Poles 194 Entries—等面积上半球194个极点、194个条目,下同。

续图 7-1

(1)第一组:23°∠77°,一般为陡倾角,占96.88%。

(2)第二组:91°∠77°,全部为陡倾角。

(3)第三组:225°∠46°,以陡倾角为主,占75.0%。

(4)第四组:286°∠70°,全部为陡倾角。

7.1.2.2　矽卡岩

矽卡岩结构面产状优势结构面共有 3 组,如图 7-2 所示。

(1)第一组:267°∠84°,一般为陡倾角,占 93.22%。

(2)第二组:142°∠85°,以陡倾角为主,占 74.65%。

(3)第三组:200°∠82°,一般为陡倾角,占 96%。

7.1.2.3　大理岩

大理岩结构面产状优势结构面共有 3 组,如图 7-3 所示。

(1)第一组:193°∠87°,一般为陡倾角,占 98.44%。

(2)第二组:260°∠84°,以陡倾角为主,占 75.56%。

(3)第三组:303°∠86°,一般为陡倾角,占 94.44%。

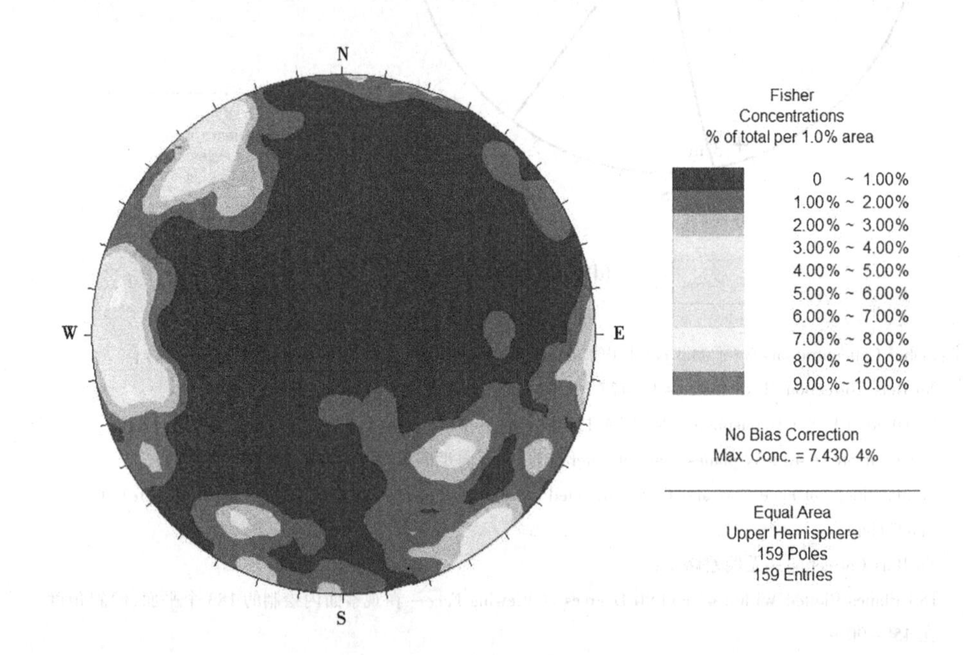

(a)结构面极点等密度图

图 7-2　矽卡岩结构面统计分析结果

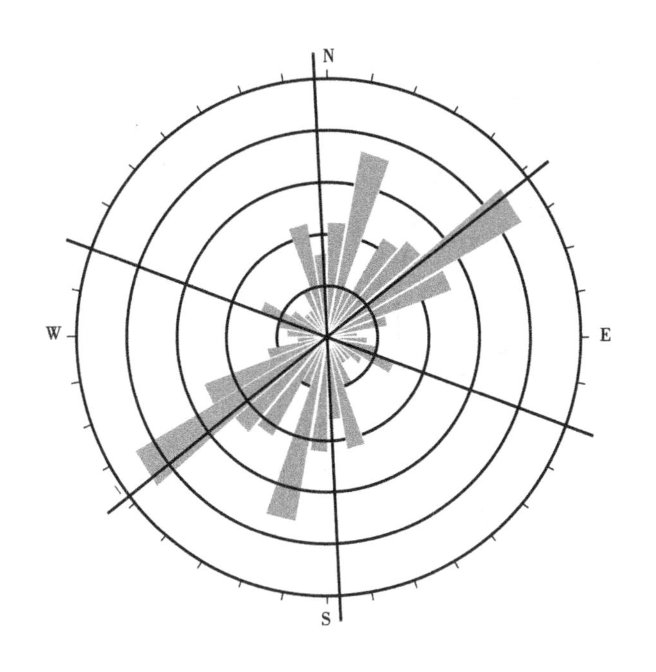

(b)结构面走向图

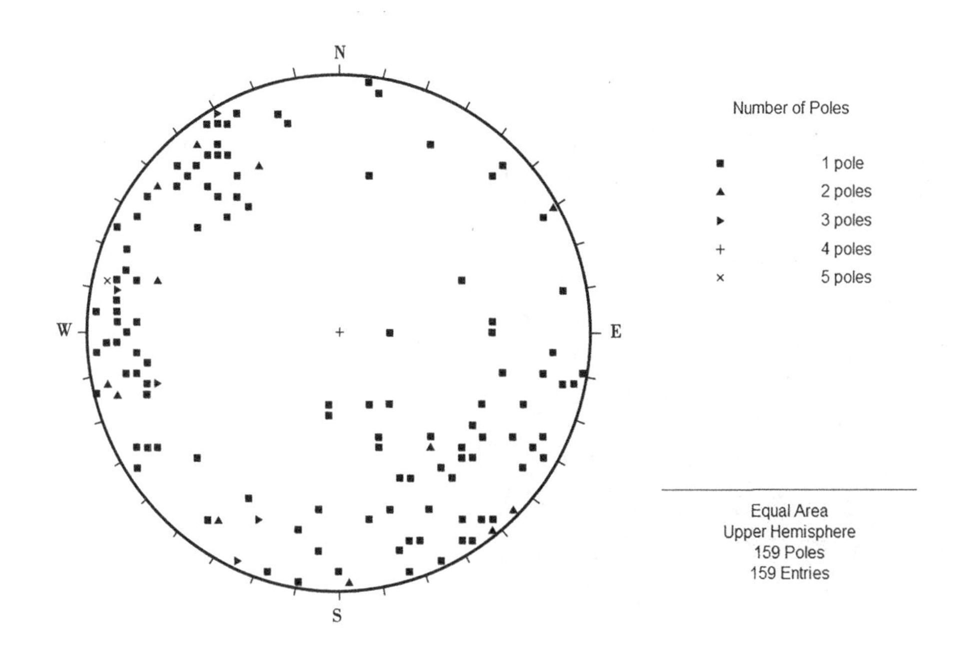

(c)结构面等面积极点分布图

续图 7-2

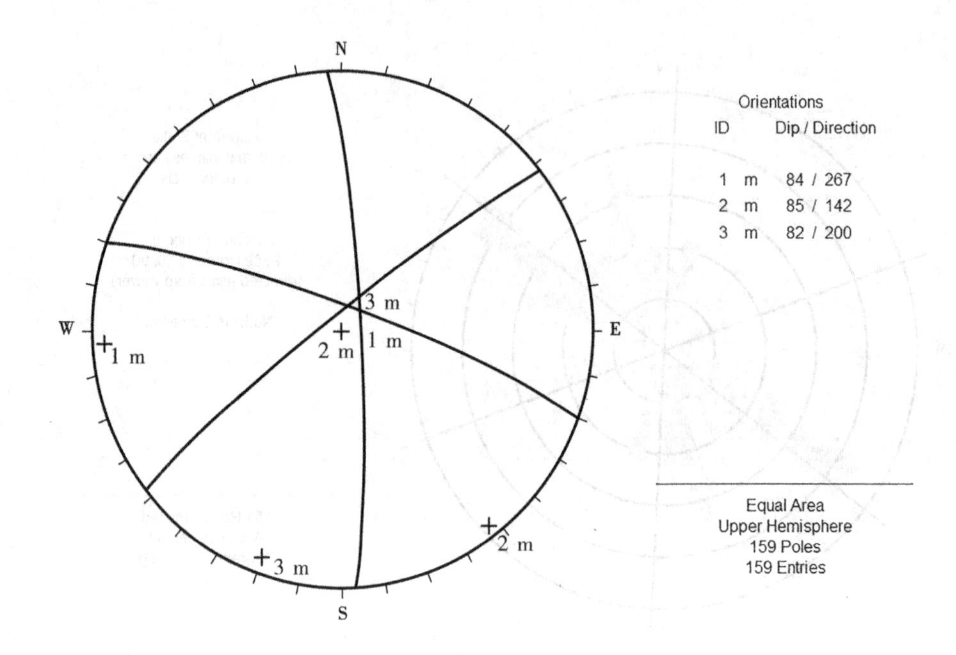

(d)优势结构面产状图

续图 7-2

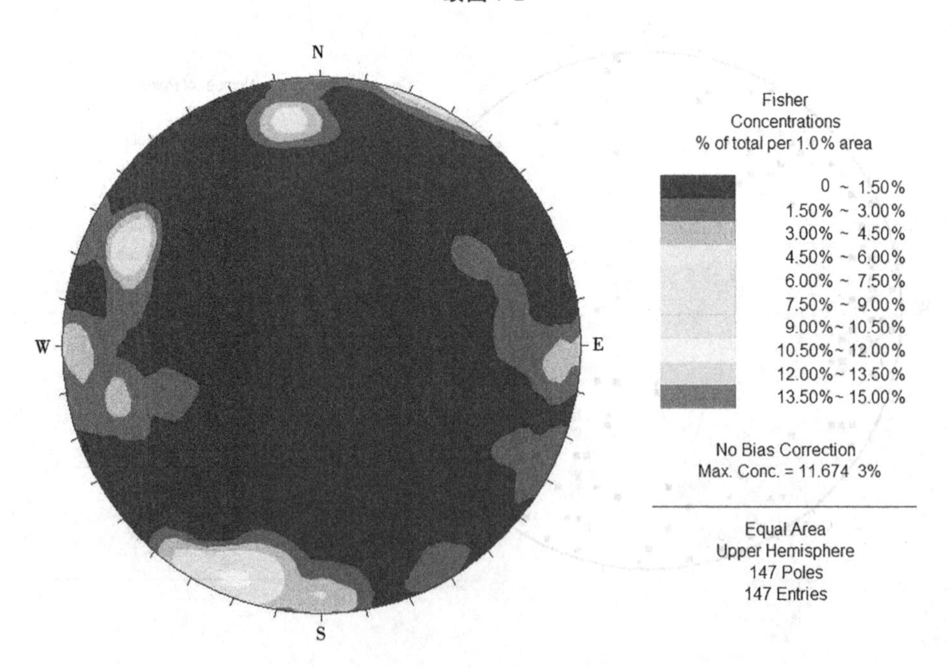

(a)结构面极点等密度图

图 7-3　大理岩结构面统计分析结果

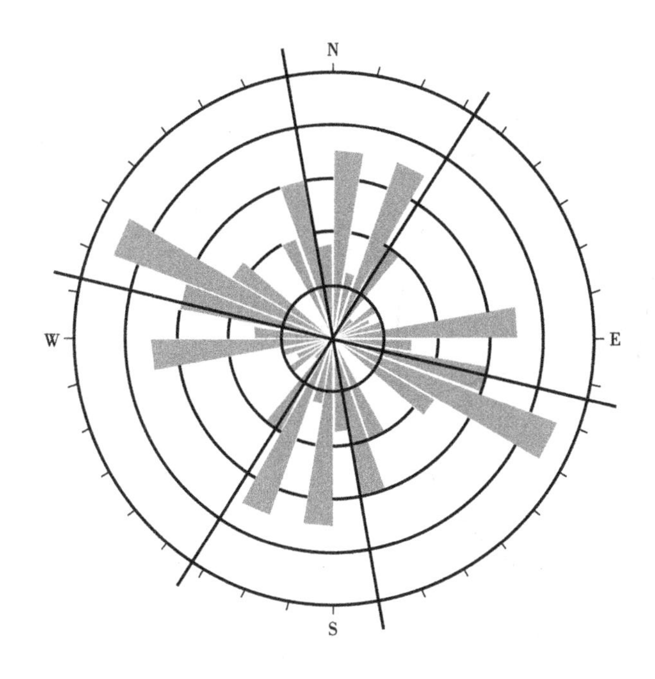

(b)结构面走向图

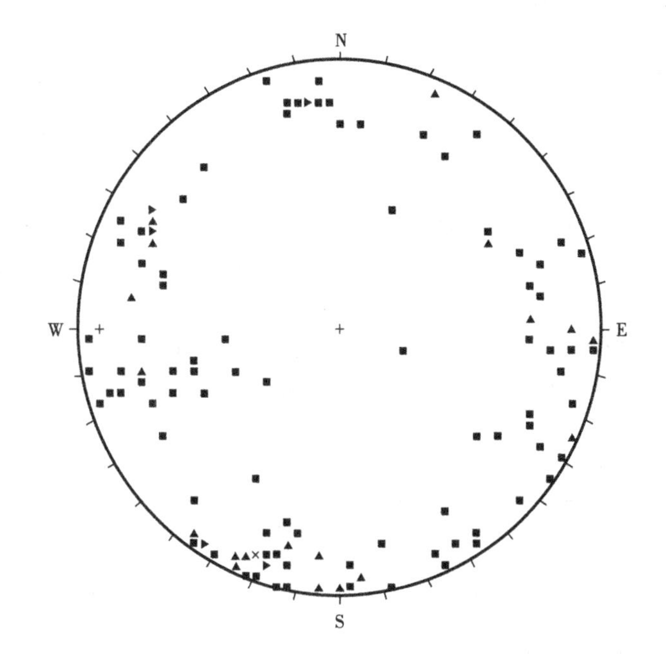

(c)结构面等面积极点分布图

续图 7-3

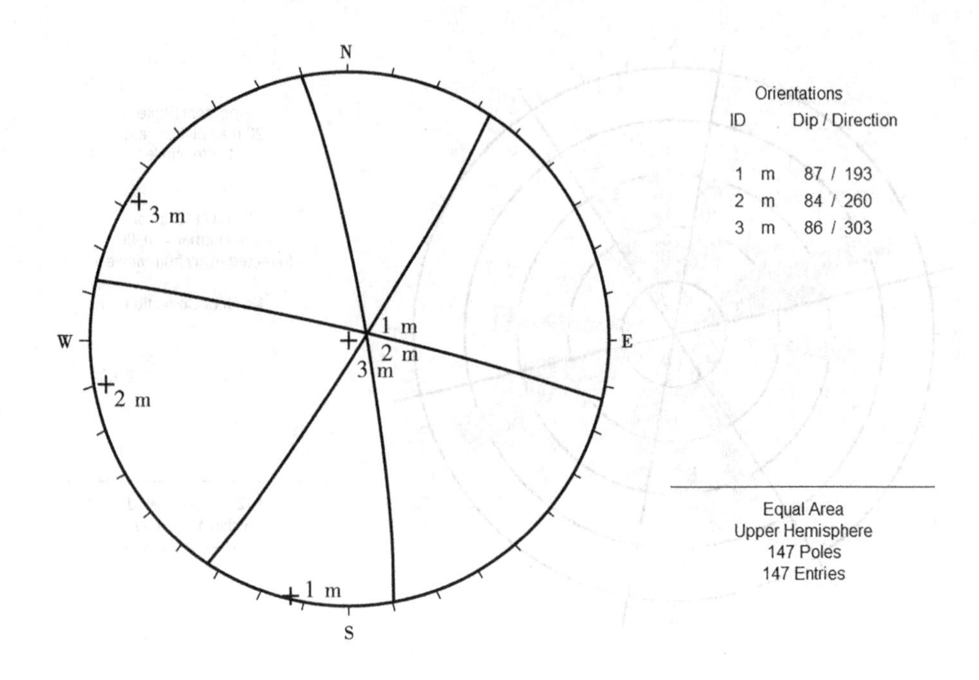

(d)优势结构面产状图

续图 7-3

7.1.3　结构面间距统计分析

根据对某多金属矿的结构面调查与统计，由节理面间距测量的结果，采用式(7-1)确定岩石质量指标(RQD)：

$$RQD = 100e^{-\lambda t}(\lambda t + 1) \tag{7-1}$$

式中，λ 为节理面的密度(节理间距的倒数)；t 为阈值，常值 $t=0.1$ m，计算时取另一较大阈值，计算结果取较小值。

根据节理分类标准，节理间距为 6～20 cm 时为密；节理间距为 20～60 cm 时为中等；节理间距为 60～200 cm 时为宽；节理间距大于 200 cm 时为很宽。平均间距如表 7-1 所示。

表 7-1　结构面平均间距对比

岩性	平均间距/(m/条)	线密度/(条/m)	RQD(由节理间距)/%	
角岩	0.151 8	6.587 4	62.06	$t=0.2$ m
矽卡岩	0.162 3	6.162 8	65.09	$t=0.2$ m
大理岩	0.204 8	4.883 7	74.43	$t=0.2$ m

按照 ISRM(国际岩石力学与岩石工程学会)节理间距的分类方法，某多金属矿矿区

角岩和矽卡岩节理的平均间距均在 6～20 cm,其发育的密集程度归纳为密的间距。可知该金属矿矿区内部主要为角岩和矽卡岩节理,大理岩节理分布较少。

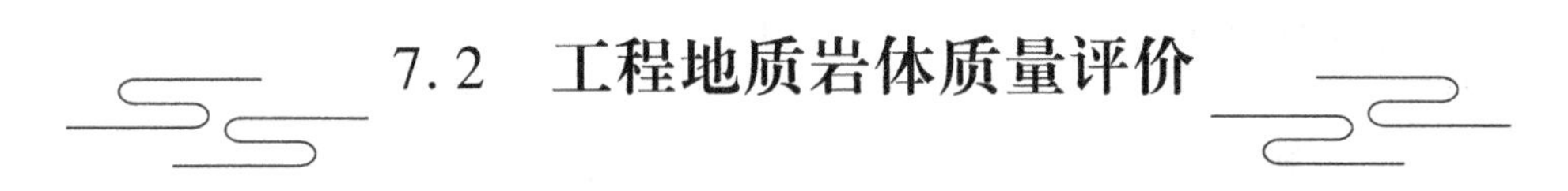

7.2　工程地质岩体质量评价

7.2.1　RQD 值分级法

RQD 值分级法通过对岩体分级,定性评价岩体的质量情况,能够反映出岩体的坚硬程度和完整程度,是一种可以简单直接评价岩体质量的方法之一。具体分级如表 7-2 所示。

表 7-2　RQD 分级

指标	100～90	90～75	75～50	50～25	25～0
分级	Ⅰ	Ⅱ	Ⅲ	Ⅳ	Ⅴ
描述	很好	好	较好	差	很差

各岩组 RQD 值见表 7-3,对比表 7-2 可知,角岩、矽卡岩和大理岩均为好的岩体,这两种岩体在矿区地质中分布明显,大理岩较这两种岩体发育较差,综合选取值为角岩和矽卡岩。

表 7-3　各岩组 RQD 值　%

岩组	RQD 值		
	计算值（由节理间距）	南坑边坡研究报告采用值	综合选取值
角岩	62.06	90.00	85.00
矽卡岩	65.09	79.99	79.99
大理岩	74.43	74.91	74.91

7.2.2　节理岩体的 CSIR 分级法

CSIR 分级法主要通过岩体的点荷载强度、单轴抗压强度、岩石质量指标 RQD 和节理间距等参数对岩体进行指标评级,这种分级方法可以较为综合地反映出岩体的综合质量情况。该方法分级指标如表 7-4 所示。节理方位修正如表 7-5 所示,根据总指标确定岩体分类如表 7-6 所示,岩体分级的意义如表 7-7 所示。

表 7-4 节理岩体的岩石力学分类(RMR)(Bieniawski,1989)

序号	参数		数值范围						
1	完整岩石材料的强度	点荷载强度/MPa	>10	4~10	2~4	1~2	对于低值范围宜用单轴抗压强度		
		单轴抗压强度/MPa	>250	100~250	50~100	25~50	5~25	1~5	<1
	指标		15	12	7	4	2	1	0
2	岩石质量指标 RQD/%		90~100	75~90	50~75	25~50	< 25		
	指标		20	17	13	8	3		
3	节理间距/m		> 2	0.6~2	0.2~0.6	0.06~0.2	< 0.06		
	指标		20	15	10	8	5		
4	节理状态		表面很粗糙,不连续,无间隙,围岩无风化,节理面岩石坚硬	表面微粗糙,间隙<1 mm,节理面岩石坚硬	表面微粗糙,间隙<1 mm,高度风化围岩,节理面岩石软弱	镜面或泥质夹层,厚<5 mm或节理张开度1~5 mm,连续展布	软泥质夹层,厚>5 mm,或节理张开度>5 mm,连续展布		
	指标		30	25	20	10	0		
5	地下水	每10 m隧道涌水量/(L/min)	无	<10	10~25	25~125	>125		
		节理水压力与最大主应力之比	0	0~0.1	0.1~0.2	0.2~0.5	>0.5		
		一般条件	完全干燥	较干燥	潮湿	滴水	流水		
		指标	15	10	7	4	0		

表 7-5　节理方位修正

节理的走向与倾向		很有利的	有利的	中等的	不利的	很不利的
指标	隧道	0	−2	−5	−10	−12
	地基	0	−2	−7	−15	−25
	边坡	0	−5	−25	−50	−60

表 7-6　根据总指标确定岩体分级

指标	100←81	80←61	60←41	40←21	<20
分级	Ⅰ	Ⅱ	Ⅲ	Ⅳ	Ⅴ
描述	很好岩石	好岩石	中等岩石	差岩石	很差岩石

表 7-7　岩体分级的意义

分级	Ⅰ	Ⅱ	Ⅲ	Ⅳ	Ⅴ
平均自立时间	15 m 跨度 可达 20 年	10 m 跨度 可达 1 年	5 m 跨度 可达 1 周	2.5 m 跨度 可达 10 h	1 m 跨度 可达 30 min
岩体黏结力/kPa	>400	300~400	200~300	100~200	<100
岩体内摩擦角	>45°	35°~45°	25°~35°	15°~25°	<15°

根据某多金属矿矿区的工程地质特征及矿岩的物理力学性质，对其矿体及周围岩体进行了分类，分类结果如表 7-8 所示。经 CSIR 分级法的分析，综合评级岩体的岩石强度、RQD、节理间距、节理状态、地下水、节理方位修正，对各个指标评级打分，对岩体质量进行综合评价。

表 7-8　矿岩的 RMR 得分及分类结果

岩体	参数						总得分	分级
	岩石强度	RQD	节理间距	节理状态	地下水	节理方位修正		
角岩	12	17	8	23	4	−5	59	中等岩体
矽卡岩	7	17	8	25	7	−5	59	中等岩体
大理岩	7	13	10	30	2	−5	57	中等岩体

7.3　岩体力学参数的研究

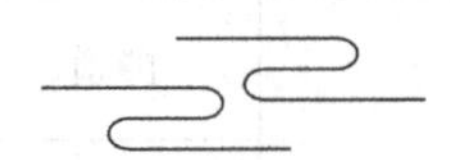

7.3.1　破坏准则

Hoek-Brown(1980)用试错法提出了节理岩体 Hoek-Brown 破坏准则，该破坏准则表达式如下：

$$\sigma_1' = \sigma_3' + \sigma_{ci}\left(m_b \frac{\sigma_3'}{\sigma_{ci}} + s\right)^a \tag{7-2}$$

式中，σ_1' 为破坏时的最大有效应力；σ_3' 为破坏时的最小有效应力；σ_{ci}' 为原岩试样的单轴抗压强度；m_b 为 Hoek-Brown 常数；a 和 s 为常数，取决于岩体的性质。

岩土工程中常用的 Mohr 包络线，经统计分析与曲线拟合，等效 Mohr 包络线方程可以表示为：

$$\tau = A\sigma_{ci}\left(\frac{\sigma_n' - \sigma_{tm}}{\sigma_{ci}}\right)^B \tag{7-3}$$

式中，A 和 B 为材料常数；τ 为切应力；σ_n' 为法向有效应力；σ_{tm} 为岩体的抗拉强度，可由下式确定：

$$\sigma_{tm} = \frac{1}{2}\sigma_{ci}\left(m_b - \sqrt{m_b^2 + 4s}\right) \tag{7-4}$$

对岩块(石)，式(7-4)可简化为：

$$\sigma_1' = \sigma_3' + \sigma_{ci}\left(m_i \frac{\sigma_3'}{\sigma_{ci}} + 1\right)^{0.5} \tag{7-5}$$

即岩石破坏时的主应力关系由单轴抗压强度 σ_{ci} 和常数 m_i 确定。

式(7-5)又可写为：

$$y = m\sigma_{ci}x + \sigma_{ci} \tag{7-6}$$

根据岩石的三轴试验结果，岩石的单轴抗压强度 σ_{ci}、常数 m_i 和相关系数 r^2 值可由下式确定：

$$\sigma_{ci} = \frac{\sum y_i}{n} - \left[\frac{\sum x_i y_i - (\sum x_i \sum y_i / n)}{\sum x_i^2 - (\sum x_i)^2 / n}\right]\frac{\sum x_i}{n} \tag{7-7}$$

$$m_i = \frac{1}{\sigma_{ci}}\left[\frac{\sum x_i y_i - \sum x_i \sum y_i / n}{\sum x_i^2 - (\sum x_i)^2 / n}\right] \tag{7-8}$$

$$r^2 = \frac{\left[\sum x_i y_i - \sum x_i \sum y_i / n\right]^2}{\left[\sum x_i^2 - (\sum x_i)^2 / n\right]\left[\sum y_i^2 - (\sum y_i)^2 / n\right]} \tag{7-9}$$

式中，$x_i = \sigma_3'$；$y_i = (\sigma_1' - \sigma_3')^2$；$n$ 为试样的个数。

岩体的特性参数可由下式确定：

$$m_b/m_i = \exp\left(\frac{GSI - 100}{28 - 14D}\right) \tag{7-10}$$

$$s = \exp\left(\frac{GSI - 100}{28 - 3D}\right) \tag{7-11}$$

$$a = \frac{1}{2} + \frac{1}{6}\left(e^{-GSI/15} - e^{-20/3}\right) \tag{7-12}$$

式中，GSI 为地质强度指数，取值为 0~100；D 为扰动值，取值为 0~1，从无扰动时 $D=0$ 到扰动最大时 $D=1$。

设式(7-5)中 $\sigma_3'=0$，可得岩体的单轴抗压强度：

$$\sigma_{cm} = \sigma_{ci} \cdot s^a \tag{7-13}$$

式中，σ_{cm} 为岩体破坏时的最大有效应力。

7.3.2　变形模量

2006 年，Hoek 和 Diederichs 又对岩体变形模量的公式做了如下修正：

(1)仅靠 GSI 和 D 值来求取：

$$E_{rm} = 100\ 000\left[\frac{1 - D/2}{1 + e^{(75+25D-GSI)/11}}\right] \tag{7-14}$$

(2)通过完整岩石弹性模量来求取：

$$E_{rm} = E_i\left[0.02 + \frac{0.02 + 1 - D/2}{1 + e^{(60+15D-GSI)/11}}\right] \tag{7-15}$$

当没有完整岩石弹性模量的试验值时，可以通过以下经验公式估值：

$$E_i = MR \cdot \sigma_{ci}$$

其中，MR 的值通过查找可得。

7.3.3　抗剪强度参数

在岩土工程中经常用到 Mohr-Coulomb 破坏准则，其表达式为：

$$\tau = c' + \sigma\tan\varphi' \tag{7-16}$$

式中，c'为岩体的黏结力；φ'为岩体的内摩擦角；σ 为岩体应力。

而 Mohr-Coulomb 破坏准则按最大主应力与最小主应力的线性关系可表示为：

$$\sigma_1' = \sigma_{cm} + k\sigma_3' \tag{7-17}$$

式中，k 为 σ_1'和 σ_3'间线性关系的斜率；σ_{cm} 为岩体的抗压强度。

岩体的内摩擦角 φ'和黏结力 c'由下式计算：

$$\sin\varphi' = \frac{k - 1}{k + 1} \tag{7-18}$$

$$c' = \frac{\sigma_{cm}(1 - \sin\varphi')}{2\cos\varphi'} \tag{7-19}$$

通过一系列三轴试验值，岩体内摩擦角 φ'和黏结力 c'可由式(7-18)、式(7-19)计算。

式(7-3)中的参数计算如下：

法向应力与切向应力之间的关系形式为：

$$\sigma'_n = \frac{\sigma'_1 - \sigma'_3}{2} - \frac{\sigma'_1 - \sigma'_3}{2} \cdot \frac{d\sigma'_1/d\sigma'_3 - 1}{d\sigma'_1/d\sigma'_3 + 1} \tag{7-20}$$

$$\tau = (\sigma'_1 - \sigma'_3)\sqrt{\frac{d\sigma'_1}{d\sigma'_3}} \Big/ \left(\frac{d\sigma'_1}{d\sigma'_3} + 1\right) \tag{7-21}$$

$$\frac{d\sigma'_1}{d\sigma'_3} = 1 + am_b\left(\frac{m_b\sigma'_3}{\sigma'_{ci}} + s\right)^{a-1} \tag{7-22}$$

由式(7-3)定义的等效 Mohr 包络线，可写为下式形式：

$$Y = \lg A + BX \tag{7-23}$$

式中：

$$Y = \lg\left(\frac{\tau}{\sigma_{ci}}\right), X = \lg\left(\frac{\sigma'_n - \sigma_{tm}}{\sigma_{ci}}\right) \tag{7-24}$$

由式(7-4)确定 σ_{tm}，由式(7-20)、式(7-21)计算 σ'_n和 τ 值，则按线性回归可得 A 和 B 值：

$$B = \frac{\sum XY - (\sum X \sum Y)/T}{\sum X^2 - (\sum X)^2/T} \tag{7-25}$$

$$A = 10^{[\sum Y/T - B(\sum X/T)]} \tag{7-26}$$

式中，T 为在线性回归中数据对的总数。

以上岩体强度参数的计算结果见表 7-9，除微风化角岩、微风化矽卡岩和微风化大理岩外，其他参数均参照《某多金属矿一、二期建设工程露采边坡稳定研究报告》中岩体力学参数采用值。

表 7-9 某多金属矿地下开采岩体力学参数

参数	岩组					
	强风化板岩	中风化板岩	微风化板岩	强风化角岩	中风化角岩	微风化角岩
密度 $\rho/(g/cm^3)$	2.50	2.63	2.73	2.56	2.66	2.76
岩体抗压强度 σ_{cm}/MPa	5	11.1	17.48	7	14.20	22.7
岩体抗拉强度 σ_{tm}/MPa	0.60	1.59	2.50	0.90	2.03	2.2
岩体弹性模量 E_m/MPa	3 400	7 434	11 194	3 400	7 341	9 606
泊松比 μ	0.24	0.24	0.24	0.23	0.23	0.23

7.4　原位充填体取样

7.4.1　钻孔取样准备工作

在某多金属矿 3-2-20 采场进行原位充填体取样工作，计划在 3#挡墙处打水平孔和倾斜孔各一根，其中倾斜孔向上倾斜 40°；在 1#挡墙处打水平孔和倾斜孔各一根，其中倾斜孔向上倾斜 15°，每根钻杆均打至岩体处。

如图 7-4 和图 7-5 所示分别为 3#挡墙和 1#挡墙的现场取芯工作情况。首先选取钻孔位置，由于现场钻孔设备的钻杆仅能保持与设备垂直的角度，为了保证取芯方案角度的准确性，取芯点选取在挡墙偏右处，这样可以保证水平钻孔和倾斜钻孔均不发生较大偏移。

7.4.2　注水取芯

3-2-20 采场自 2020 年 4 月 20 日完成采空区全部的充填工作，于 6 月 6 日和 6 月 7 日进行取芯工作，采空区内的充填体在井下环境下养护了 47～48 d，强度较低，在取芯完成后，充填体填满了钻杆，强度较低的充填体难以直接从钻杆内取出，采用传统的颠震钻杆的方法会破坏钻杆内部的充填体，使其取出后破碎，如图 7-6 样品盒中间部分的充填体所示，破碎的充填体无法进行后续的力学试验，需要采用注水取芯的方法进行取芯，如图 7-7 所示。

图 7-4　3#挡墙现场取芯

续图 7-4

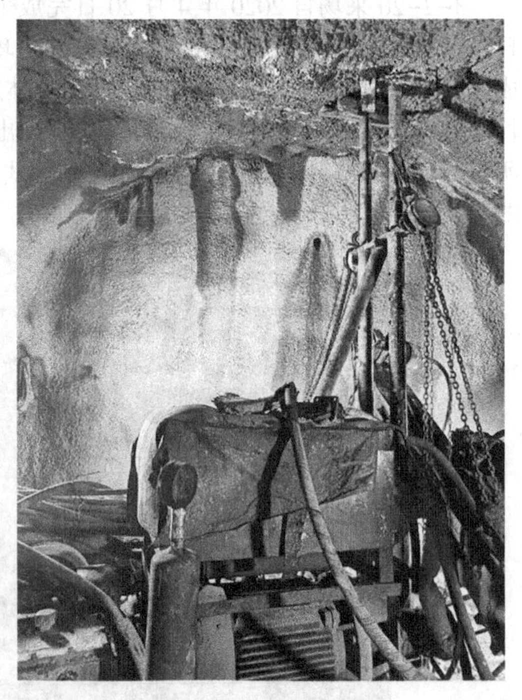

图 7-5 1#挡墙现场取芯

采用注水取芯的方法可以以温和受力的方式将充填体从钻杆中推出,将与水压力机连接的水管连接至钻杆一头,连接稳定后注入压力水,缓慢地将充填体推出,可以得到较为完整的充填体柱。

图 7-6　注水取芯前的取芯效果

7.4.3　样品获取及标注

样品获取及标注见图 7-8。

图 7-7　工作人员注水取芯

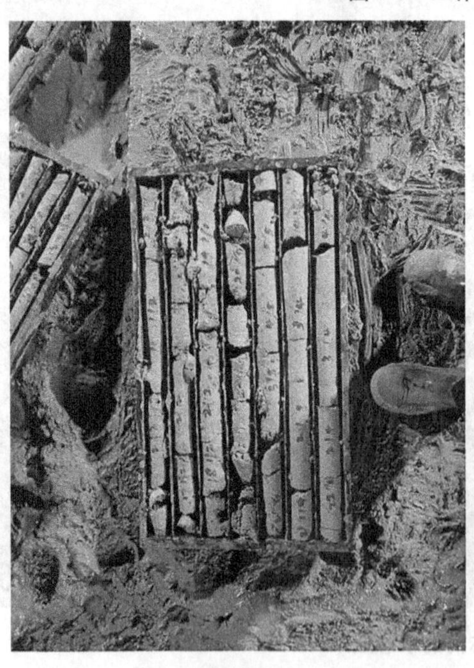

(a)3#挡墙水平孔

(b)3#挡墙倾斜孔

图 7-8　样品获取及标注

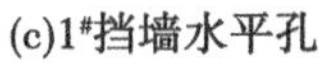

(c)$1^{\#}$挡墙水平孔

(d)$1^{\#}$挡墙倾斜孔

续图 7-8

7.5 原位充填体力学性能试验

7.5.1 原位充填体单轴抗压强度试验

从现场取芯的样品中选取部分典型的充填体,在井下切割长度为 10 cm 的圆柱充填体,保证充填体减少与地表空气湿度等的接触,在井下切割完毕后,用塑料保鲜膜将其完全封闭,防止将其送至地表时受到常规湿度的养护。将所选取的典型充填体样品打包带至地表,并送往北京科技大学膏体充填采矿技术研究中心进行常规力学性能试验。如图 7-9 所示为单轴抗压强度试验过程,在对充填体施加荷载的过程中,可以从数据接收设备中读取其应力-应变变化过程。图 7-10 为在北京科技大学物理实验室内进行的单轴抗压强度试验,其设备精度更高,准确性更强。

如图 7-11 所示为在试验过程中充填体受荷载作用侧面发生破裂现象。此时的充填体已度过其弹性破坏阶段,已达到峰值应力,充填体的稳定性受到破坏,进入塑性阶段。

7.5.2 $1^{\#}$挡墙水平方向原位充填体强度发展规律

在 $1^{\#}$挡墙处所打水平方向钻孔长度约为 40 m,沿着距离 $1^{\#}$挡墙边界位置距离作为参考量,分析充填体沿着垂直于 $1^{\#}$挡墙方向上的强度变化。由于所打钻孔垂直高度较低,所取的充填体样品均为灰砂比为 1:4的充填体。从图 7-12 中可以看出,不论该方向上所处何位置的充填体,其受到单轴压缩作用后,应力-应变均为正常岩体所能获得的应力-应变曲线,均可以得到峰值应力,但是由于井下湿度大、温度低以及养护时间短等因素的影响,其峰值应力仍较低。其中距离1#挡墙水平距离12 m处获得了最大的峰值应力,可见在该处的充填体强度更高,具有更强的稳定性。

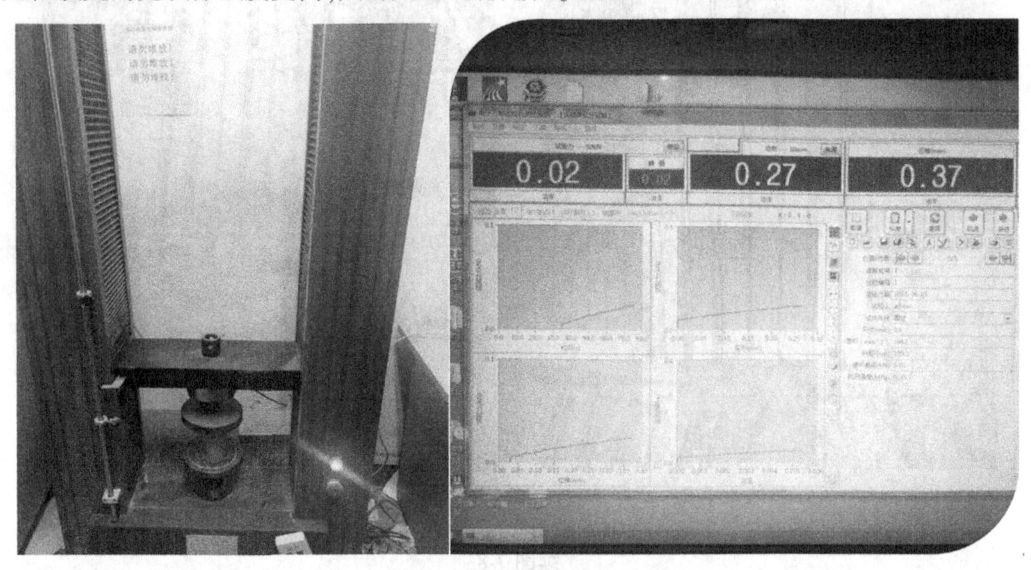

图 7-9　单轴抗压强度试验 1

图 7-10　单轴抗压强度试验 2

图 7-11　充填体受荷载作用侧面发生破裂

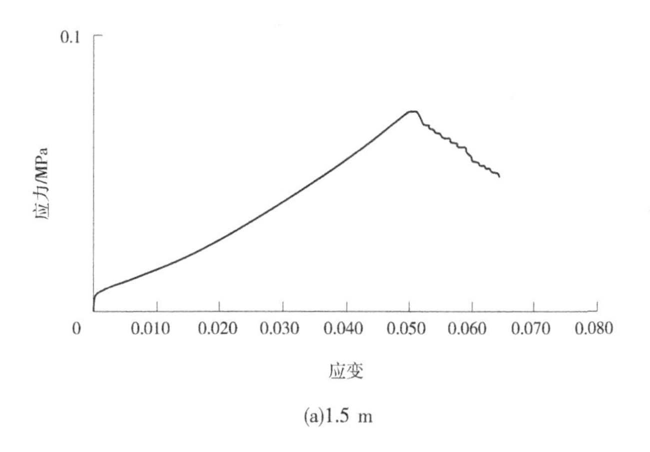

(a)1.5 m

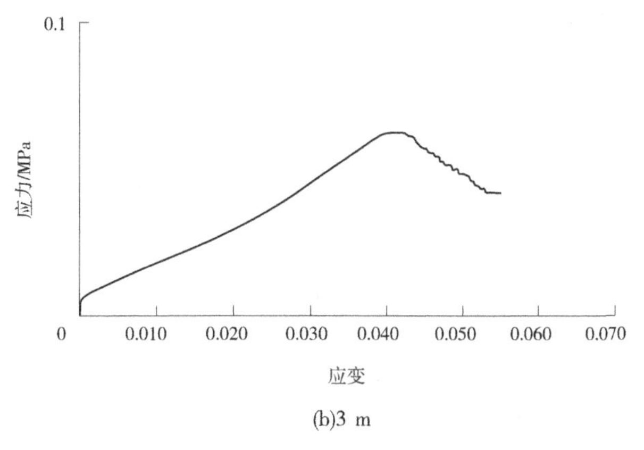

(b)3 m

图 7-12　沿垂直于 1#挡墙方向上充填体应力-应变曲线

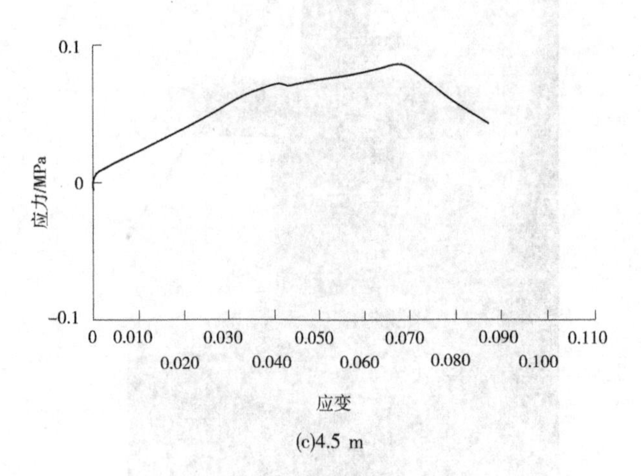

(c)4.5 m

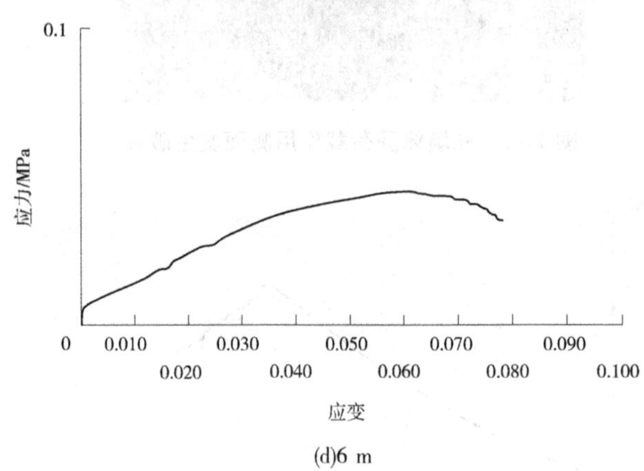

(d)6 m

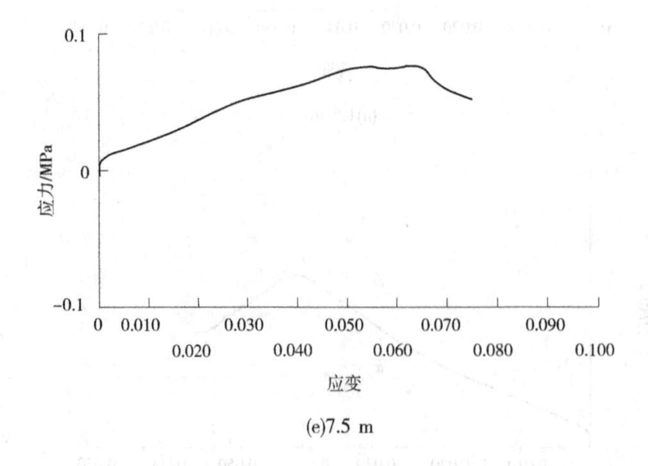

(e)7.5 m

续图 7-12

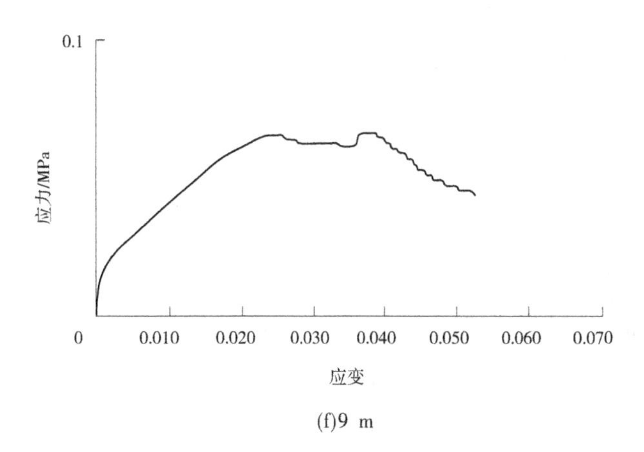

(f)9 m

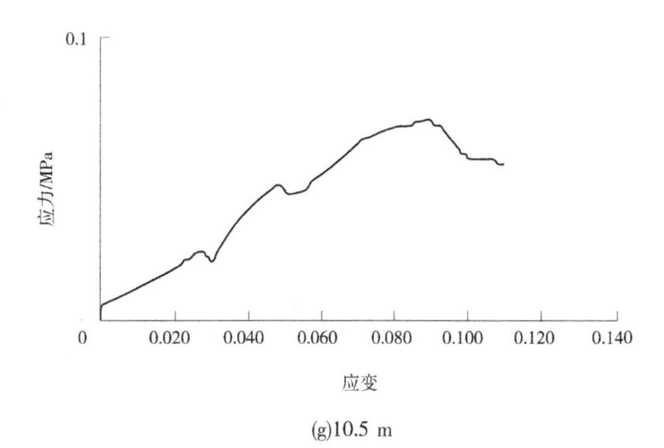

(g)10.5 m

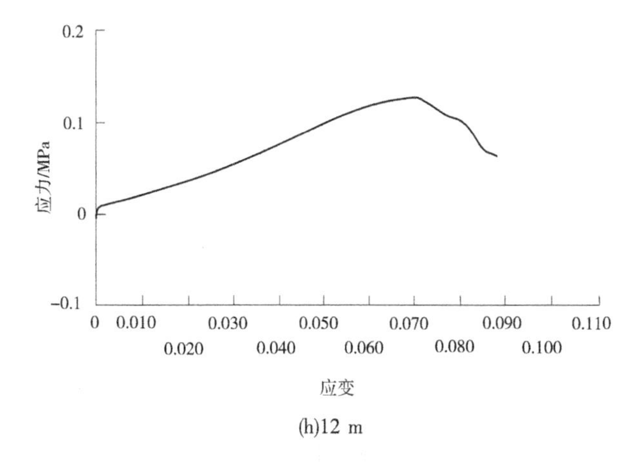

(h)12 m

续图 7-12

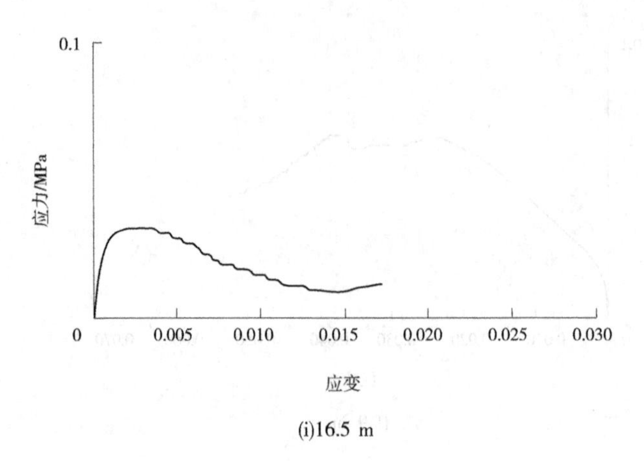

(i)16.5 m

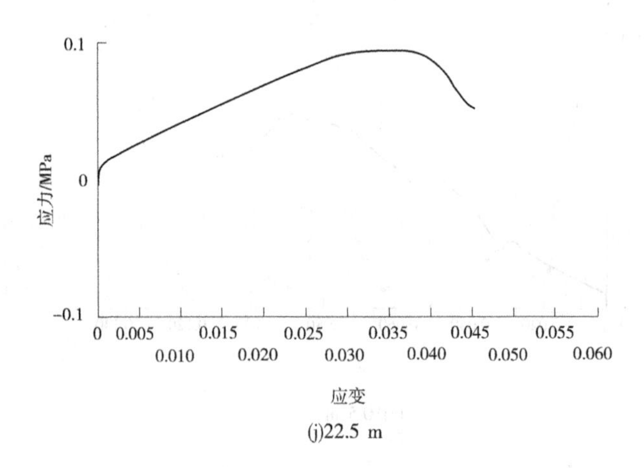

(j)22.5 m

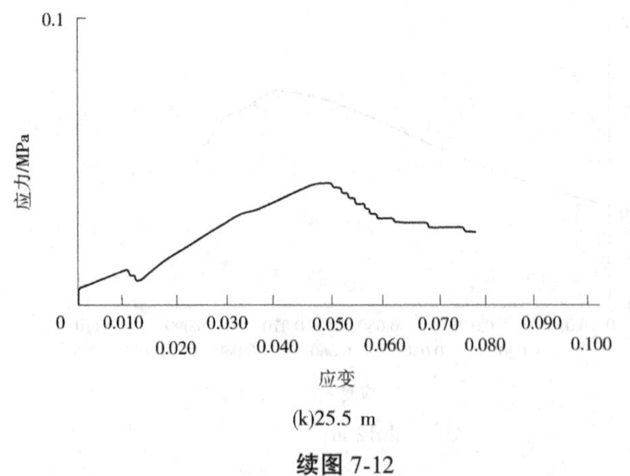

(k)25.5 m

续图 7-12

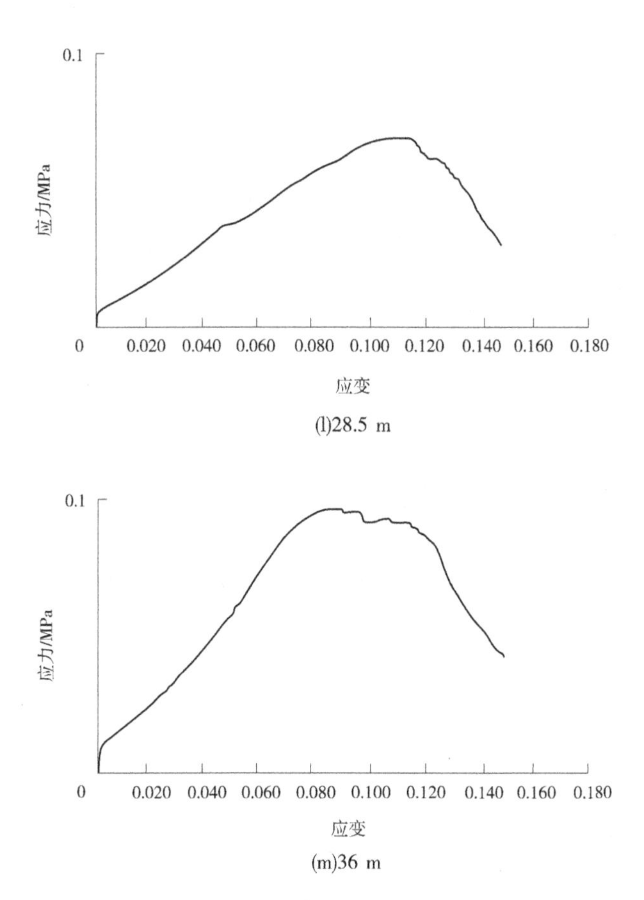

(l)28.5 m

(m)36 m

续图 7-12

图 7-13 为沿着垂直于 1#挡墙方向上充填体强度的发展变化。从图 7-13 中可以看出，距离 1#挡墙水平距离为 10 m 范围内的充填体峰值应力分布较为平均，随后在充填体中心位置处出现了峰值应力的急剧变化，在 12 m 处出现了最高的强度，以及 16. 5 m 处出现了最低的强度。造成这种现象的原因可能是充填体内部后期不易排水，导致其强度发展较为缓慢，但是又由于其内部热量较高，加速了水化反应的进行，从而导致了这种强度急剧变化的现象。

7. 5. 3　1#挡墙倾斜方向原位充填体强度发展规律

图 7-14 为沿 1#挡墙倾斜方向上充填体应力-应变曲线。由于向上倾斜了 15°，所取的充填体样品中包含灰砂比为 1∶6的充填体，低温高湿以及养护时间短的影响，导致其强度极低，应力-应变曲线出现了非常规现象，如图 7-14(d)所示，在应力峰值出现后，充填体发生破碎，其强度减弱，但是由于其养护效果极差，出现了继续施加荷载后，应力峰值增加的现象。

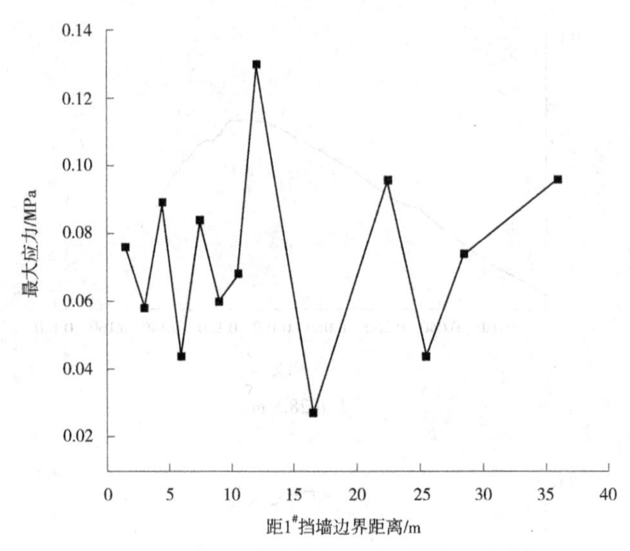

图 7-13　沿垂直于 1#挡墙方向上充填体强度变化

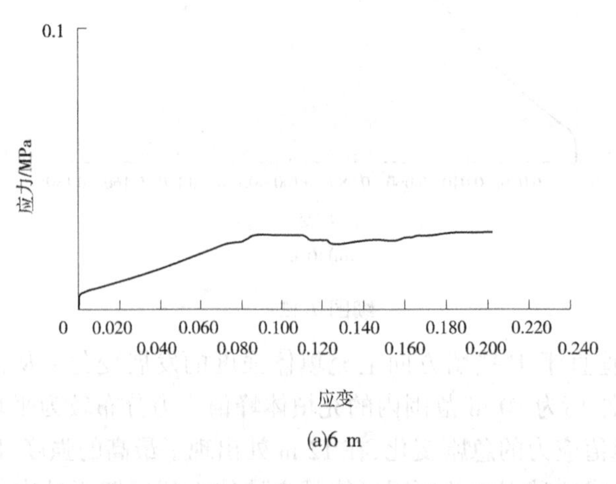

(a)6 m

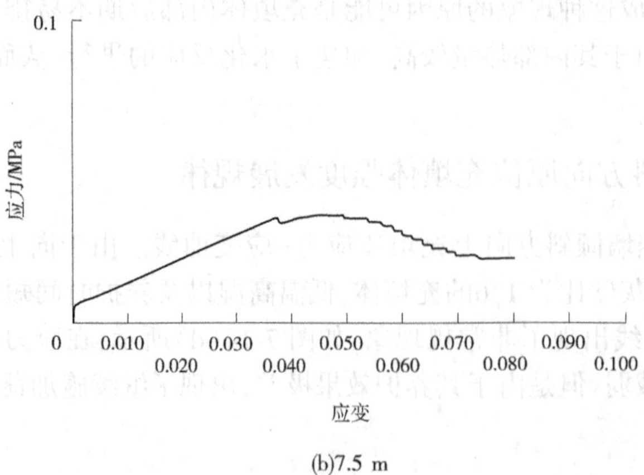

(b)7.5 m

图 7-14　与 1#挡墙向上倾斜 15°充填体应力-应变曲线

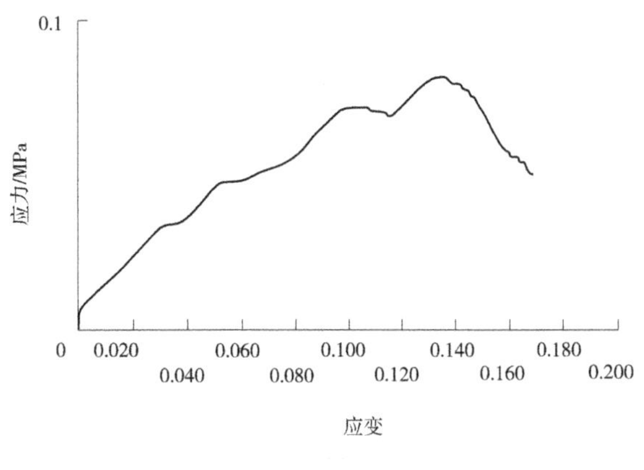

(c)16.5 m

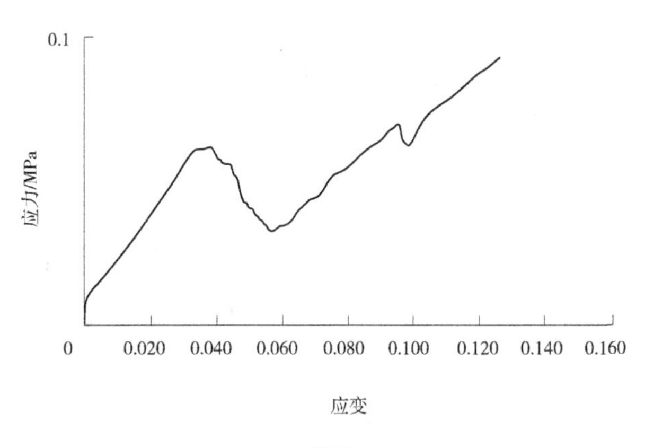

(d)18 m

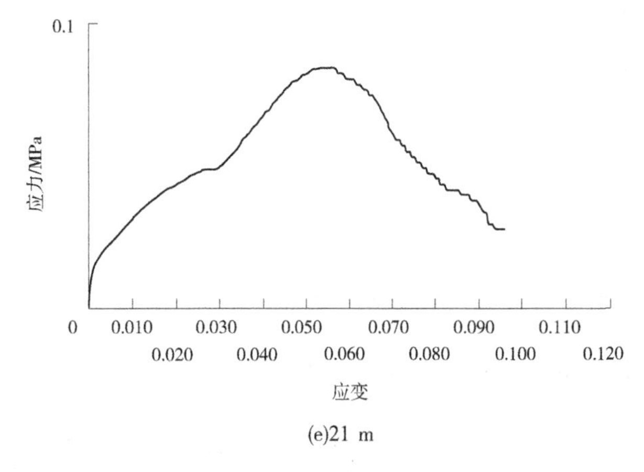

(e)21 m

续图 7-14

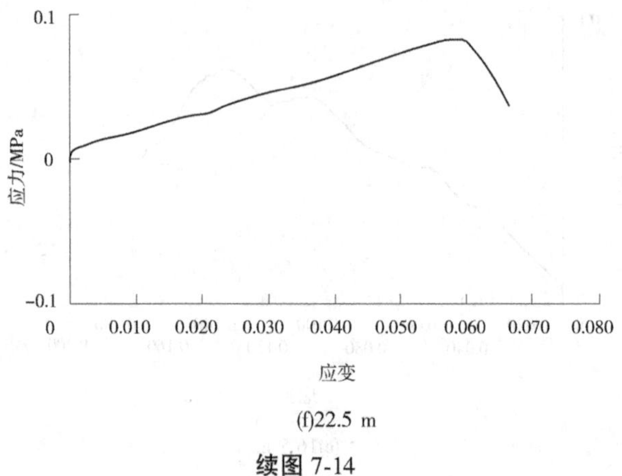

(f)22.5 m

续图 7-14

图 7-15 为与 1#挡墙向上倾斜 15°的充填体强度变化。由图 7-15 可以看出,随着沿钻杆长度的增加,其强度不断提高,这可能是充填体顶部的水排出效果较好导致的,虽然其灰砂比较低,但是水的减少提高了其强度的发展。

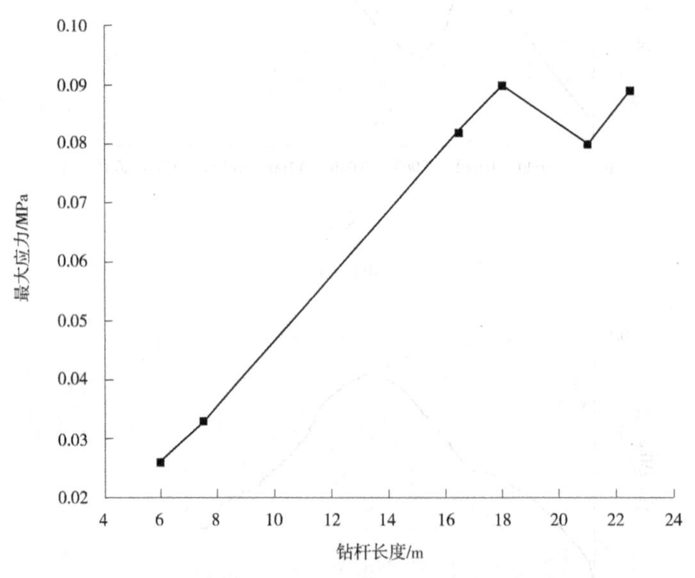

图 7-15　与 1#挡墙向上倾斜 15°的充填体强度变化

7.5.4　3#挡墙水平方向原位充填体强度发展规律

图 7-16 为沿垂直于 3#挡墙方向上充填体应力-应变曲线。从图 7-16 中可以看出,与 1#挡墙水平方向充填体强度相比,3#挡墙水平方向上的充填体强度更低,这可能是 3#挡墙排水效果较差导致的。在距离 3#挡墙边界 12 m 和 16.5 m 处的充填体出现了强度极低的现象,这可能是充填体运输过程中充填体发生损坏导致的。

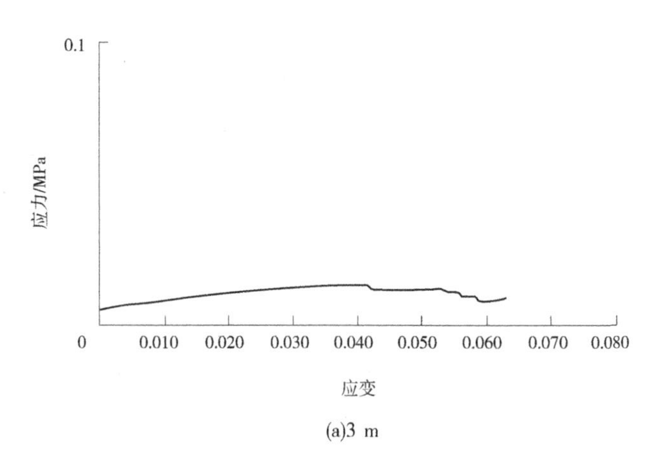

(a)3 m

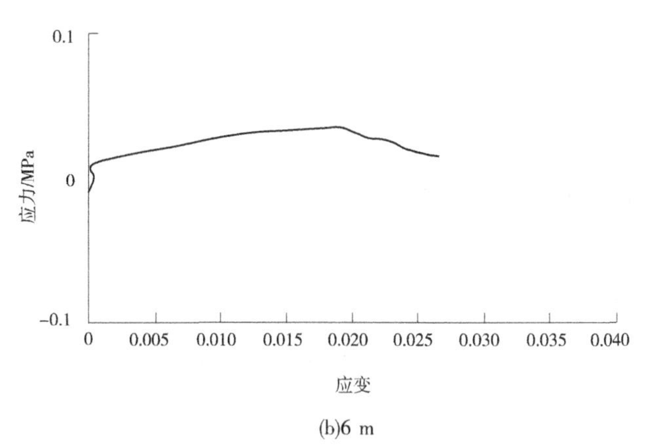

(b)6 m

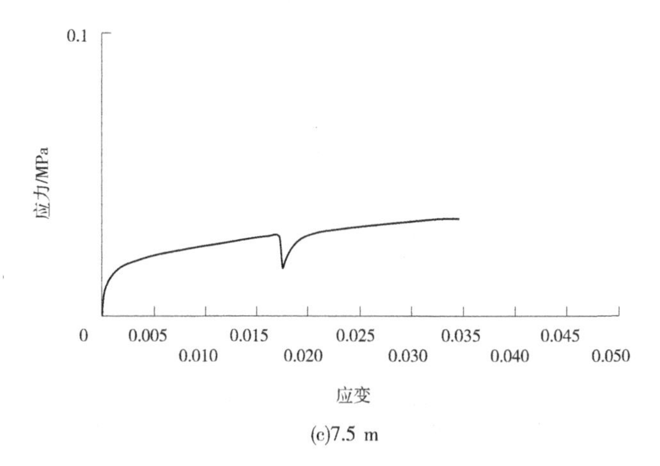

(c)7.5 m

图 7-16　沿垂直于 3#挡墙方向上充填体应力-应变曲线

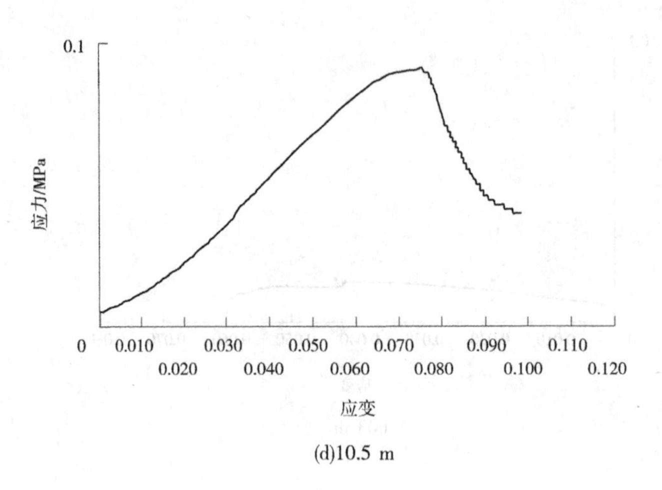

(d)10.5 m

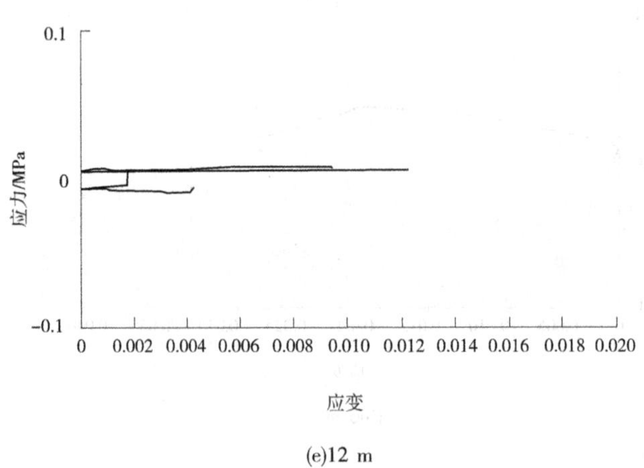

(e)12 m

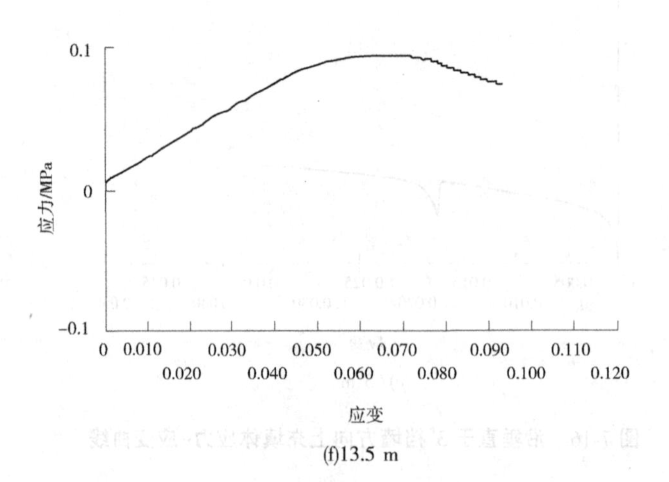

(f)13.5 m

续图 7-16

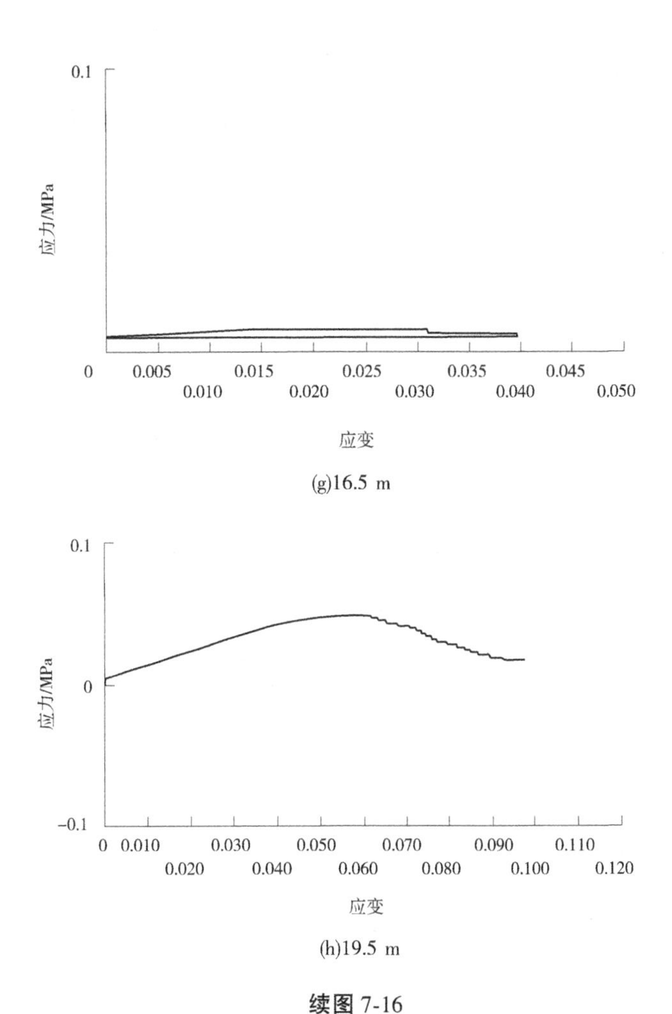

(g)16.5 m

(h)19.5 m

续图 7-16

图 7-17 为沿垂直于 3#挡墙方向上充填体强度变化，从图中可以看出，距离 3#挡墙边界处充填体的强度较低，随着距离的增加，其强度逐渐变大，在 10.5 m 时达到了 0.91 MPa。随着距离的继续增加，出现了充填体强度的急剧变化，这与 1#挡墙水平方向上的充填体强度发展规律近似，内部充填体强度出现分化现象。

7.5.5　3#挡墙倾斜方向原位充填体强度发展规律

图 7-18 为与 3#挡墙向上倾斜 40°充填体应力–应变曲线。与 1#挡墙类似，由于向上倾斜 40°，所取充填体样品中包含灰砂比为 1:6的充填体。其低强度导致了应力–应变曲线的不正常现象。但整体而言，此组充填体样品的峰值应力在数量级上为最大应力。

图 7-19 为与 3#挡墙向上倾斜 40°充填体强度变化。从图 7-19 中可以看出，距离 3#挡墙最近的充填体强度最大，随着向上不断钻孔，所取充填体样品的强度变化较大，但其强度均不如距离挡墙最近充填体的强度，依旧出现了内部充填体分化的现象。

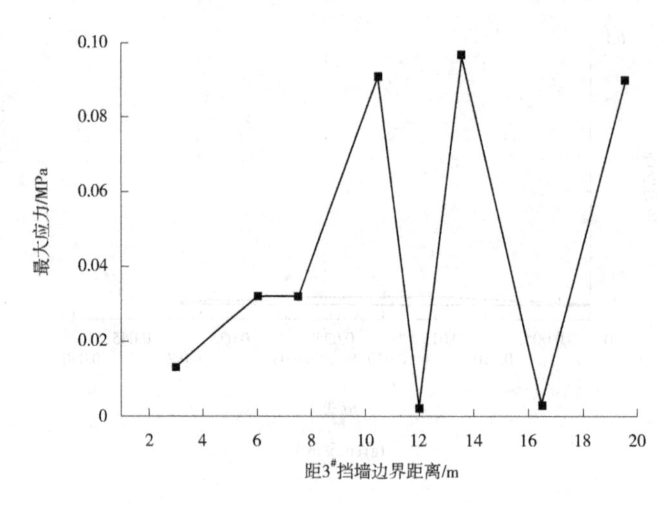

图 7-17　沿垂直于 3#挡墙方向上充填体强度变化

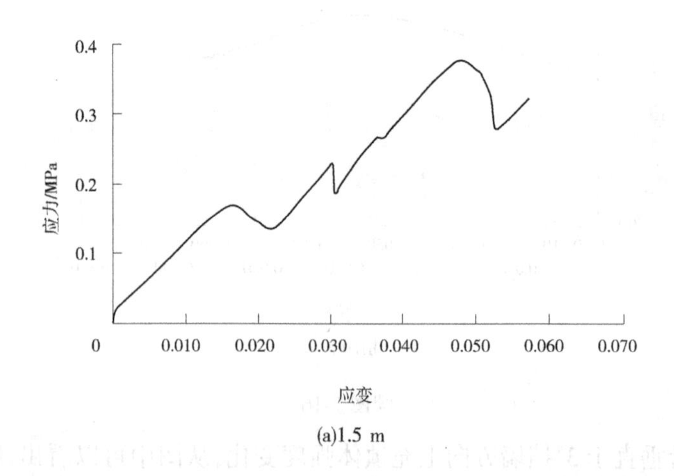

(a)1.5 m

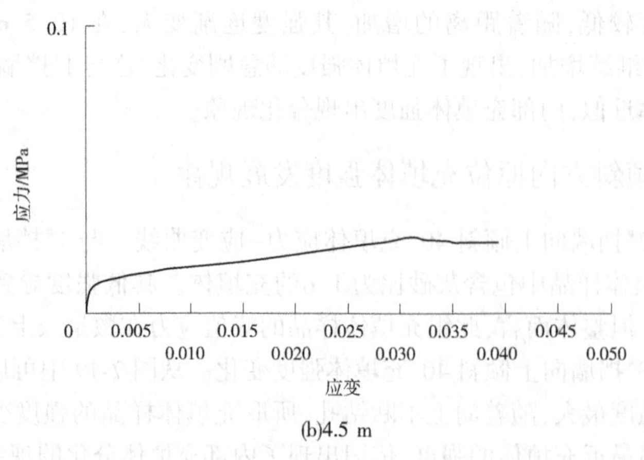

(b)4.5 m

图 7-18　与 3#挡墙向上倾斜 40°充填体应力-应变曲线

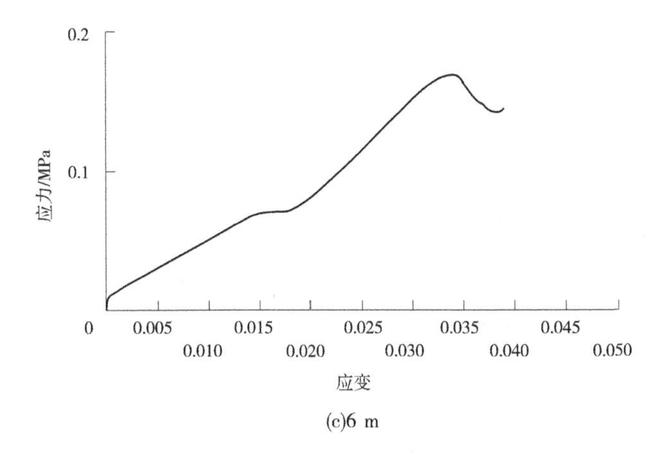

(c)6 m

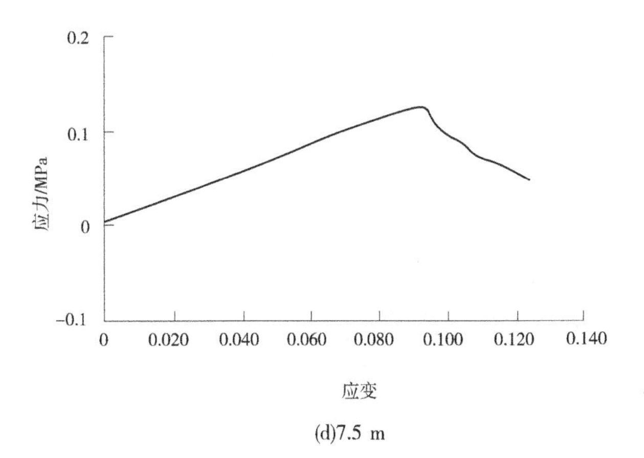

(d)7.5 m

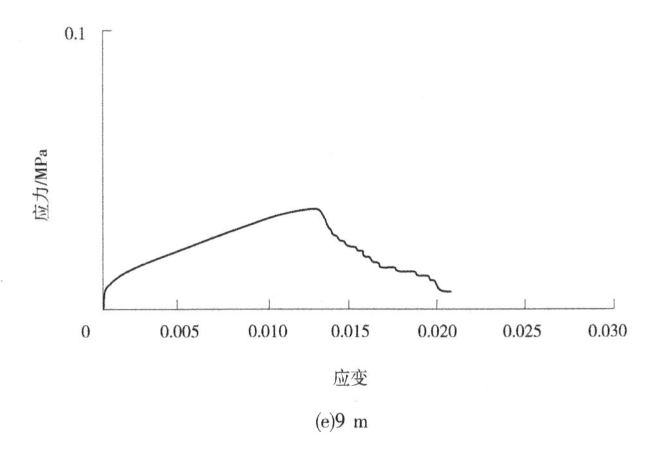

(e)9 m

续图 7-18

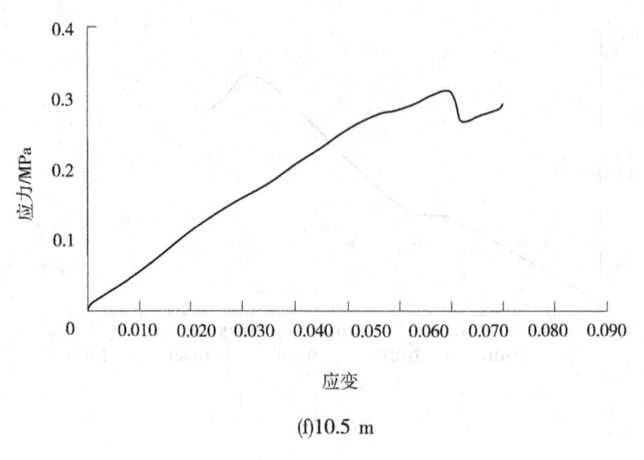

(f)10.5 m

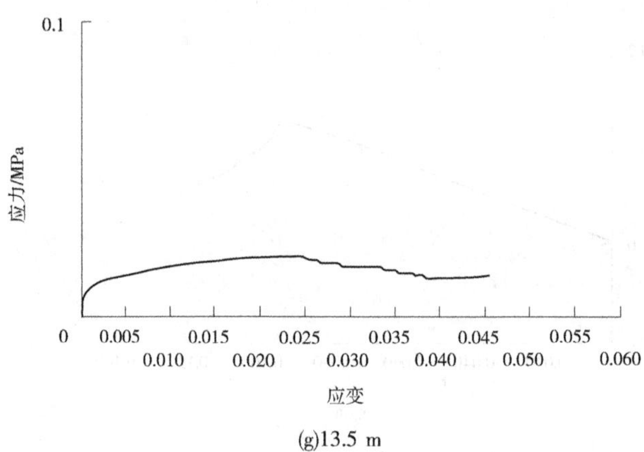

(g)13.5 m

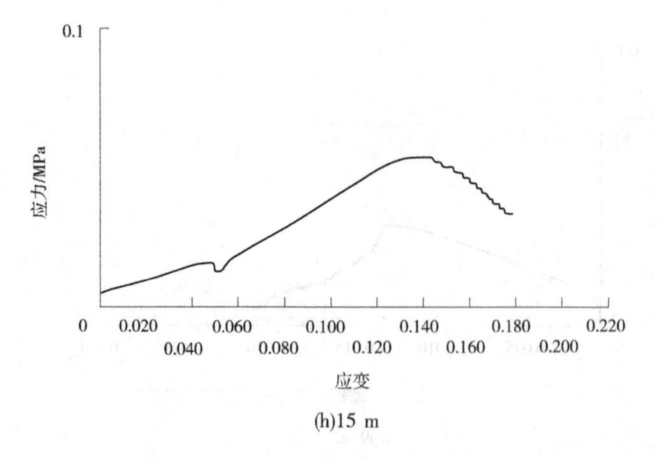

(h)15 m

续图 7-18

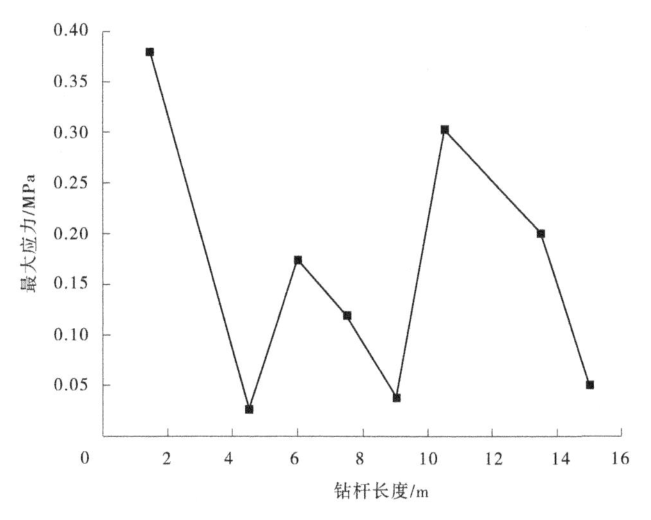

图 7-19　与 3#挡墙向上倾斜 40°充填体强度变化

第 8 章　原位充填体力学特性现场监测

8.1 现场监测方案

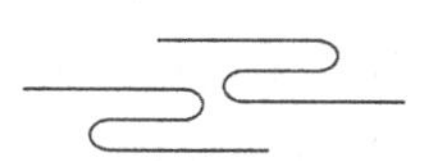

为了研究华泰龙某多金属矿山地下采场充填体的质量情况,在现场进行充填体质量监测。分别对充填体力学性能、水力学及温度进行传感器监控,并在监控至目标养护天数时进行质量评价及分析。

8.1.1 监测目的

针对充填工业试验采场,选取适宜的传感器,对采场原位充填体强度发展过程进行监测,待充填完成达到养护期后,对不同配比参数下的充填体开展原位钻孔取样工作,对比研究充填体基质吸力与充填体强度的关联规律。

8.1.2 监测采场

本次监测采场选为二期三标 4420 分层 3-2-20E 采场,该采空区底板最低标高为 4 420.6 m,顶板最高标高为 4 447.0 m,采空区体积约 10 164 m^3,如图 8-1(a)、(b)所示,现分述如下:

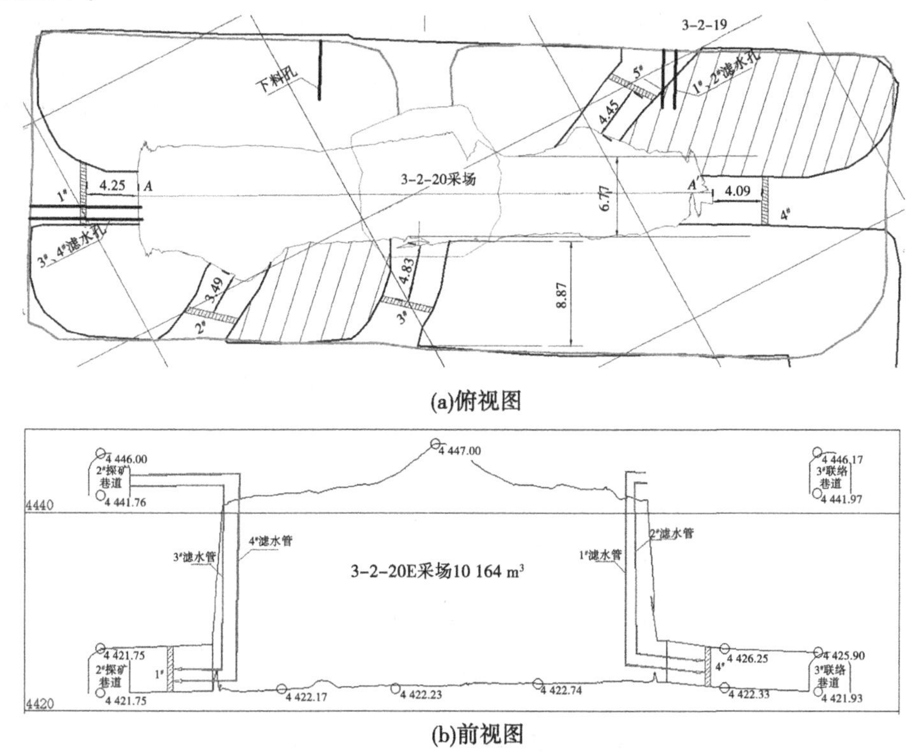

图 8-1　4420 分层 3-2-20E 采场

(1)封闭挡墙。采场在4420分层有1#、2#、3#、4#、5#总计五个封闭挡墙。

(2)下料与脱水。在4440分层有联巷口与采空区相通,下料口设在联巷左侧,1#、2#滤水管由4440分层联巷口右侧的钻孔下放至4420分层的4#封闭口出,3#、4#滤水管由4440分层采场左部钻孔下放至4420分层的1#封闭口出。

(3)充填设计。本采空区设计充填浓度64%~68%;采空区底部4 m和顶部0.6 m充填灰砂比为1:4的料浆,中间约16.4 m(中部)充填灰砂比为1:6的料浆。

8.1.3　传感器布设

8.1.3.1　监测设备

依据监测目标及采空区特征,在采场不同位置分别布置基质吸力传感器、压力传感器及温度传感器,以监测充填体强度形成过程。基质吸力传感器选型选用TEROS21土壤水势传感器,该传感器以其高准度及优越的测量范围,用于本次监测过程,且其附带的温度测量板块可使试验过程便捷。其中,基质吸力传感器和应力传感器各布置3个,单个传感器的信号传输线长度为40 m;基质吸力传感器和压力传感器各配套1个采集器,信号通道数量为8。

8.1.3.2　传感器箱设计

在充填过程中,料浆的流动会对传感器的位置固定带来不利影响。为了使传感器得以有效工作,在地表加工3个传感器箱,传感器箱由铁网组成,料浆可不受影响或受极微的影响渗透进传感器箱内抵达传感器处,为了避免料浆由于其流动性影响传感器位置,在传感器箱内固定一块重铁,防止传感器箱被冲走。共加工3个规格一致的传感器箱,传感器箱为40 cm×40 cm×40 cm的立方体结构,在每个面交错焊接钢筋以增加其稳定性,钢筋间隔为10 cm,传感器箱尺寸如图8-2所示。

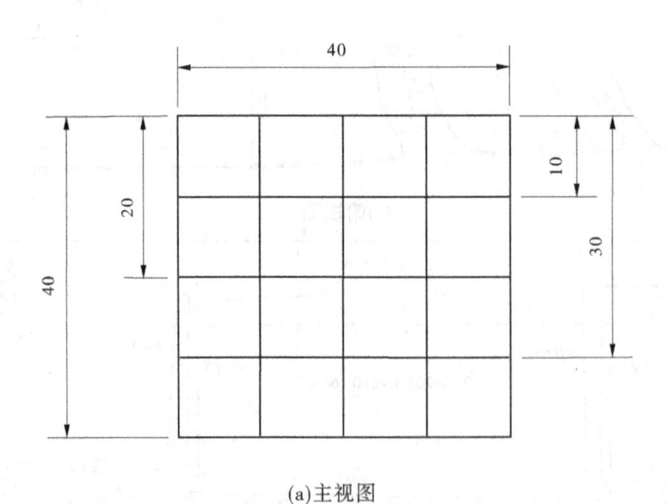

(a)主视图

图8-2　传感器箱三视图　(单位:cm)

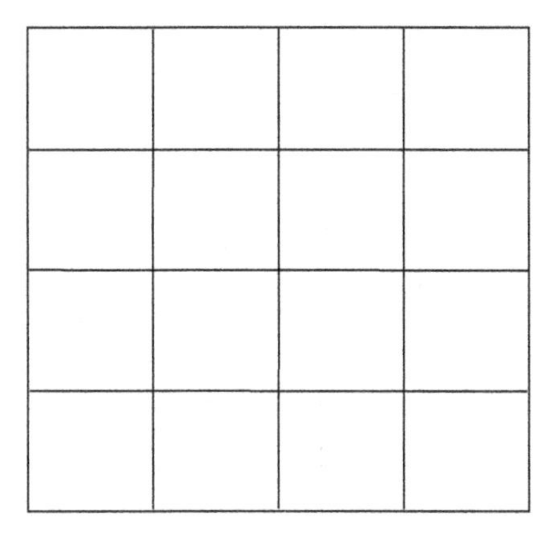

(b)左视图

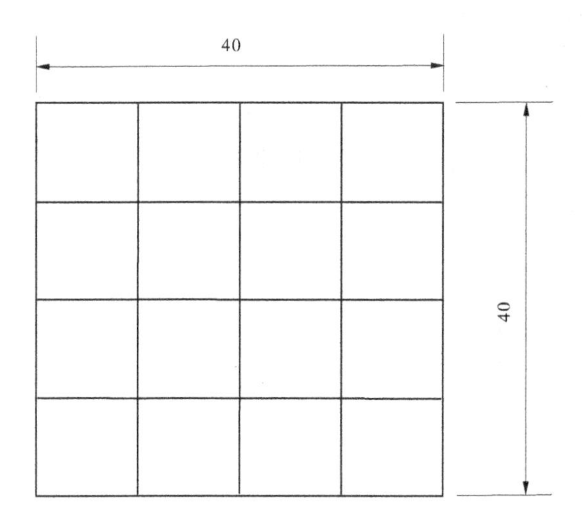

(c)俯视图

续图 8-2

由于传感器放置于箱子底部时难以监测传感器下方充填体的力学及水势变化，需将传感器布设于箱子中心部位，在距箱底部 20 cm 处焊接一块 20 cm×20 cm 的正方形铁板，用于放置传感器，如图 8-3 所示。

8.1.3.3　传感器箱布设

综合考虑采场尺寸、充填设计及对采场充填体分布规律的反演，依据传感器箱 A 和传感器箱 B 用于对比研究充填体垂直方向上的压力及孔隙水压力的变化规律，传感器箱 B 和传感器箱 C 用于对比研究水平方向上的力学性能变化的总体原则，现分述传感器箱 A、B 和 C 的布设位置及安装方式如下。

1. 传感器箱 A(空场中部)

布设位置：将其布设在采空区的中部位置，位于中心线附近距离底板约 10 m 高，确保

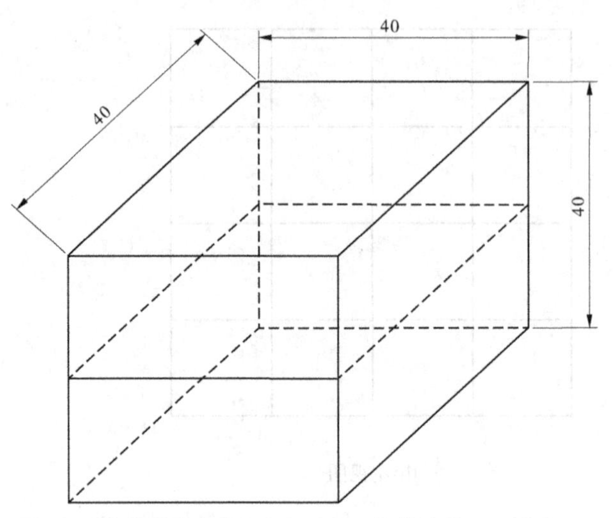

图 8-3　传感器箱立体图(未显示面钢筋结构)　(单位:cm)

其位于灰砂比为 1∶6的充填体内。

布设方式:从 4440 分层联巷口下放钢索至 4420 分层 3#封闭口,将传感器箱 A 悬挂在斜拉于两个分层间的钢索上,信号传输线延伸至 3#封闭口巷道内的数据采集仪。传感器箱 A 布设位置如图 8-4 所示。

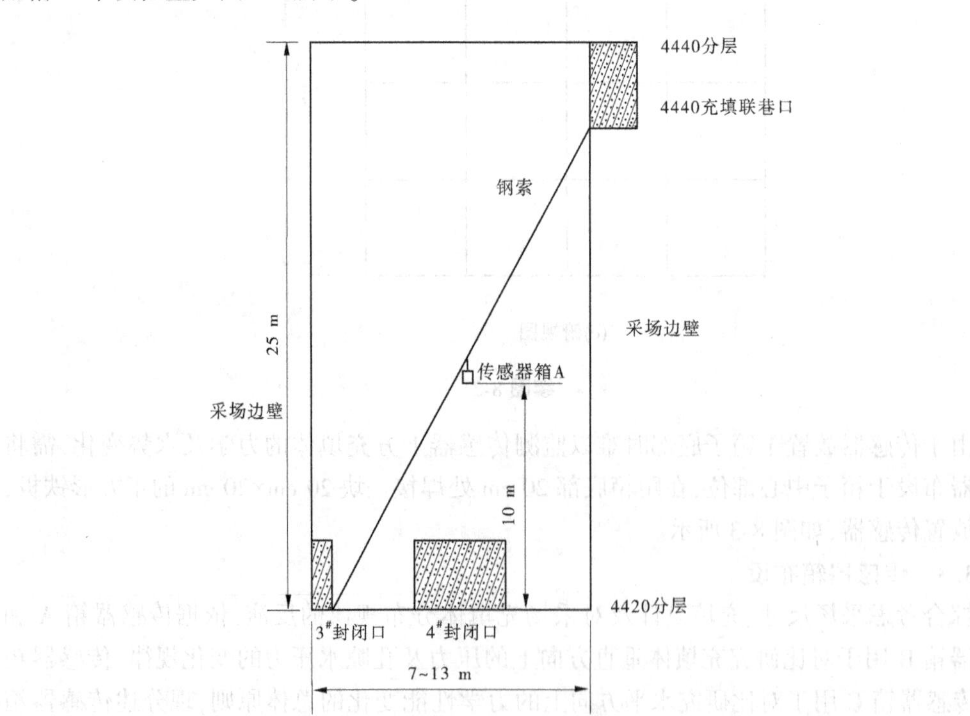

图 8-4　传感器箱 A 布设位置示意

2. 传感器箱 B(空场底部)

布设位置:将其布设在采空区的底部位置,近中心线,3#封闭口附近,确定其位于灰砂比为 1:4的充填体内。

布设方式:从 4420 分层 3#封闭口进入进行布设,采用木杆将传感器箱运至空场内,找底板较为平整处投放并固定,信号传输线从 3#封闭口延伸至布置于 3-2-20 巷道内的数据采集仪。

3. 传感器箱 C(空场端部)

布设位置:将其布设在采空区的底部位置,靠近 1#封闭挡墙的巷道内,确保其位于灰砂比为 1:4的充填体内。

布设方式:从 4420 分层 1#封闭口进入进行布设,人工将传感器箱搬至巷道内,找较为平整处投放并固定,信号传输线从 1#封闭口延伸至布置于 3-2-22 巷道内的数据采集仪。

传感器箱 A、B、C 在采空区内的位置如图 8-5 所示。

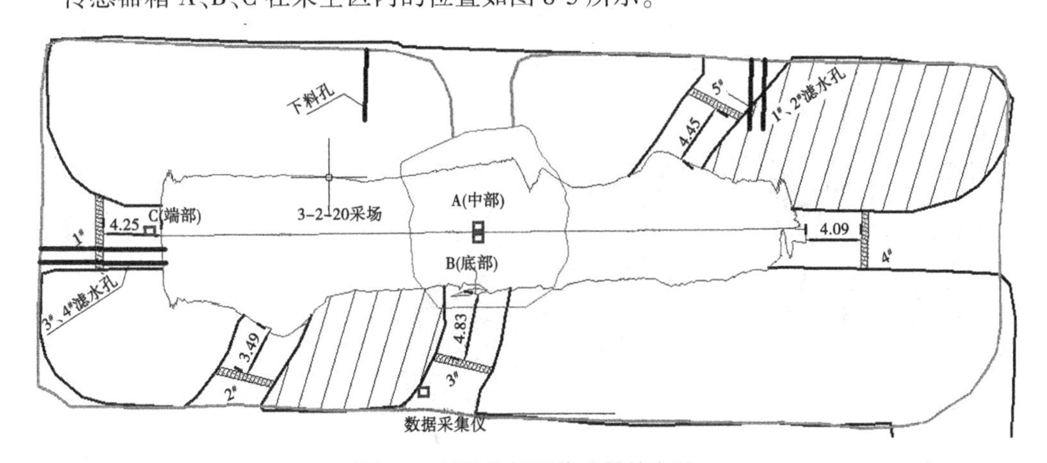

图 8-5 采场俯视图传感器箱布置

8.1.4 施工过程

(1)延长传感器导线,加接电缆,缠绕防水布及检验成功后,安装传感器箱,将传感器和重铁固定在铁网箱内,需注意铁网不能太密,防止影响料浆渗入。

(2)在 4440 分层选定投放点,选定好投放点后,在投放点处打下锚杆,用于捆绑钢索。

(3)按照布设方式,将传感器箱 A、B 和 C 置于指定位置。

(4)传感器箱到达指定位置后,在 4440 分层将钢索捆绑至锚杆上。

(5)将传感器与数据接收系统连接,检查连接是否成功。

(6)在采场充填完毕后,定期记录传感器监测结果,并检查传感器数据是否出现异常。

(7)达到养护龄期后,根据原位充填体取样设计,钻取并截取 9 段原位充填体样品。

(8)针对取样样品开展单轴抗压强度试验,部分样品开展三轴抗压强度试验。

(9)对试验结果研究并分析。

8.1.5　传感器箱加工

根据试验前的设计方案，令现场施工人员加工传感器箱，并根据实际情况进行了一定的优化，主要是在箱子中间部分焊接了一块金属板，用于放置传感器。

传感器箱的主要作用是固定传感器，防止下料时将传感器冲走，经过与现场施工人员的交流，在传感器箱各个面上每隔 10 cm 焊接一条钢筋，使传感器箱呈网状结构，防止下料前采空区落石砸中传感器。传感器箱加工成品如图 8-6 所示。

图 8-6　传感器箱加工成品

8.1.6　传感器安置

将准备好的传感器安置在加工好的传感器箱内部的铁板中，使用 502 胶及胶布固定住传感器，每个箱子内安置 1 个力传感器及 1 个土壤水势传感器，如图 8-7 所示。需要注意的是，将传感器安置在箱子内部后，用防水胶布再次缠绕传感器电缆的害水部，以保护传感器在后续的监测中不被潮湿的井下环境影响破坏。将传感器在箱子中固定好后，进行传感器安置的准备工作，准备安置传感器箱。

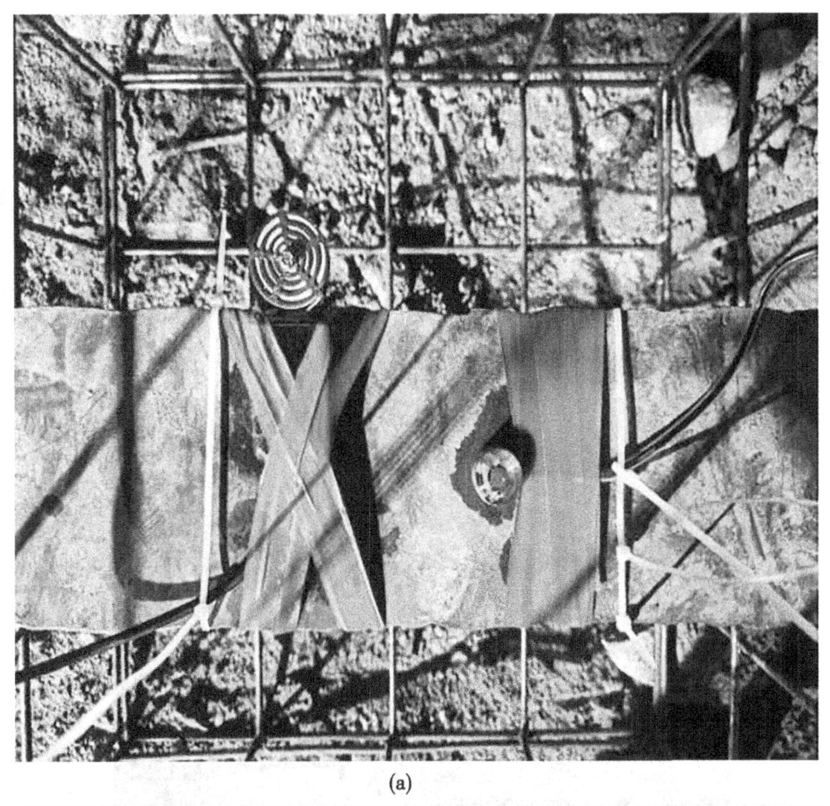

(a)

(b)

图 8-7　传感器安置

8.1.7　传感器箱布置及装配

根据监测方案,在 3#挡墙处布置 2 个传感器箱,以研究采场充填体垂直方向上的质量情况。首先在 4440 分层上的充填联巷打钻孔并插入锚杆,再将悬挂线固定其上,在悬挂线的一头系上 1 个铁管,从 4440 分层将铁管扔至 4420 分层,由于采空区不能进入人员,4420 分层的工作人员利用木杆将铁管钩至 3#挡墙处,接到悬挂线的另一端后,将 1 个传感器箱绑至悬挂线上,待准备工作完成后,4440 分层的工作人员开始拉悬挂线,利用测距仪,待传感器箱拉至指定位置后,开始固定铁管端。将铁管端绑至 4420 分层 3#挡墙口的锚杆上。悬挂过程如图 8-8 所示。

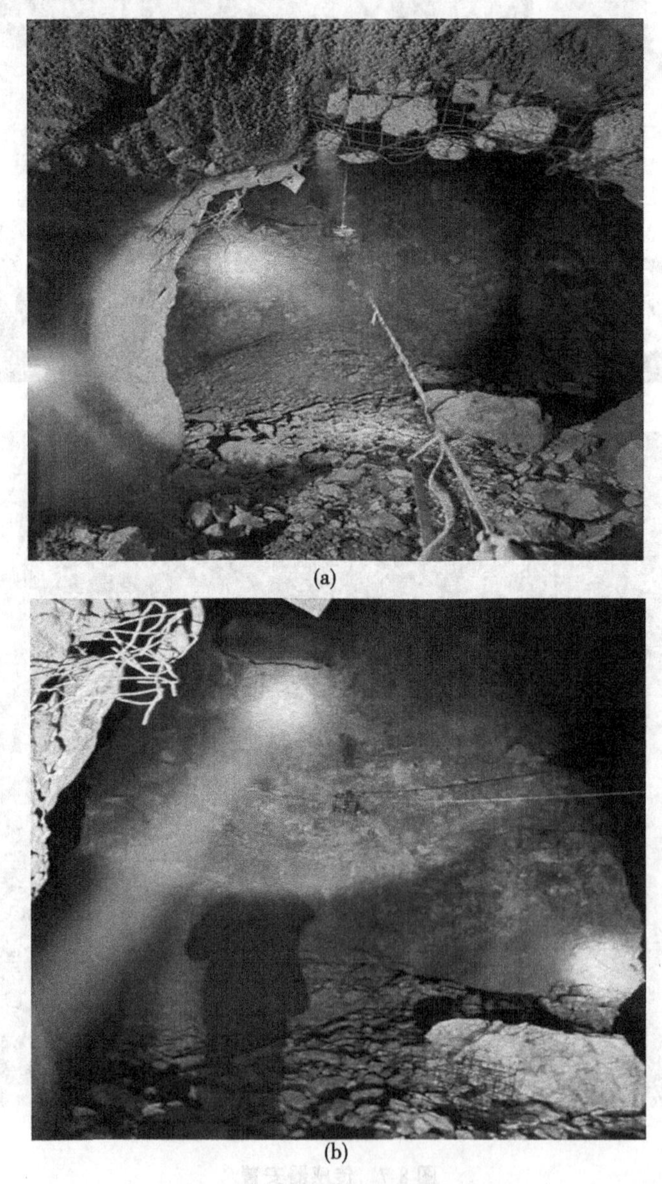

(a)

(b)

图 8-8　3#挡墙处传感器箱布置

传感器箱 B 布置在 3#挡墙处的采场底部，由于采空区不能进人，工作人员利用木杆将传感器箱推至指定位置，并用木杆推动一些落石至传感器箱底部，防止料浆推倒传感器箱。布置过程如图 8-9 所示。

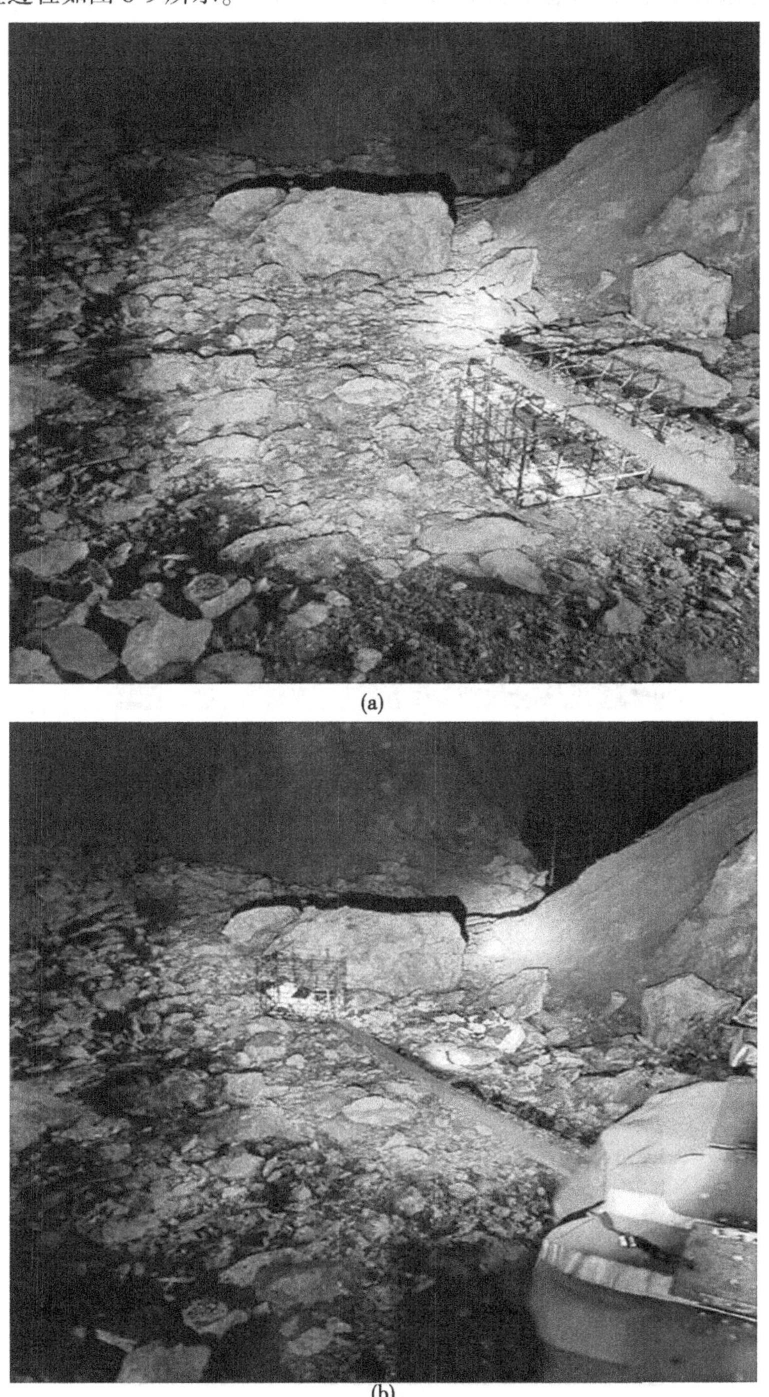

(a)

(b)

图 8-9　3#挡墙处采场底部传感器布置

在已安装木板的1#挡墙处打开一个窗口,工作人员将第3个传感器箱布置在1#挡墙处的采场底部,位于3#挡墙和1#挡墙处采场底部的2个传感器箱用于研究分析采场水平空间的充填体水势变化,待传感器箱C布置于1#挡墙内部后,再将1#挡墙封闭并进行喷浆,以进行后续充填工作。传感器箱布置过程如图8-10所示。

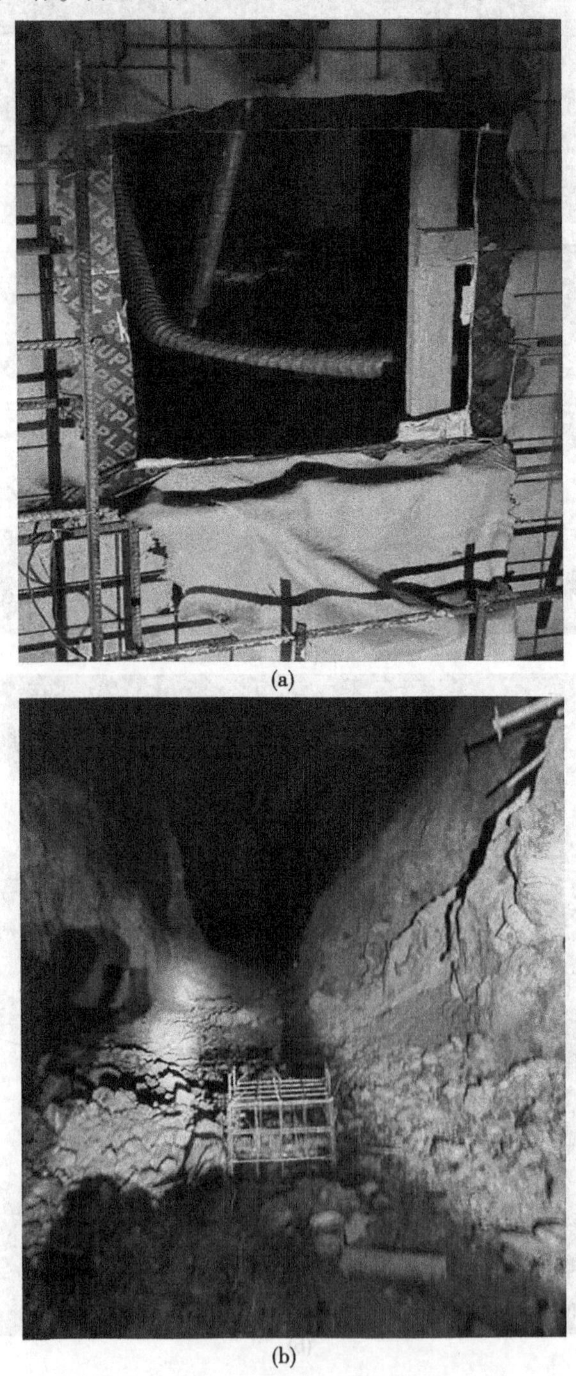

(a)

(b)

图8-10　1#挡墙处采场底部传感器箱布置

8.2　传感器监测结果及分析

8.2.1　压力传感器监测结果及分析

3 个传感器箱成功布置在 4420 分层的 3-2-20 采场后，布置充填管道准备充填 3-2-20 采场。于 2020 年 4 月 8 日 0 时起为第一个充填日，直至 5 月 6 日养护 28 d 后完成本次监测任务。图 8-11 为未充填时的压力传感器监测数据，横坐标单位为 0.1 s（每秒监测 10 组数据），纵坐标单位为 Pa。可以看出此时作用在传感器上的压力很小，这可能是采场中的水汽和风流产生的影响，而压力的不断震荡是由于传感器受到交流电信号扰动的影响，在充填后的高应力作用下这种扰动影响可以忽略不计，此时的传感器已处于工作状态。

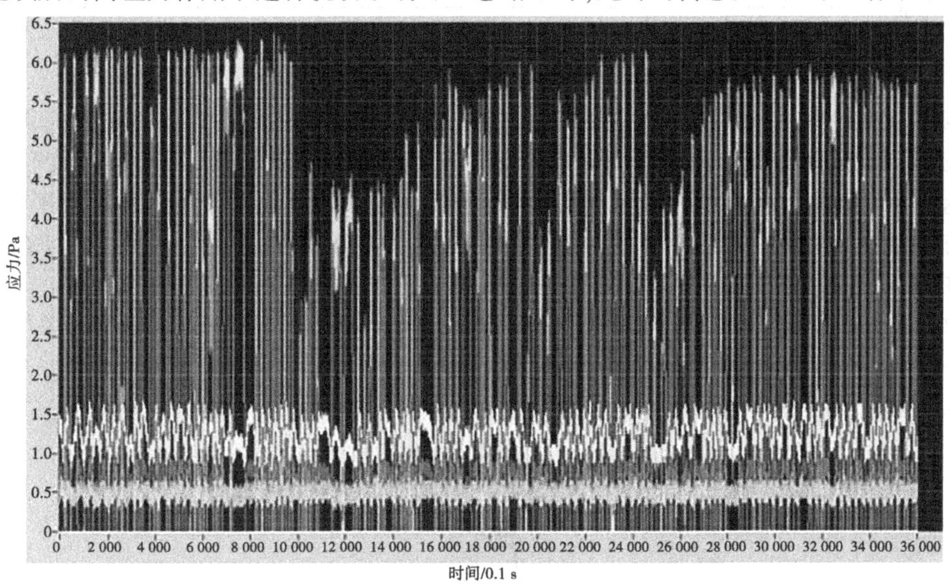

图 8-11　压力传感器监测数据（未充填）

图 8-12 为开始充填后的压力传感器所得数据。从图 8-12 中可以看出，在料浆填入采场后，作用在传感器上的压力以较快速度上升，其中位于 3#挡墙底部的传感器（压力传感器 B）所得压力最大，最大应力达到了 1.6 kPa，这可能是此位置较 1#挡墙底部的传感器先一步充填导致的，且由于其较压力传感器 A（采场中部）高度更低，在第 6 章所得结论中，距离采场底部越近，其应力越大，此时压力传感器 B（3#挡墙底部）所测得的应力值大于压力传感器 A 所测得的应力值。随后料浆充入的速率逐渐减缓，使得料浆内应力重新分布并稳定，传感器所得应力逐渐减小并趋于平缓。

图 8-13 为传感器监测周期范围内的采场中部、底部和端部的应力变化。从图 8-13 中可以看出，在采场充填工作开始后，位于 3#挡墙底部和 1#挡墙底部的压力传感器 B 和压力传感器 C 都监测到了急剧升高的应力变化，这是由于压力传感器 B 和压力传感器 C 最

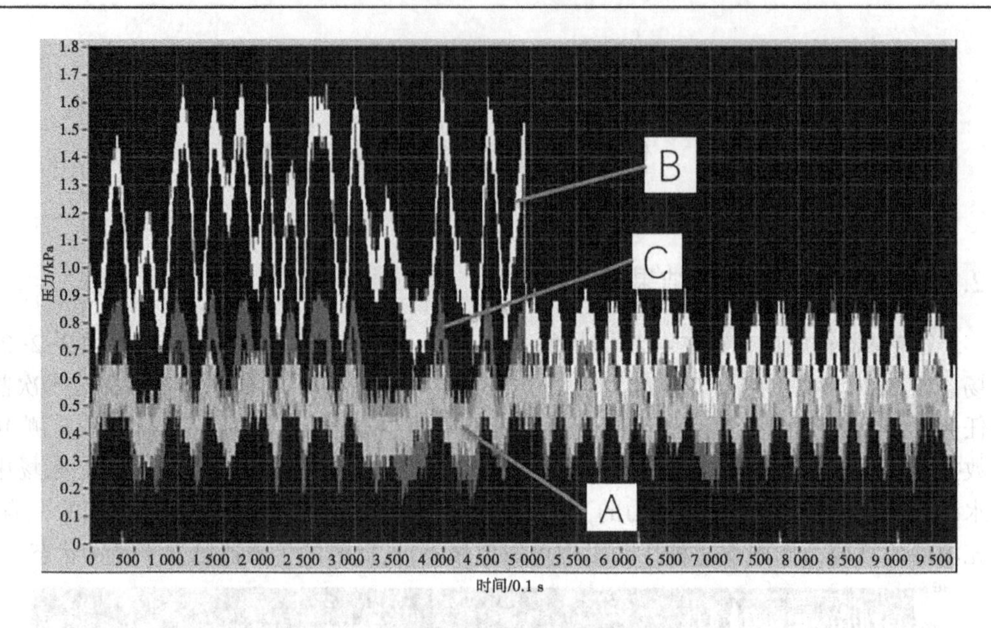

图 8-12　开始充填后压力传感器监测数据

先接触到充填料浆,感应到力的变化,而此时压力传感器 A 由于悬浮于采场中部,仍与空气接触,此时未感应到力的变化,直到第 7 天左右,压力传感器 A 检测到应力变化。从图 8-13 中可以看出,3 个传感器监测到的应力变化曲线都存在一段或者多段水平线,这主要是由于在这些时间段内没有进行充填作业,监测点的垂直应力变化很小,所以看起来几乎没有变化。随着时间的不断延长,最终应力趋于平缓,压力传感器 A 在 28 d 后的应力约为 0. 34 MPa,压力传感器 B 最终应力约为 0. 59 MPa,压力传感器 C 最终应力约为 0. 57 MPa。水平方向上可能由于 3#挡墙地面高度略低于 1#挡墙地面高度,所以压力传感器 B 最终应力略大于压力传感器 C 最终应力。

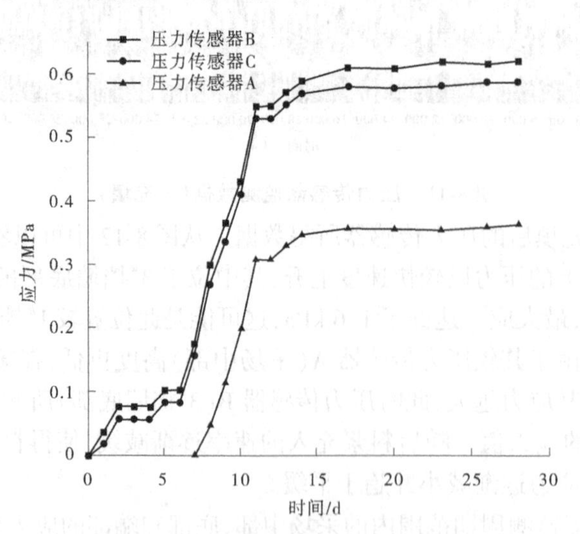

图 8-13　传感器监测到的应力变化

8.2.2 土壤水势传感器监测结果及分析

表 8-1 为自传感器箱放入 3-2-20 采场后 3#挡墙底部的土壤水势传感器监测 1 d 的水势及温度数据。从表 8-1 中可以看出,在未充填过程中,采场中的土壤水势和温度变化并不明显,水势的绝对值越小,代表采场湿度越大,可以看出采场呈现出湿度先减小后增大的过程,这可能是由于在传感器装入采场后进行了喷浆工作,从传感器装入采场至喷浆过程,采场湿度减小,待喷浆后,水分的蒸发增大了采场湿度,所以采场内湿度出现了增加现象。而且未充填料浆时,采场温度变化很小。

表 8-1 传感器箱放入 3-2-20 采场后 3#挡墙底部水势及温度监测值

时间 (年-月-日 T 时:分)	水势/kPa	温度/℃	时间 (年-月-日 T 时:分)	水势/kPa	温度/℃
2021-04-03T17:00	-389.7	7.4	2021-04-03T18:00	-389.0	7.4
2021-04-03T19:00	-389.0	7.5	2021-04-03T20:00	-404.8	7.5
2021-04-03T21:00	-405.9	7.5	2021-04-03T22:00	-407.8	7.5
2021-04-03T23:00	-411.8	7.5	2021-04-04T00:00	-411.2	7.5
2021-04-04T01:00	-410.6	7.5	2021-04-04T02:00	-410.9	7.5
2021-04-04T03:00	-410.5	7.5	2021-04-04T04:00	-410.1	7.5
2021-04-04T05:00	-408.2	7.5	2021-04-04T06:00	-406.2	7.5
2021-04-04T07:00	-404.4	7.5	2021-04-04T08:00	-404.0	7.5
2021-04-04T09:00	-402.7	7.5	2021-04-04T10:00	-402.0	7.5
2021-04-04T11:00	-400.2	7.5	2021-04-04T12:00	-396.1	7.5
2021-04-04T13:00	-390.1	7.6	2021-04-04T14:00	-389.3	7.6
2021-04-04T15:00	-384.2	7.6	2021-04-04T16:00	-377.3	7.6
2021-04-04T17:00	-377.3	7.6	2021-04-04T18:00	-377.7	7.6

图 8-14 为 2020 年 4 月 7 日晚间采场开始充填后,3 个土壤水势传感器的监测值。横坐标为以 4 月 7 日 22:00 为原点所经历的时间,纵坐标为各监测点的水势大小。因为位于采场中部土壤水势传感器 A 在充填料浆覆盖其之前(约 $t=164$ h),其测量的均为采场空气的水势,与充填料浆的水势相差巨大,且研究采场空气的水势变化在本项目中并无意义,因此其水势变化曲线图从充填料浆高度接近传感器时开始绘制。

从图 8-14 中可以看出,在充填开始后,位于 1#挡墙底部的土壤水势传感器 C 和位于 3#挡墙底部的土壤水势传感器 B 先后感应到由充填料浆引起的水势变化,水势迅速由

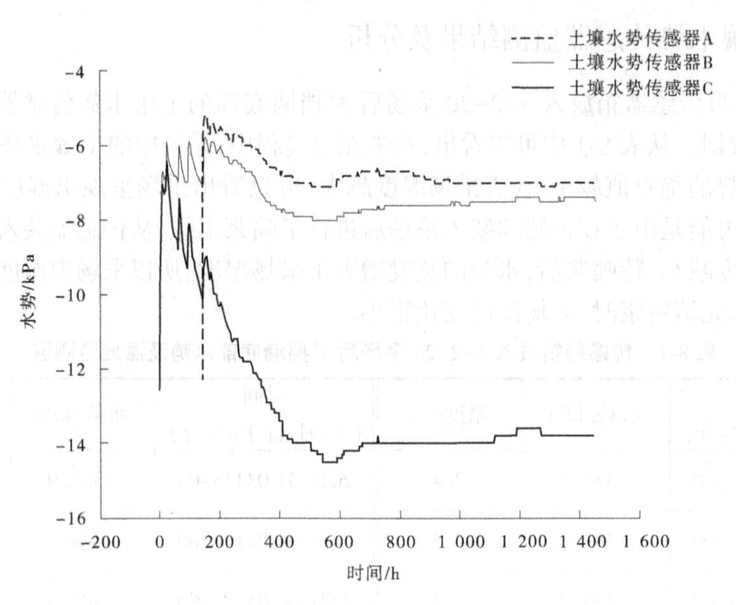

图 8-14　传感器监测到的水势变化

-13 kPa 上升到-5 kPa 左右，说明传感器周围介质的含水量升高。水势曲线在达到峰值之后，呈现出整体下降而局部波动的变化。水势曲线的局部波动主要是充填不连续引起的。以土壤水势传感器 B 为例，在第一次充填开始后，其水势值迅速达到-5 kPa 左右，随后充填其水势小幅度降低，一段时间后水势又出现小幅度增长。而根据充填站充填记录(见表 8-2)可知第一次充填的持续时间为 2.33 h，之后由于停止向采空区输入充填料浆，在水势差的作用下，水从充填体内滤出，所以监测点的水势降低；第二次充填的持续时间为 3.6 h，由于新鲜料浆输入后，充填体内的水流向水势更低的底部监测点，所以在第二次充填开始后，水势出现小幅度增长。对比后可以发现水势的局部波动与充填的起止时间、持续时间大致是相符的。

表 8-2　充填站充填记录

日期(年-月-日)	充填时长/h	充填量/m^3	累计充填量/m^3
2021-04-07	2.33	423	423
2021-04-08	3.60	604	1 027
2021-04-11	3.00	417	1 444
2021-04-13	6.00	1 152	2 596
2021-04-14	8.00	1 731	4 327
2021-04-15	8.67	1 050	5 377
2021-04-16	6.92	1 315	6 692
2021-04-17	8.33	1 700	8 392
2021-04-19	1.85	334	8 726
2021-04-20	1.83	269	8 995

对比土壤水势传感器 A、B、C 获得的水势变化曲线图,可以发现采场中部(土壤水势传感器 A)的水势整体上要高于采场底部的水势(土壤水势传感器 B、C),而土壤水势传感器 B 的水势要整体高于土壤水势传感器 C 的水势,且最终稳定下来的水势值也符合这一规律。也就是说垂直方向上充填体中部的含水量比底部高,而水平方向上中央的含水量比边缘高。从各个监测点最终趋于稳定后的水势值来看,监测点 A 为-7 kPa、监测点 B 为-7.5 kPa、监测点 C 为-13.8 kPa,而纯水的水势值 0 kPa,可以看出充填体的含水量较高,会导致形成的充填体强度低,这一点从前文获得的原位充填体的强度也可以得到验证。

第 9 章　结论与展望

9.1　主要结论

本书以季节冻区全尾砂充填技术实施为背景,开展了温度循环对全尾砂充填体物理力学特性的研究。围绕充填体温度循环的问题,本书开展了大量而系统性的室内试验,包括新型胶凝材料的研究试验、单轴抗压强度试验、XRD 测试试验、热重分析试验、SEM 测试试验、压汞试验、不同冻结温度下的温度循环试验、超声波检测试验、电阻率检测试验等。全面了解全尾砂充填体在温度循环过程中的物理力学特性,进而深入分析了充填体循环损伤劣化机制及其影响因素,构建了全尾砂充填体温度循环过程中的 THM 多场耦合模型并进行了数值模拟。主要研究结论如下:

(1)全尾砂充填体新型胶凝材料研究。由石膏、石灰和熟料组成的复合激发剂,添加一定量的外加剂,对高炉矿渣具有良好的激发作用。新型胶凝材料的组成为熟料:石灰:石膏:高炉矿渣=14:6:10:70。外加剂添量为胶凝材料的 0.4%,其中硫酸钠:明矾:氟硅酸钠的比例为2:1:1。充填体单轴抗压强度在养护 3 d 时为 0.831 MPa、7 d 时为 2.019 MPa、28 d 时为 3.307 MPa,分别是同等条件下添加普通硅酸盐 42.5 水泥时的 2.4 倍、2.4 倍和 1.7 倍,表明添加新型胶凝材料的充填体比添加普通硅酸盐水泥时具有更好的力学稳定性;新型胶凝材料和普通硅酸盐水泥的水化产物结晶相相似,但在相同的养护龄期内新型胶凝材料产生的水化产物量较大,导致充填体强度较高;充填体从养护 7 d 至养护 28 d,添加普通硅酸盐水泥时孔隙体积减少 13%,添加新型胶凝材料时减少 18%;添加普通硅酸盐水泥的最可几孔径降低了 29%,添加新型胶凝材料的最可几孔径降低了 53%。

(2)温度循环作用下全尾砂充填体破坏特征研究。对全尾砂充填体开展了不同冻结温度下的温度循环试验,以及循环后的单轴抗压强度试验、XRD 测试试验、热重分析试验和 SEM 测试试验,研究了温度循环对全尾砂充填体的单轴抗压强度影响、充填体损伤后表面形态特征、内部化学成分变化以及充填体的损伤机制。养护 3 d 和 7 d 的充填体单轴抗压强度在最初的 3 次循环中增加,之后随循环次数的增加逐渐减小,最后,单轴抗压强度达到一定值并保持稳定。对于养护 28 d 的充填体,单轴抗压强度随循环次数的增加不断减小,经过 10 次温度循环后保持稳定,单轴抗压强度的变化是温度循环和水化反应相互作用的结果;建立了温度循环作用下充填体损伤变量与循环次数之间的函数关系;经过温度循环,充填体中的水化产物物相变化不大,但水化产物的量增多;随着温度循环的进行,充填体外表面逐渐产生片落、膨胀等现象,充填体的骨架结构被破坏,C-S-H 凝胶被膨胀冰破裂,孔隙的数量和体积增加。

(3)温度循环作用下全尾砂充填体微观孔结构变化特性研究。对养护 7 d 和 28 d 的全尾砂充填体进行了不同冻结温度下的温度循环试验和压汞试验。研究了不同养护龄期和冻结温度下充填体的孔径分布特征,循环次数对尾砂充填体孔结构参数的影响及充填体微观损伤特性。入侵汞体积与充填体的孔径成反比,在-5 ℃、-10 ℃和-15 ℃冻结温度下经历20次循环后,对于养护7 d的充填体,入侵汞体积与未冻融时相比分别增加3.1%、7.6%和12.3%,最可几孔径分别增加0.7%、21.9%和29.1%;对于养护28 d的充填体,入侵汞体积与未冻融时相比分别增加8.1%、12.5%和21.1%,最可几孔径分别增加3.3%、28.8%和39.2%。养护7 d的充填体经历5次循环后孔隙率略有减小,随后整体呈线性上升,养护28 d的充填体孔隙率随循环次数的增加整体呈增长趋势,且增长趋势逐渐变缓;孔隙体积变化特性与其孔隙率变化特性相似;孔隙面积随循环次数的增加出现先增长后下降的趋势;其孔隙平均孔径整体呈几何上升趋势;建立了温度循环后充填体的损伤变量与孔隙率和孔隙体积的函数关系。

(4)对不同养护龄期的全尾砂充填体在不同冻结温度条件下进行了温度循环试验、超声波检测试验和电阻率检测试验。研究了温度循环过程中养护龄期、冻结温度、循环次数对充填体超声波波速和电阻率的影响。充填体超声波波速随养护龄期的增长不断增大,随冻结温度的升高而升高。养护龄期相同时,充填体超声波变化特性与其抗压强度变化特性相似,可以用超声波测试方法测试不同龄期的充填体波速以表征其稳定性;充填体电阻率随养护龄期的增长不断增长,随冻结温度的升高而升高。养护28 d的充填体电阻率变化规律与其抗压强度变化规律相似,可以用电阻率法测试养护龄期较长的充填体电阻率以表征其稳定性;不同养护龄期的全尾砂充填体在不同冻结温度下进行温度循环时其超声波波速和电阻率与循环次数均呈二次函数关系。

(5)对全尾砂充填体循环过程中的温度场、渗流场、应力场耦合关系进行分析,建立了温度-渗流-应力的多场耦合模型,并将构建的数学模型嵌入到COMSOL Multiphysics模拟软件中,对不同循环次数下的全尾砂充填体耦合行为进行模拟。各养护龄期的全尾砂充填体温度在循环过程中随环境温度周期性变化,充填体中心处温度变化比表面处变化慢。养护28 d的充填体在冻结阶段和融化阶段温度变化比养护3 d和7 d的充填体快。养护7 d的充填体在冻结阶段温度下降速度比养护3 d的充填体慢,而融化阶段升温速度比养护3 d的充填体快;各养护龄期的充填体随冻结温度的降低,其顶部、中心处和底部的位移随循环次数的增加整体呈增大趋势;冻结温度为-5 ℃的充填体各处的位移量比冻结温度为-10 ℃和-15 ℃的充填体位移量小,而冻结温度为-10 ℃时充填体各处的位移量与冻结温度为-15 ℃时相差不大;同一条件下的充填体顶部位移量比中心处大,中心处位移量比底部大;标准养护条件下充填体孔隙水压力为负,且养护龄期较长的孔隙水压力较小;充填体冻结时孔隙水压力为正且养护龄期较长的孔隙水压力较大。养护3 d的充填体中心处孔隙水压力最大可达7.3 MPa,养护7 d时充填体中心处孔隙水压力最大可达8.2 MPa,养护28 d时充填体中心处孔隙水压力最大可达8.7 MPa;各养护龄期的充填体在不同冻结温度作用下其应力-应变曲线走向类似;随着养护龄期的增长,循环次数相同时达到同样的应变所需应力逐渐变大。养护3 d的充填体循环5次时其内部应力最大,养护7 d和28 d的充填体随循环次数的增长,内部应力逐渐减小。

(6)短期的监测结果表明,料浆的填充会明显加大传感器所感应到的压力,随后随着料浆充入速率的减缓以及料浆稳定后,压力逐渐减弱并趋于平缓。而采场在未充填时,水势以及温度变化并不明显,水势主要受挡墙喷浆作用,采场内湿度出现先减小后增大的现象,而温度变化极小。

(7)采场中的应力自充填体上表面至底板是逐渐增加的。这是由于料浆充入采场后,胶结剂与水发生水化反应,水化反应产生的热量在采场下部封闭区域积聚,这反过来加速了胶结剂的水化反应,使充填体下部充填体强度更大。而水自下而上地渗出使充填体上部积聚了更多水分,这降低了上部料浆的浓度,使上部充填体强度难以进一步提高。且由于料浆的自重作用,加大了下部充填体的应力分布。

(8)距离1#挡墙水平距离为10 m范围内的充填体峰值应力分布较为平均,随后在充填体中心位置处出现了峰值应力的急剧变化,在12 m处出现了最高的强度,以及16.5 m处出现了最低的强度。造成这种现象的原因可能是充填体内部后期不易排水,导致其强度发展较为缓慢,但是又由于内部热量较高,加速了水化反应的进行,从而导致了这种充填体强度急剧变化的现象。

(9)在1#挡墙所取的样品,随着沿钻杆长度的增加,其强度不断提高,这可能是由于充填体顶部的水排出效果较好导致的,虽然其灰砂比较低,但是水的减少提高了其强度的发展。

(10)距离3#挡墙边界处较近处的充填体的强度较低,随着距离的增加,其强度逐渐变大,在10.5 m时达到了0.91 MPa。随着距离的继续增加,出现了充填体强度的急剧变化,这与1#挡墙水平方向上的充填体强度发展规律近似,内部充填体强度出现分化现象。

(11)距离3#挡墙最近的充填体强度最大,随着向上不断钻孔,所取充填体样品的强度变化较大,但其强度均度不如距离挡墙最近充填体的强度,且依旧出现了内部充填体分化的现象。

(12)采场内充填体的含水量偏高。具体来说是中心部位的含水量比底部高,底部中央位置的含水量比边缘位置高。含水量过高是导致充填体强度低的最重要的原因之一,因此提高充填效果可主要从提高采场充填体排水能力着手。

(13)通过数值模拟发现:

①采场中的应力自充填体上表面至底板是逐渐增加的。这是由于料浆充入采场后,胶结剂与水发生水化反应,水化反应产生的热量在采场下部封闭区域积聚,这反过来加速了胶结剂的水化反应,使采空区下部充填体强度更大。而水的自下而上的渗出使充填体上部积聚了更多水分,这降低了上部料浆的浓度,使上部充填体强度难以进一步提高。而且由于料浆的自重作用,加大了下部充填体的应力分布值。

②采场中的位移自充填体上表面至底板是逐渐减小的。这是由于在模拟软件中,采场模型的上表面为自由面,而其余面由于围岩的支撑作用,表现在模型中为辊支撑和固定约束,这使得充填体边界难以发生位移变化,且由于自重作用,充填体上部不断发生沉降现象,而下部沉降现象并不明显,因此位移自上而下逐渐减小。

③通过数值模拟对充填体水平方向和竖直方向上的应力及位移变化进行了研究,模拟结果表明,三维截线上的应力及位移变化前述结论一致,部分穿过了采场不规则结构的三维截线出现了应力集中现象,这表明采场几何形状对充填体应力及位移有较大的影响。

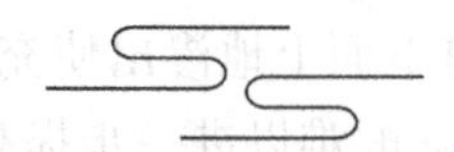

9.2 展　望

本书主要研究了全尾砂充填体在温度循环过程中循环次数和冻结温度对其力学稳定性的影响及影响机制。一些研究结果可以为从理论和试验方面进一步研究高海拔条件下胶结充填体热-力-化耦合机制提供有益的借鉴,但由于处于高海拔条件下的胶结充填体从形成到发挥作用是一个复杂的多因素耦合过程,后续仍需从以下方面对此进行更深入的探索和研究:

(1)全尾砂充填料浆的灰砂比和浓度对其中胶凝材料的含量有一定影响,所以在温度循环过程中不同灰砂比和浓度的浆体在相同时间内水化反应进程不同,生成水化反应产物的量也不同,今后需要对全尾砂充填体在不同灰砂比和不同浓度条件下受循环次数的影响进行研究。

(2)尾砂级配对充填体的胶结效果有一定影响,达到同样的胶结效果所需胶凝材料用量不一样,本书在试验过程中用到的尾砂为全尾砂,今后需要深入研究温度循环对分级尾砂充填体力学特性的影响。

(3)在数学模型方面,后续研究需要深入考虑液态水对充填体热-力-化过程的影响,如液态水流动带走热量对热过程的影响、相变对热过程的影响、相变对充填体材料特性的影响、液态水吸力变化对充填体力学特性的影响等。

(4)后续的研究需要在低温低湿条件下,研究更多的因素(如水灰比、充填速率、胶结剂含量和采场倾角等)对充填体热-力-化耦合过程的影响,并结合矿井的实际情况给出这些因素的范围,供充填设计时选用。

(5)采场中的充填体处于动态变化的环境,即温度和湿度(甚至受力)不会一直保持恒定,因此为了接近实际情况,有必要研究充填体在动态变化的温湿度和受力情况下的热-力-化响应行为。

参考文献

[1] 刘畅. 多场耦合下尾砂固结排放对重金属迁移的阻滞效应研究[D]. 北京:中国矿业大学(北京),2018.

[2] 程琳琳,朱申红. 国内外尾矿综合利用浅析[J]. 中国资源综合利用, 2005(11):30-32.

[3] 边建泽. 尾矿处理现状与发展趋势[C]//中国冶金矿山企业协会. 第四届全国尾矿库安全运行技术高峰论坛论文集,2011:5.

[4] 周科平,刘福萍,邓红卫,等. 尾矿干堆及脱水工艺研究应用与展望[J]. 科技导报, 2013,31(9):72-79.

[5] 周汉民. 偏细粒尾矿堆坝中的新技术及其发展方向[J]. 有色金属(矿山部分), 2011, 63(5):1-3,7.

[6] 袁兵,王飞跃,金永健,等. 尾矿坝的液化判别研究[J]. 中国安全科学学报,2007,17(6):166-171,177.

[7] 潘建平. 尾矿坝抗震设计方法及抗震措施研究[D]. 大连:大连理工大学,2007.

[8] 梅国栋. 尾矿库溃坝机理及在线监测预警方法研究[D]. 北京:北京科技大学,2015.

[9] 徐宏达. 我国尾矿库病害事故统计分析[J]. 工业建筑, 2001, 31(1):69-71.

[10] 田文旗. 政府和企业对尾矿库安全管理的重点[J]. 劳动保护, 2003(9):20-21.

[11] 田文旗,谢旭阳. 我国尾矿库现状及安全对策的建议[J]. 中国矿山工程, 2009, 38(6):42-49.

[12] 徐宏达,谢亦石. 尾矿库安全评价初探[J]. 工业安全与环保, 2005,31(9):15-18.

[13] 陈明莲. 浅论我国尾矿处理新技术的现状及发展[J]. 南方金属,2014(5):11-14.

[14] 迟春霞,沈强. 尾矿干堆技术探讨[J]. 黄金,2002(8):47-49.

[15] 何哲祥,田守祥,隋利军,等. 矿山尾矿排放现状与处置的有效途径[J]. 采矿技术, 2008, 8(3):78-80,83.

[16] Agnew M, Taylor G. Laterally extensive surface hardpans in tailings storage facilities as possible inhibitors of acid rock drainage[C]//Proceedings of the 5th International Conference on Acid Rock Drainage, Society for Mining, Metallurgy, and Exploration, Inc. 2000: 1337-1346.

[17] McPhail G, Noble A, Pageorgiou G, et al. Development and implementation of thickened tailings discharge at Osborne Mine, Queensland, Australia[C]// Proceedings of the international Seminar on Paste and Thickened Tailings (Paste 2004). Cape Town, South Africa, 2004:31-33.

[18] Spearing A J S, Millette D, Gay F. The potential use of foam technology in underground backfilling and surface tailings disposal[J]. Proceedings of MassMin. Brisbance, Austrilia, 2000: 193-197.

[19] 金大安. 撰山子金矿尾矿压滤新工艺的应用[J]. 有色矿山,1998(5):22-25.

[20] 白金禄,赵连全. 尾矿压滤、干式堆存处理工艺[J]. 黄金,2000(5):40-41.

[21] 钟海斌,高谦,南世卿. 金岭铁矿全尾砂新型胶凝材料开发研究[J]. 粉煤灰,2013,25(1):26-28,33.

[22] 彭勃. 尾砂固结排放技术及其应用研究[D]. 北京:中国矿业大学(北京),2013.

[23] 侯运炳,唐杰,魏书祥. 尾矿固结排放技术研究[J]. 金属矿山,2011(6):59-62.

[24] 陈林林,侯运炳,李鹏,等. 尾砂固结排放管道输送砂浆流变特性研究[J]. 矿业研究与开发,2015,35(10):33-36.

[25] 李炜,周旭,廖美权,等.胶结充填替代材料的研究与实践[J].采矿技术,2011,11(3):19-21.

[26] 姜关照,吴爱祥,李红,等. 含硫尾砂充填体长期强度性能及其影响因素[J].中南大学学报(自然科学版),2018,49(6):1504-1510.

[27] 吴爱祥,姜关照,兰文涛,等.铜炉渣活性激发实验研究及水化机理分析[J].中南大学学报(自然科学版),2017,48(9):2498-2505.

[28] 侯宪念. 新型耐高温高强度磷酸盐胶凝材料的制备及性能研究[D].上海:上海师范大学,2017.

[29] 徐光苗. 寒区岩体低温、冻融损伤力学特性及多场耦合研究[D].武汉:中国科学院研究生院(武汉岩土力学研究所),2006.

[30] 杨永浩. 冻融循环作用下尾矿力学特性的试验研究[D].重庆:重庆大学,2014.

[31] Juenger M C G, Winnefeld F, Provis J L, et al. Advances in alternative cementitious binders[J]. Cement and Concrete Research, 2011, 41(12):1232-1243.

[32] Damtoft J S, Lukasik J, Herfort D, et al. Sustainable development and climate change initiatives[J]. Cement and Concrete Research, 2008, 38(2):115-127.

[33] 朱晶. 碱矿渣胶凝材料耐高温性能及其在工程中应用基础研究[D].哈尔滨:哈尔滨工业大学,2014.

[34] 王聪. 碱激发胶凝材料的性能研究[D].哈尔滨:哈尔滨工业大学,2006.

[35] Shi C, Jiménez A F, Palomo A. New cements for the 21st century: The pursuit of an alternative to Portland cement[J]. Cement and Concrete Research, 2011, 41(7):750-763.

[36] Shi C,Roy D,Krivenko P. Alkali-Activated Cements and Concretes[M]. New York:Taylor and Francis, 2006:10-147.

[37] Purdon A O. The Action of Alkalis on Blast-Furnace Slag[J]. Journal of the Society of Chemical Industry,1940(59):191.

[38] Ponomar V,Luukkonen T,Yliniemi J. Revisiting alkali-activated and sodium silicate-based materials in the early works of Glukhovsky[J]. Construction and Building Materials,2023,398:1-16.

[39] Jiang W. Alkali Activated Cementitious Materials: Mechanisms, Microstructure and Properties[D]. Philadelphia:Dissertation of the Pennsylvania State University,1997:1-18.

[40] Puertas F, Martínez-Ramírez S, Alonso S, et al. Alkali-activated fly ash/slag cements: Strength behaviour and hydration products[J]. Cement and Concrete Research, 2000, 30(10):1625-1632.

[41] Shi C, Day R L. A Calorimetric Study of Early Hydration of Alkali-Slag Cements[J]. Cement and Concrete Research, 1995, 25(6):1333-1346.

[42] Powers T C. A working hypothesis for further studies of frost resistance of concrete[J]. Journal of the American Concrete Institute, 1945, 16(4):245-272.

[43] Powers T C. The air requirement of frost-resistance concrete[C]//Proceedings of Highway Research Board, 1949, 29:184-202.

[44] Powers T C. Freezing effect in concrete[M]. Detroit: American Concrete Institute, 1975.

[45] Zhang J, Deng H, Taheri A, et al. Deterioration and strain energy development of sandstones under quasi-static and dynamic loading after freeze-thaw cycles[J]. Cold Regions Science and Technology, 2019,160:252-264.

[46] Li J,Kaunda R B, Zhou K. Experimental investigations on the effects of ambient freeze-thaw cycling on dynamic properties and rock pore structure deterioration of sandstone[J]. Cold Regions Science and Technology,2018,154:133-141.

[47] Zhou Z, Ma W, Zhang S, et al. Effect of freeze-thaw cycles in mechanical behaviors of frozen loess[J]. Cold Regions Science and Technology, 2018, 146:9-18.

[48] Edwin J, Anthony J. Effect of freezing and thawing on the permeability and structure of soils[J]. Engineering Geology,1979,13:73-92.

[49] Graham J, Au V C S. Effects of freeze-thaw and softening on a natural clay at low stresses[J]. Canadian Geotechnical Journal, 1985, 22(1):69-78.

[50] Lee W, Bohra N C, Altschaeffl A G, et al. Resilient modulus of cohesive soils and the effect of freeze-thaw[J]. Canadian Geotechnical Journal, 1995, 32(4):559-568.

[51] Liu J, Chang D, Yu Q. Influence of freeze-thaw cycles on mechanical properties of a silty sand[J]. Engineering Geology, 2016, 210:23-32.

[52] Liu C, Deng H, Zhao H, et al. Effects of freeze-thaw treatment on the dynamic tensile strength of granite using the Brazilian test[J]. Cold Regions Science and Technology, 2018, 155:327-332.

[53] 段安,钱稼茹. 冻融环境下约束混凝土应力-应变全曲线试验研究[J]. 岩石力学与工程学报, 2010, 29(增刊):3015-3022.

[54] Wang B, Wang F, Wang Q. Damage constitutive models of concrete under the coupling action of freeze-thaw cycles and load based on Lemaitre assumption[J]. Construction and Building Materials,2018,173: 332-341.

[55] 付伟. 单轴压缩与冻融作用下粉质粘土电阻率特性试验研究[D]. 武汉:中国科学院研究生院(武汉岩土力学研究所),2009.

[56] 聂向晖,杜鹤,杜翠薇,等. 大港土电阻率的测量及其导电模型[J]. 北京科技大学学报,2008(9): 981-985.

[57] 方丽莉,齐吉琳,马巍. 冻融作用对土结构性的影响及其导致的强度变化[J]. 冰川冻土,2012,34(2):435-440.

[58] 侯云芬,王玲,吴越恺,等. 冻融循环过程中砂浆电阻率变化及其机理分析[J]. 粉煤灰综合利用, 2015(1):3-5,10.

[59] Molero M, Aparicio S, Al-Assadi G, et al. Evaluation of freeze-thaw damage in concrete by ultrasonic imaging[J]. NDT & E International, 2012, 52: 86-94.

[60] 易军艳,冯德成,王广伟,等. 超声波测试方法在沥青混合料冻融试验中的应用[J]. 公路交通科技,2009, 26(11): 6-10.

[61] 赵明阶,吴德伦. 工程岩体的超声波分类及强度预测[J]. 岩石力学与工程学报, 2000, 19(1): 89-92.

[62] 赵明阶,徐蓉. 岩石损伤特性与强度的超声波速研究[J]. 岩土工程学报, 2000, 22(6): 720-722.

[63] Cerrillo C, Jiménez A, Rufo M, et al. New contributions to granite characterization by ultrasonic testing [J]. Ultrasonics, 2014, 54(1): 156-167.

[64] Wu D, Zhang Y, Liu Y. Mechanical performance and ultrasonic properties of cemented gangue backfill with admixture of fly ash[J]. Ultrasonics, 2016, 64:89-96.

[65] Neaupane K M, Yamabe T, Yoshinaka R. Simulation of a fully coupled thermo-hydro-mechanical system in freezing and thawing rock[J]. International Journal of Rock Mechanics and Mining Sciences, 1999, 36(5):563-580.

[66] 赖远明,吴紫汪,朱元林,等. 寒区隧道温度场、渗流场和应力场耦合问题的非线性分析[J]. 岩土工程学报, 1999, 21(5):529-533.

[67] 徐光苗,刘泉声,张秀丽. 冻结温度下岩体 THM 完全耦合的理论初步分析[J]. 岩石力学与工程学报, 2004, 23(21):3709-3713.

[68] Nasir O, Fall M, Nguyen S T, et al. Modeling of the thermo-hydro-mechanical-chemical response of sedimentary rocks to past glaciations[J]. International Journal of Rock Mechanics and Mining Sciences, 2013, 64: 160-174.

[69] Zheng L, Samper J, Montenegro L, et al. A coupled THMC model of a heating and hydration laboratory experiment in unsaturated compacted FEBEX bentonite[J]. Journal of Hydrology, 2010, 386(1): 80-94.

[70] Chen Y, Zhou C, Jing L. Modeling coupled THM processes of geological porous media with multiphase flow: theory and validation against laboratory and field scale experiments [J]. Computers and Geotechnics, 2009, 36(8): 1308-1329.

[71] Taron J, Elsworth D. Thermal-hydrologic-mechanical-chemical processes in the evolution of engineered geothermal reservoirs[J]. International Journal of Rock Mechanics and Mining Sciences, 2009, 46(5): 855-864.

[72] Tong F, Jing L, Zimmerman R W. A fully coupled thermo-hydro-mechanical model for simulating multiphase flow, deformation and heat transfer in buffer material and rock masses[J]. International Journal of Rock Mechanics and Mining Sciences, 2010, 47(2): 205-217.

[73] Lanru J, Tsang C F, Stephansson O. An international co-operative research project on mathematical models of coupled THM processes of safety analysis of radioactive waste repositories[C]//International Journal of Rock Mechanics and Mining Sciences & Geomechanics Abstracts, 1995, 32(5): 389-398.

[74] Hudson J A, Stephansson O, Andersson J, et al. Coupled T-H-M issues relating to radioactive waste repository design and performance[J]. International Journal of Rock Mechanics and Mining Sciences, 2001, 38(1): 143-161.

[75] 刘亚晨,席道瑛. 核废料贮存裂隙岩体中 THM 耦合过程的有限元分析[J]. 水文地质工程地质, 2003(3):81-87.

[76] 刘亚晨,蔡永庆. 核废料贮库围岩介质 THM 耦合的定解问题及其加权积分方程[J]. 地质灾害与环境保护,2001(4):59-62,66.

[77] 谭贤君,陈卫忠,贾善坡,等.含相变冻融岩体水热耦合模型研究[J].岩石力学与工程学报,2008(7):1455-1461.

[78] 谭贤君,陈卫忠,伍国军,等. 冻融循环条件下岩体温度-渗流-应力-损伤(THMD)耦合模型研究及其在寒区隧道中的应用[J]. 岩石力学与工程学报,2013, 32(2):239-250.

[79] Di Luzio G, Cusatis G. Hygro-thermo-chemical modeling of high performance concrete. Ⅰ: Theory[J]. Cement and Concrete composites, 2009, 31(5): 301-308.

[80] Di Luzio G, Cusatis G. Hygro-thermo-chemical modeling of high performance concrete. Ⅱ: Numerical implementation, calibration, and validation [J]. Cement and Concrete composites, 2009, 31: 309-324.

[81] Gervera M, Oliver J, Prato T. Thermo-chemical-mechanical model for concrete. Ⅰ: Hydration aging [J]. Journal of Engineering Mechanics-ASCE,1999,125(9):1018-1027.

[82] Gawin D, Pesavento F, Schrefler B A. Hydro-thermo-chemo-mechanical modelling of concrete at early ages and beyond, part Ⅰ: hydration and hydro thermal phenomena [J]. International Journal for Numerical Methods in Engineering,2006,67:299-331.

[83] 段安,钱稼茹. 混凝土冻融过程数值模拟与分析[J]. 清华大学学报(自然科学版), 2009(9): 1441-1445.

[84] Abdul-Hussain N, Fall M. Thermo-hydro-mechanical behaviour of sodium silicate-cemented paste tailings in column experiments[J]. Tunnelling and Underground space technology, 2012, 29: 85-93.

[85] 吴迪. 多场耦合分析在胶结尾砂充填中的应用初探[M].北京:煤炭工业出版社, 2015.

[86] Ghirian A, Fall M. Coupled thermo-hydro-mechanical-chemical behaviour of cemented paste backfill in column experiments. Part Ⅰ: physical, hydraulic and thermal processes and characteristics [J]. Engineering Geology, 2013, 164: 195-207.

[87] Ghirian A, Fall M. Coupled thermo-hydro-mechanical-chemical behaviour of cemented paste backfill in column experiments: Part Ⅱ: Mechanical, chemical and microstructural processes and characteristics [J]. Engineering Geology, 2014, 170: 11-23.

[88] Nasir O, Fall M. Coupling binder hydration, temperature and compressive strength development of underground cemented paste backfill at early ages[J]. Tunnelling and Underground Space Technology, 2010, 25(1): 9-20.

[89] Meschke G, Grasberger S. Numerical modeling of coupled hygromechanical degradation of cementitious materials[J]. Journal of engineering mechanics, 2003, 129(4): 383-392.

[90] 汪海萍,谭玉叶,吴姗,等. 尾砂级配对充填体强度的影响及优化[J].有色金属(矿山部分),2014,66(4):26-30.

[91] 甘德清,韩亮,刘志义,等. 尾砂粒级组成对充填体强度特性影响的试验研究[J].化工矿物与加工,2017,46(4):57-61.

[92] 刘志祥,李夕兵. 尾砂分形级配与胶结强度的知识库研究[J]. 岩石力学与工程学报, 2005, 24(10):1789-1793.

[93] 姚志全, 张钦礼, 胡冠宇. 充填体抗拉强度特性的试验研究[J]. 南华大学学报(自然科学版), 2009, 23(3):10-13.

[94] 陈贤树,杨计军,刘万宁,等. 超细尾砂胶结充填材料的研究与应用[J]. 采矿技术,2018,18(3):19-22.

[95] 姜关照,吴爱祥,李红,等. 含硫尾砂充填体长期强度性能及其影响因素[J]. 中南大学学报(自然科学版),2018,49(6):1504-1510.

[96] Bentz D P. A review of early-age properties of cement-based materials[J]. Cement and Concrete Research,2008, 38(2):196-204.

[97] Tian B,Cohen M D. Does gypsum formation during sulfate attack on concrete lead to expansion? [J]. Cement and Concrete Research,2000, 30:117-123.

[98] Zhu G, Zheng H, Zhang Z, et al. Characterization and coagulation-flocculation behavior of polymeric aluminum ferric sulfate (PAFS)[J]. Chemical Engineering Journal, 2011, 178: 50-59.

[99] Fall M, Pokharel M. Coupled effects of sulphate and temperature on the strength development of cemented tailings backfills: Portland cement-paste backfill[J]. Cement and Concrete Composite, 2010, 32: 819-828.

[100] Vuk T, Tinta V, Gabrovšek R, et al. The effects of limestone addition, clinker type and fineness on properties of Portland cement[J]. Cement and Concrete Research, 2001, 31:135-139.

[101] Ghirian A, Fall M. Coupled Behavior of Cemented Paste Backfill at Early Ages[J]. Geotechnical and geological engineering, 2015, 33(5): 1141-1166.

[102] 陈海斌,宁寻安,廖希凯,等. 水泥厂废旧除尘布袋热重分析及其形态特征[J]. 环境科学学报,2013,33(7):1939-1946.

[103] You Z, Lai Y, Zhang M, et al. Quantitative analysis for the effect of microstructure on the mechanical strength of frozen silty clay with different contents of sodium sulfate[J]. Environmental Earth Science, 2017, 76:143.

[104] Wu S, Yang J, Yang R, et al. Investigation of microscopic air void structure of anti-freezing asphalt pavement with X-ray CT and MIP[J]. Construction and Building Materials, 2018, 178:473-483.

[105] Zhang Z, Cui Z. Effects of freezing-thawing and cyclic loading on pore size distribution of silty clay by mercury intrusion porosimetry[J]. Cold Regions Science and Technology, 2018, 145: 185-196.

[106] Cui Z, Tang Y. Microstructures of different soil layers caused by the high-rise building group in Shanghai. Environ[J]. Environmental Earth Sciences, 2011, 63(1): 109-119.

[107] Zhang L, Li X. MicroPorosity Structure of Coarse Granular Soils[J]. Journal of geotechnical and geoenvironmental engineering, 2010, 136(10):1425-1436.

[108] 张东磊. 碱激发矿渣胶凝材料综述[J]. 四川建材,2018,44(11):45-46.

[109] Zhou Q, Glasser F P. Thermal Stability and Decomposition Mechanisms of Ettringite at < 120 ℃[J]. Cement and Concrete Research, 2001, 31(9):1333-1339.

[110] Alarcon-Ruiz L, Platret G, Massieu E, et al. The use of thermal analysis in assessing the effect of temperature on a cement paste[J]. Cement and Concrete Research, 2005, 35(3):609-613.

[111] Fall M, Célestin J C, Pokharel M, et al. A contribution to understanding the effects of curing temperature on the mechanical properties of mine cemented tailings backfill[J]. Engineering Geology, 2010,

114: 397-413.

[112] Aldaood A, Bouasker M, Al-Mukhtar M. Impact of freeze-thaw cycles on mechanical behaviour of lime stabilized gypseous soils[J]. Cold Regions Science and Technology, 2014, 99:38-45.

[113] Zhou Z, Ma W, Zhang S, et al. Effect of freeze-thaw cycles in mechanical behaviors of frozen loess[J]. Cold Regions Science and Technology, 2018, 146: 9-18.

[114] Fu Y, Cai L, Yonggen W. Freeze-thaw cycle test and damage mechanics models of alkali-activated slag concrete[J]. Construction and Building Materials, 2011, 25(7):3144-3148.

[115] Qiao Y, Sun W, Jiang J. Damage process of concrete subjected to coupling fatigue load and freeze/thaw cycles[J]. Construction and Building Materials, 2015, 93: 806-811.

[116] 覃丽坤, 宋玉普, 陈浩然, 等. 双轴拉压混凝土在冻融循环后的力学性能及破坏准则[J]. 岩石力学与工程学报, 2005, 24(10):1740-1745.

[117] 覃丽坤. 高温及冻融循环后混凝土多轴强度和变形试验研究[D]. 大连:大连理工大学, 2003.

[118] Tang Y, Li J, Wan P, et al. Resilient and plastic strain behavior of freezing-thawing mucky clay under subway loading in Shanghai[J]. Natural Hazards, 2014, 72(2):771-787.

[119] Xie S, Qu J, Xu X, et al. Interactions between freeze-thaw actions, wind erosion desertification, and permafrost in the Qinghai-Tibet Plateau[J]. Natural Hazards, 2017, 85(2):1-22.

[120] Liu L, Ye G, Schlangen E, et al. Modeling of the internal damage of saturated cement paste due to ice crystallization pressure during freezing[J]. Cement and Concrete Composites, 2011, 33(5):562-571.

[121] 施士升. 冻融循环对混凝土力学性能的影响[J]. 土木工程学报, 1997(4):35-42.

[122] 王勇. 初温效应下膏体多场性能关联机制及力学特性[D]. 北京:北京科技大学,2017.

[123] 王阵地,姚燕,王玲. 冻融循环与氯盐侵蚀作用下混凝土变形和损伤分析[J]. 硅酸盐学报, 2012,40(8): 1133-1138.

[124] 寇佳亮,林亚党,席方勇. 冻融循环侵蚀作用下高延性混凝土力学性能试验研究[J]. 建筑结构, 2019,49(5):125-130.

[125] 关虓,牛荻涛,李强,等. 气冻气融作用下钢筋混凝土梁抗弯承载力试验研究[J]. 建筑结构, 2018,48(22):62-66.

[126] 逯静洲,田立宗,童立强,等. 经受疲劳荷载与冻融循环作用后混凝土动态性能研究[J]. 应用基础与工程科学学报,2018,26(5):1055-1066.

[127] 马开志. 混凝土冻融损伤过程研究[J]. 广东建材,2018,34(9):15-18.

[128] 武海荣,金伟良,张锋剑,等. 关注环境作用的混凝土冻融损伤特性研究进展[J]. 土木工程学报, 2018,51(8):37-46.

[129] 谢剑,崔宁,姜晓峰. 混凝土超冻融循环损伤机理及控制措施[J]. 硅酸盐通报,2018,37(8):2367-2371,2377.

[130] Zhou J, Tang Y. Experimental inference on dual-porosity aggravation of soft clay after freeze-thaw by fractal and probability analysis[J]. Cold Regions Science and Technology, 2018, 153:181-196.

[131] Gonen T, Yazicioglu S, Demirei B. The influence of freezing-thawing cycles on the capillary water absorption and porosity of concrete with mineral admixture [J]. Ksce Journal of Civil Engineering,

2015, 19(3): 667-671.

[132] 肖东辉,冯文杰,张泽. 冻融循环作用下黄土孔隙率变化规律[J]. 冰川冻土, 2014, 36(4):907-912.

[133] 马骏骅,马可,徐贵娃. 冻融循环作用下黄土状土孔隙分布分形几何研究[J]. 煤炭工程, 2012(增刊):129-132.

[134] 王萧萧,申向东,王海龙,等. 盐蚀-冻融循环作用下天然浮石混凝土的抗冻性[J]. 硅酸盐学报, 2014,42(11): 1414-1421.

[135] 张英,邴慧. 基于压汞法的冻融循环对土体孔隙特征影响的试验研究[J]. 冰川冻土, 2015, 37(1):169-174.

[136] 秦赛男,刘琳,王学成. 冻融循环作用下水泥净浆孔结构和力学性能演变规律研究[J]. 河南科学, 2018,36(2): 227-236.

[137] 慕儒,田稳苓,周明杰. 冻融循环条件下混凝土中的水分迁移(英文)[J]. 硅酸盐学报, 2010,38(9): 1713-1717.

[138] Shen A, Lin S, Guo Y, et al. Relationship between flexural strength and pore structure of pavement concrete under fatigue loads and Freeze-thaw interaction in seasonal frozen regions [J]. Construction and Building Materials,2018, 174: 684-692.

[139] Nagrockiene D, Skripkiunas G, Girskas G. Predicting Frost Resistance of Concrete with Different Coarse Aggregate Concentration by Porosity Parameters [J]. Materials Science-Medziagotyra,2011, 17(2): 203-207.

[140] Murray S J, Subramani V J, Selvam R P, et al. Molecular dynamics to understand the mechanical behavior of cement paste[J]. Transportation Research Record Journal of the Transportation Research Board, 2010, 2142(1):75-82.

[141] 宋卫东,李豪风,雷远坤,等. 程潮铁矿全尾砂胶结性能试验研究[J]. 矿业研究与开发, 2012,32(1): 8-11.

[142] Benzaazous M, Fall M, Belem T. A contribution to understanding the harden process of cemented paste fill[J]. Minerals Engineering, 2007, 17(2): 141-152.

[143] Poyet S, Charles S, Honoré N, et al. Assessment of the unsaturated water transport properties of an old concrete: Determination of the pore-interaction factor[J]. Cement and Concrete Research, 2011, 41(10): 1015-1023.

[144] 苏子豪. 基于超声波速的不同类型混凝土冻融损伤研究[D]. 武汉:湖北工业大学, 2017.

[145] 许越,刘兆彬. 四极法电阻率测量在石油管道防腐蚀中的应用[J]. 地质与勘探,2016,52(3):551-555.

[146] 黄启春. 对称四极法在土壤电阻率测试中的应用[J]. 山西建筑,2013,39(1):103-104.

[147] 徐文彬,田喜春,邱宇,等. 胶结充填体固结全程电阻率特性试验[J]. 中国矿业大学学报, 2017, 46(2): 265-272.

[148] 郭生根. 温度应力作用下混凝土裂缝分析及 COMSOL 仿真模拟[J]. 四川建筑科学研究,2019,45(1):1-4.

[149] 吴建辉,周双喜. 基于 COMSOL 有限元模拟大体积混凝土温度裂缝研究[J]. 珠江水运,2018(24):80-82.

[150] 张明礼,郭宗云,韩晓斌,等. 基于 COMSOL Multiphysics 数学模块的冻土水热耦合分析[J]. 科学技术与工程,2018,18(33):7-12.